U0261558

编著——华电郑州机械设计研究院有限公司 郭新茹
审稿——丁桓如 顾毅康 赵保华 张瑞祥 田民格

火电厂化学技术监督典型问题分析计算

中国电力出版社
CHINA ELECTRIC POWER PRESS

内容提要

本书根据国内外大量文献资料及作者多年的实际经验，对于火电厂化学技术监督过程中出现的典型问题，尤其是近年来大容量机组出现的典型问题，进行了详细的诊断计算、分析总结。防止同类问题的发生，本书在技术上和管理上具有重要的参考价值。内容涉及监督相关计算、分析测量、标准解读、水处理及其他、定冷水系统、水汽超标与腐蚀积盐、凝结水精处理、电力用油、循环冷却水处理等方面。

本书紧密结合生产实例，内容丰富、实用性强，可作为从事火电厂设计、生产运行、技术监督、检修维护及技术管理人员的培训及参考用书，尤其适用于火电厂生产运行人员的培训，也可供相关专业人员及高等院校相关专业师生参考。

图书在版编目（CIP）数据

火电厂化学技术监督典型问题分析计算/郭新茹编著. —北京：中国电力出版社，2021.10
ISBN 978-7-5198-6005-9（2023.3 重印）

Ⅰ. ①火… Ⅱ. ①郭… Ⅲ. ①火电厂－电厂化学－监督管理－研究 Ⅳ. ①TM621.8

中国版本图书馆 CIP 数据核字（2021）第 190725 号

出版发行：中国电力出版社
地　　址：北京市东城区北京站西街 19 号（邮政编码 100005）
网　　址：http://www.cepp.sgcc.com.cn
责任编辑：畅　舒（010-63412312，15001354104）
责任校对：黄　蓓　常燕昆
装帧设计：王红柳
责任印制：吴　迪

印　　刷：北京九天鸿程印刷有限责任公司
版　　次：2021 年 10 月第一版
印　　次：2023 年 3 月北京第二次印刷
开　　本：710 毫米×1000 毫米　16 开本
印　　张：17.75
字　　数：220 千字
印　　数：3001—4000 册
定　　价：99.00 元

序

本书是我的学生郭新茹的新著，是他已出版的《火电厂水处理生产运行典型问题诊断分析》（科学出版社，北京，2018）的姐妹篇，内容上补充了前一本书未涉及部分，加入有关问题的计算，范围扩大，深度加深。

在前一本书出版时郭新茹让我写个序，我在序言中说“该书总结了工程实践，又将理论与实践相结合”，这句话对本书同样是恰当的。我国电力工业自20世纪50年代以来经历了低压、中压、高压、超高压、亚临界、超临界参数机组的发展历程，至目前大容量高参数机组已名列世界前茅，这是依赖于强大的技术作支撑，当然其中也包括本书涉及的专业——电厂化学技术。电厂化学技术也是在电力工业发展过程中成长与发展起来的，比如炉外水处理就经历石灰软化—磺化煤软化—离子交换除盐—膜技术的发展，炉内水质控制经历了磷酸盐处理—低磷酸盐处理—协调磷酸盐处理—中性处理及加氧处理的发展历程，其他的如水质（微量）分析、锅炉酸洗、热化学试验、凝结水精处理、机组停用保护等工作也迅速发展并达到国外水平，形成一整套服务于大型高参数发电机组的技术。

回顾起来，本专业在这近四分之三世纪的发展中，取得很多宝贵的经验，也走了不少弯路，还经历了许多失败的教训，这些都是极为重要的技术财富。从某种角度来讲，一个成功的工程，一位优秀的工程师，都是来自众多成功经验和失败教训的积累，所以对工程实践中成功经验和失败教训的记录、分析和总结都是非常重要的。不可否认地讲，目前出版的相关书籍（至少我们这个专业的技术书籍）中讲基本原理的教科书式的书籍很多，带有基础工作的及工程实践中技术总结类的著作少，这是非常遗憾的。著作少说明开创性基础工作不够，工程实践技术经验总结类书少，很不利于积累工程中的经验和教训，不利于减少重犯的概率。

郭新茹同学这两本书的出版在这方面做了尝试，将工程实践中的问题进行汇总和分析，并给出解决办法，是件很有意义的工作。希望他继续下去，为本专业的技术发展留存一份宝贵的技术资料。

丁梧如

2020 年秋于上海电力大学

前 言

监督历史变革

电厂化学监督管理随着电力体制的改革发生很大变化。在计划经济体制下归属国家电力公司统一管理，由各省电力公司及电力试验研究所监督管理并实施控制。2002 年五大发电公司成立，电厂化学监督由原有的监督管理模式向现在的各自集团化监督管理模式过渡，这一时间段化学监督管理一直在摸索前进，主要原因是各省的电力试验研究所（电力科学院）归属国家电网有限公司旗下的省电力有限公司，由原来的职能机构变为技术服务部门。

2002 年以后，超临界、超超临界机组的大规模投运对电厂化学监督提出了新的要求，电厂化学技术运行监督面临较大的挑战。为了适应电厂化学新技术的发展，DL/T 246《化学监督导则》分别于 2006 年和 2015 年进行两次修订，GB/T 12145《火力发电机组及蒸汽动力设备水汽质量》分别于 2008 年和 2016 年进行两次修订，对化学监督的发展起到积极的作用，但是高参数机组投运出现的新问题还是让技术人员应接不暇，比如混床氨化运行引起的汽轮机叶片腐蚀断裂问题、定冷水水质超标引起的发电机铜线圈堵塞问题、超临界机组化学清洗引起的水冷壁爆管问题及循环冷却水高浓缩倍数引起的凝汽器不锈钢管点蚀结垢问题等。由于人员素质和技术管理方面的原因，这类事故还在不断重复发生，成为影响机组安全稳定运行的重要因素之一。

化学技术监督是火电厂多项技术监督的组成部分，是保证电厂安全生产的重要措施，也是科学管理设备的一项基础性工作。做好水、煤、油、汽（气）化学监督工作，直接关系到电厂主要生产设备如锅炉、汽轮机、发电机、变压器等的安全经济运行。

针对电厂化学专业频繁出现的问题或事故，编者在进行技术监督、服务、科研过程中，收集整理了大量技术监督相关的典型案例，结合自己的工作实践经验,对出现问题的原因进行了详细的计算分析，并提出相应的预防、解决措施，希望通过学习本书的这些典型问题和案例，让技术人员树立正确的技术观、价值观和人生观，通过技术来提高经济效益和安全运行技术水平，为火电技术的升级贡献力量。

心路历程

2020 年过年封城、封村的那段日子，本来心情焦虑、暴躁、抑郁，加上曾经工作的单位给予无形的压力，每天靠吃抗抑郁药才能入睡，经过一段时间的思想斗争，慢慢调整好自己心态，投入到新书的编写中。那段时间，世界好像突然停止了，路上几乎没有汽笛的声音，楼下也没有嘈杂的叫卖声、孩子打闹声，再加上每天减少了上下班 4 个小时的公交车程，也不允许离开小区，每天在家的写作时间超过 14 小时……

新冠肺炎疫情的发生，让我有机会静下心来感悟人生，进一步思考人生的意义和价值，五年古都西安的电源侧试验研究的工作、生活转瞬即逝，五年的蹉跎岁月都忘记了自己的初心，这五年行业外部交流基本全部停止，内部交流局限在公司内部，专业技术水平的深度和广度都在收缩。一个曾经更注重管理而忽视技术和人文的单位，彻底粉碎了我对电科院的技术构想和憧憬，当热情与无知同行时，它就变成了双倍的愚蠢，在怀着不舍、留恋、遗憾中，终于在西安走完了电源侧试验研究所工作生涯的最后里程。经过一番激烈的思想斗争，终于在庚子年 6 月做出了一个明智果断的决定——离职。人生从此翻开新的一页。从疫情开始到现在的 16 个月时间，基本完成了全部的编写、修改、校对等工作。

本书也是我过去 15 年的电科院技术工作总结。世事难料，人生无常。2006 年研究生毕业，适逢电力行业的高速发展，大机组新技术层出不穷的引入电力行业，进入 2020 年，新能源的迅猛发展，火电行业的发展进入了冬天，很多火电厂进入生死存亡的关头，无论形势如何变，技术永远是第一生产力。

不忘初心，方得始终

四十岁之前我的目标就是通过不断的努力工作，提升专业技术水平，提升在行业中的知名度，从而创造价值，四十岁之后我的目标就是通过出版专著，编制行业标准、国家标准、国际标准，公网讲课等方式科普专业技术，传播技术正能量，努力提升整个电力化学的专业技术水平，致力于成为电力化学行业的公共“知识分子”。

本书是已出版书籍的《火电厂水处理生产运行典型问题诊断分析》(科学出版社，北京，2018 年）的升级版，内容上补充加入大量的案例计算，通过理论计算和实践相结合的手段逆向分析问题所在。本书的部分案例内容取材于未发表的研究报告，为了保证本书的系统性和完整性，书中引用了国内同行的基础性资料、试验数据和研究成果，又参考了近年来的相关文献，这些在参考文献中一一列出，如有疏漏，敬请谅解，在此谨向他（她）们致以诚挚谢意。

本书成书过程中，中国电力企业联合会安洪光老师，西安热工研究院孙本达研究员和张瑞祥研究员，以及电科院好友等给予了很大的帮助。感谢我的导师张万友老师，不仅仅教授科学知识，而且教我如何做人、做事，受用一生。感谢我曾经工作过的湖南省电力公司科学研究院，在那里我学会如何谦逊做人、严谨做技术，同时也养成了严谨的工作作风。更要感谢华电郑州机械设计研究院给予的各方面的支持和帮助。

本书由上海电力大学丁桓如教授最终审定。

鉴于编者的水平和时间有限，书中肯定会有不妥之处，恳请同行及读者给予批评指正，十分感谢。

编著者

2021 年 5 月于天津大学新园村

目 录

第一章

循环水处理

由于冷却水在加热过程中，重碳酸盐分解成碳酸盐，且有二氧化碳逸出，使得反应得以连续进行，当碳酸根离子与钙离子浓度的乘积达到并超过碳酸钙的溶度积时，就会结晶析出碳酸钙，形成水垢。在直流冷却系统中，由于水和换热设备的接触时间很短，也没有二氧化碳的溅散损失和盐类的浓缩，因此，凝汽器管结垢的情况不多见。但是我国很多电厂出现凝汽器管结垢，主要是冷却用的地表水或者地下水（其中碳酸盐硬度和平衡二氧化碳含量均很高）与空气接触后，使二氧化碳大量散失，析出碳酸钙。如果在河流的非稳定段取水作为凝汽器冷却水，则会造成凝汽器结垢。此外，当使用较高碳酸盐硬度的水作为直流冷却系统的冷却水时，由于冷却水温度升高，水中的重碳酸盐可能受热分解，也会造成结垢。一般认为，在管道中流动的水与不流动的水相比较，前者的重碳酸盐分解速度较后者高几十倍至几百倍，这是因为流动的水与管壁接触时，加速了碳酸钙的晶化。

为了防止结垢，火电厂开式循环冷却系统广泛使用了水质稳定剂，常用的药剂类有无机聚合磷酸盐、有机膦酸盐、聚羧酸类聚合物等。过去多采用单一药剂配方，现在则多采用复合药剂配方。

当凝汽器和冷却系统附着水垢和黏泥后，会产生不良后果：①增加了水流阻力，降低了冷却水的流量。②由于垢的导热率（导热系数）很低，因而急剧降低了凝汽器的传热系数。③冷却塔和喷水池喷嘴结垢，特别是冷却塔填料结垢，将造成水流短路，这些都会降低冷却效率，提高凝汽器进水的温度。此外，冷却塔填料结垢后，因清洗困难，往往只能被迫更换填料，耗资可达几十万元至几百万元，还会影响正常发电，带来很大的经济损失。④由于凝汽器管结垢，往往要求停机进行清洗，既减少了发电量，又要耗费大量人力、物力。

此外，垢的附着，特别是黏泥的附着，在附着物下部易发生垢下腐蚀。凝汽器管的腐蚀，会导致管子的破裂和穿孔，会造成凝汽器的严重泄漏，情况严重或处理不当时，还会造成锅炉水冷壁管的爆管。

第一节　循环水动态模拟试验技术的发展

动态模拟试验是在循环水药剂评估和浓度筛选中经常用到的一种方法，它允许用户模拟循环水处理装置所面临的工况条件、药剂浓度等，并测算腐蚀速率、沉积速率和极限浓缩倍数等处理成效指标。

HG/T 2160《冷却水动态模拟试验方法》（以下简称《方法》）在1991年发布了第一版，在2008年进行了修订。《方法》详细地规定了动态模拟装置的工作原理、运行要求和试验数据处理方式。此《方法》中给出了冷却水动态模拟试验装置流程示意图，见图1-1。

自20世纪90年代以来，市场上也出现了商用化的动态模拟试验装置，积累至今已经有了一定的装机容量。主要使用在电力、石化、钢铁行业的研究院，水处理企业，及从事水处理技术研究的大专院校和其他科研机构。这些装置在国内早期冷却水处理药剂的科研进程中发挥了重要作用，也逐渐成为电力和化工行业用户采购水处理药剂时的必要评估手段。图1-2是WDM-D型循环冷却水动态模拟试验装置。是否拥有动态模拟装置，并能应用它来进行循环冷却水药剂配方优化与验证，也成了评估水处理服务企业能力的一项重要指标。

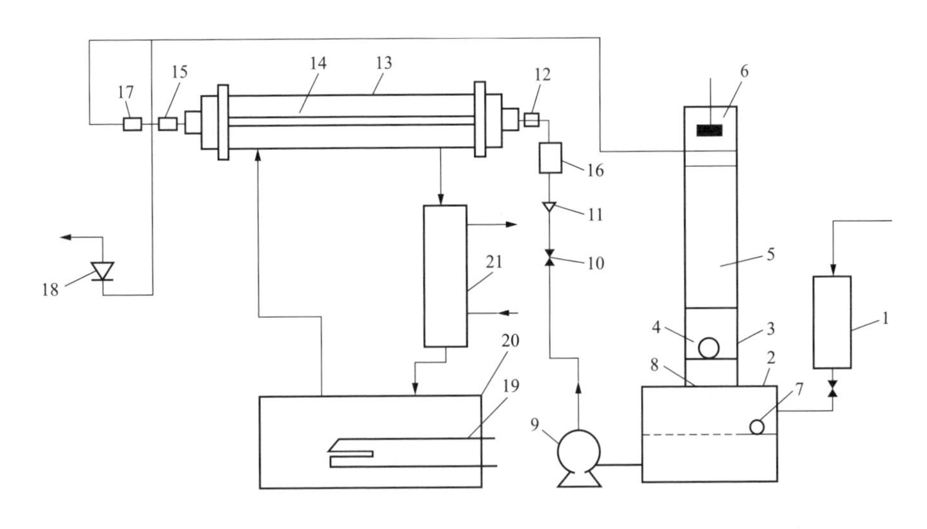

图 1-1　冷却水动态模拟试验装置流程示意图

1—补水槽；2—集水池；3—冷却塔；4—电动风门；5—填料；6—轴流风机；7—浮球阀；8—塔底测温元件；9—水泵；10—电动调节阀和流量传感器；11—转子流量计；12—入口测温元件；13—模拟换热器；14—试验管；15—出口测温元件；16、17—挂片筒；18—排污阀和流量计；19—电加热器；20—电热蒸汽炉；21—冷凝器

动态模拟试验装置生产企业厂家主要集中在大连、南京和江苏高邮等，比较不同厂家的产品，不难发现它们的形态与实现方式高度相似。这些产品研发时间均在 80 年代后期到 90 年代中期，受到当时技术手段的限制，设计思想和实现方式上受到很多制约。自推出以来，历经二三十年，产品的性能指标也并未见显著的提升。表 1-1 是常见动态模拟试验装置的主要技术参数。

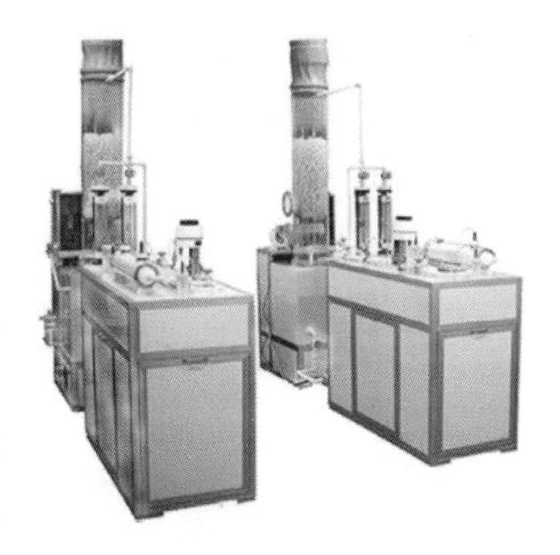

图 1-2　WDM-D 型循环冷却水动态模拟试验装置

表 1-1　　常见动态模拟试验装置的主要技术参数

项目	南京工业大学科技开发中心	天津海水淡化与综合利用研究所	高邮市秦邮仪器化工有限公司	扬州科力环保设备有限公司	摩天电子仪器有限公司
型号	NJHL-C	SWD-2	QYDM	KLDM	MTMD-Ⅱ
进出口温差（℃）	8～12	6～11	8～12	8～12	8～12
测温精度（℃）	0.1	±0.1	±0.1	±0.1	±0.1
进口温控精度（℃）	32±0.5		（30～32）±0.5	（30～32）±0.5	±0.5
流量范围（L/h）	0～400		100～1000	100～1000	0～2400
流量精度	±2% FS	±1%/±2% FS	±1%	±1%	
加热方式	锅炉	电加热水	锅炉	锅炉	锅炉
热介质温度（℃）	100±0.2	50～90			100±2
试管尺寸（mm）	ϕ10×1	ϕ25、ϕ32	ϕ10×1	ϕ10×1	ϕ10×1、ϕ19×2
试管数量	每组一根		1×2 根	1×2 根	1×2 根
试管长度（mm）	680				
有效传热长度（mm）	500				
最大功率（kW）	8	25	6	6	12
换热管流速（m/s）		0.6～1.5			0.8～1
储水箱容积（L）	50	1000，可调	150～220	150～220	
加酸箱容积（L）	10	10/14			
试验个数	双水路流程				

续表

项目	南京工业大学科技开发中心	天津海水淡化与综合利用研究所	高邮市秦邮仪器化工有限公司	扬州科力环保设备有限公司	摩天电子仪器有限公司
pH 值	自动控制 精度±0.2	0～14 精度±0.1			
电导率（μS/cm）	0～5000	0.1～199.9			
电导率精度	±2%FS	±0.1mS/cm			
腐蚀速率	在线		在线	在线	
污垢热阻	在线		在线	在线	
装置占用面积（m^2）	2.6				
装置总重量（t）	0.5		0.8	0.8	
实验室使用面积（m^2）	不小于 10		约 20	约 20	

一、现有动态模拟技术的局限性

第一，使用过程繁复，人力成本高昂。一般动态模拟试验至少要进行 15 天，有的可能超过 30 天。试验过程中，要求每隔 2h 人工取水样供分析化验，还有调整排污、加酸加药等操作。这要求试验人员拥有一定的水处理经验和知识，还要三班倒值班，对使用单位的人力成本消耗较高。实际使用中设备经常发生故障，也是除定时取样监测之外还必须有人员倒班值守的原因。

第二，试验结果重现性较差，试验装置的可靠性不佳。在同样工况下进行的多次试验，结果很难重现，特别是污垢热阻和极限浓缩倍数等重要指标。在不少装置中，原本应该自动化的仪表、数据记录和自动加药往往频发故障，不得不靠人工来进行维护和弥补。慢慢地，动态模拟试验似乎成了一种定性的分析工具，而非定量评估的手段。

第三，对于流量控制不好造成污垢热阻测量困难。污垢热阻的计算是基于换热试验管的总热阻变化的监测而实现的，在动态模拟试验过程中，冷却水流速引入热阻变化要比轻微结垢造成的污垢热阻高很多倍。而现有《方法》中，对冷却水流速的测控要求不够明晰，未要求测量热阻时的流速与清洁管流速保持高度一致。这造成了很多试验实操中出现了污垢热阻为负值，或大幅度波动，没有显著规律，也难以用传统动态模拟试验中的污垢热阻对药剂的阻垢能力给出定量评估。

第四，除了接受委托动态模拟试验的单位以外，多数用户使用动态模拟装置的频率很低，一年能开机两三次，存在着显著的场地占用和资金占用问题。动态模拟试验设备通常占地面积在 10～20m^2。通常在一次测试中，需要从用户现场运输 5～10m^3 补充水，综合测试用水运费、电费与人工成本，一次动态模拟试验的直接成本在 3 万～5 万元。

二、动态模拟技术的最新进展

针对现有技术的局限性，新一代的动态模拟技术正在悄然出现，主要有以下几个技术特征：

1. 无人值守

所有监测与控制完全自动化，包括补排水、阻垢剂浓度控制、pH 值控制、杀菌剂控制等。现场通过网络传输到云平台，用户可随时通过手机或电脑随时跟踪和远程调整运行参数。配合在线式氯离子、在线式碱度硬度分析仪，可实现真正意义上的无人值守，打消用户对于进行动态模拟试验的“恐惧”心理。

2. 更接近实际工况

以电厂凝汽器冷却水应用为例，蒸汽温度在 50～60℃。而目前绝大多数现有的动态模拟装置应用常压蒸汽作为热介质，在一根 ϕ19mm×2mm、有效换热长度约 600mm 的试验管上要产生 10℃的冷却水温差，其换热强度远远大于现场的条件，甚至超出了换热器设计的换热强度选取范围。这可能造成试验管壁温度过高，加剧冷却水的结垢和腐蚀倾向，使得评估结果过于保守，使节水、节能目标未达成。

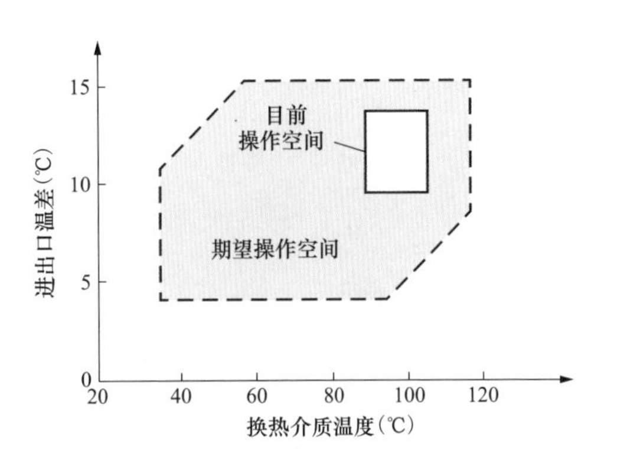

图 1-3 新一代动态模拟装置拓宽了模拟的操作空间

新一代的动态模拟加热介质可用热水或导热油，可灵活调整热介质温度，还允许用户增加水程试验管的长度至 10m 以上，可以使得动态模拟试验更接近现场的介质温度与换热强度。图 1-3 以换热介质温度与进出口温差作为两个维度，刻画了新一低模拟装置允许模拟的工况范围。

3. 灵活配置

新一代动态模拟应该同时支持 ϕ19mm×2mm 和 ϕ10mm×1mm 两种管径及多种材质的组合。采用与现场冷却塔相同的填料与布水器，更真实地模拟现场工况。设备装备有自动在线酸洗功能，填料也可方便取出清洗或更换。通过调整保有水量与蒸发量的配比，新一代的动态模拟装置最快可在 12h 内完成对补水的 4 倍浓缩，较传统的 5～7 天大大缩短，节省用户的时间和能源成本。

4. 智能化

装置的在线水质与过程传感器大大丰富，并具有很高的可靠性。这些在线传感器的记录频率提高到了秒级，且可以方便地通过远程下载数据进行分析，可发现更多的波动细节，这与传统 2h 一次的记录相比可谓是天壤之别。

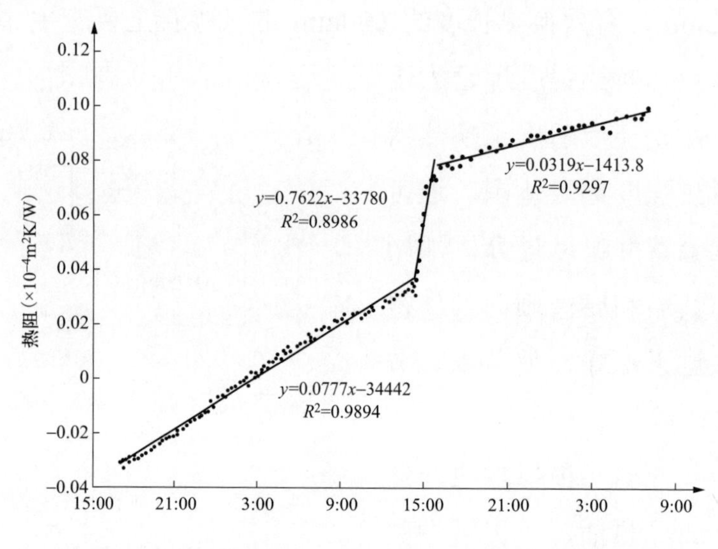

图 1-4　不同时期的污垢热阻日均增加速率曲线

新一代的技术可以实现 $0.01\times10^{-4}m^2K/W$ 的热阻测量精度，这对于 $3.44\times10^{-4}m^2K/W$ 污垢热阻最大允许值来说是非常精密的。以图 1-4 中的污垢热阻测量数据为例，可以在运行条件微调的情况下，实时报告不同的结垢速率。

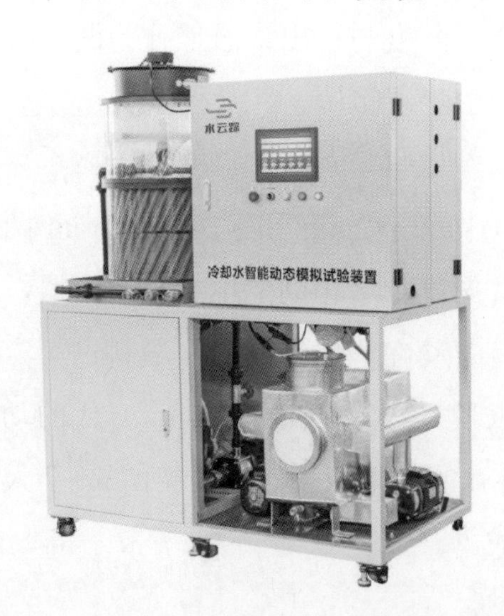

图 1-5　DM-10 型冷却水动态模拟装置

5. 可移动

新一代动态模拟试验装置大多为撬装式设计，而不再是原来的仅作为实验室的固定式安装。设备小巧坚固，可方便运输到用户现场，利用真实的补水，在接近实际的工况下进行药剂评估。免去了运送水样的周折与成本，更增加了用户对于药剂处理成效的信心。

三、主要技术指标对比

DM-10 型冷却水动态模拟试验装置是新一代动态模拟技术的代表之一，如图 1-5 所示，其中表 1-2 列出了新产品与传统动态模拟装置主要技术指标的对比。

表 1-2　DM-10 型与传统动态模拟试验装置主要技术指标对比

项目	传统动态模拟	DM-10 型
进出口温差（℃）	8～12	3～15
进口温度范围（℃）	30～32	室温湿球温度加 2～40
进口温控精度（℃）	±0.5	±0.1
温差控精度（℃）	无	±0.1
流量监测精度	±1% FS	±0.5%
流量控制精度	无	±1%
加热方式	常压蒸汽	电加热水浴或油浴
热介质温度（℃）	100±1	室温加 5～120
热介质温度精度（℃）	±1	±0.1
换热管流速（m/s）	未标明	0.5～1.2
换热管流速精度（m/s）	未标明	0.004
热阻测量精度（$\times10^{-4}m^2K/W$）	未标明	0.01
试管尺寸（mm）	ϕ10×1	ϕ10×1 或ϕ19×2
试管数量	1×2 根	最多 3 支ϕ10×1 试验管串联，3 组 或 6 支ϕ19×2 试验管串联，2 组
试管长度（mm）	680	700
有效传热长度（mm）	500	600
最大功率（kW）	8	20
装置占用面积（m^2）	2.6	1.3
装置总重量（t）	0.5	0.3
实验室使用面积（m^2）	≥10	5

第二节　循环水动态模拟试验 ΔA 值异常分析

一、情况简述

某电厂 300MW 机组冷却水系统采用敞开式循环冷却方式，循环冷却水的补充水来自经上游某电厂直流冷却排水的水库水，系统浓缩倍数一般控制在 1.5～3.0 倍。为减少废水排放带来的环境治理难度，通过动态模拟试验寻找最佳的控制策略。保证安全效益的前提下，提高节水节能的经济效益。

动态模拟试验采用极限碳酸盐硬度法，试验水样取自现场循环水的补充水（澄清池出水）。试验过程中发现循环水的 ΔA 值（氯离子浓缩倍数－碱度浓缩倍数）上升异常（见图 1-6、图 1-7），即当 ΔA 值达到 2.0 以上时，循环水的碱度才开始下降。

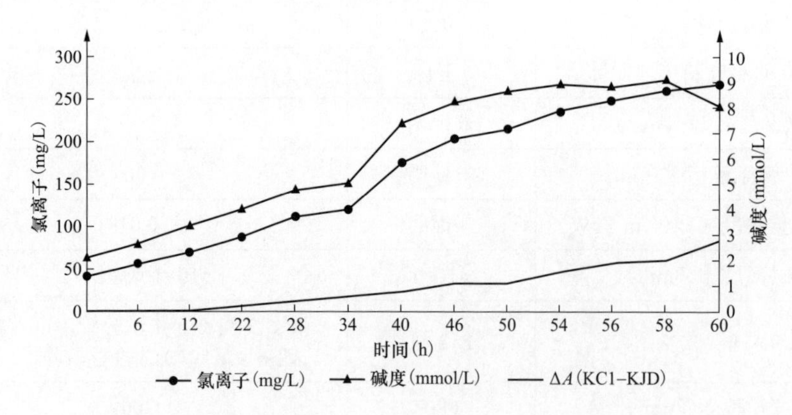

图 1-6　阻垢性能试验循环水 ΔA 测定结果（初始碱度 2.1mmol/L）

二、原因分析

1．ΔA 值异常分析

动态模拟试验装置进行水质稳定剂的性能试验时，循环水 ΔA 值上升的一般规律为：由于水体中存在HCO_3^-受热分解及CO_2的曝气过程，而且水中的CO_3^{2-}会与Ca^{2+}生成微小的$CaCO_3$晶体，因此氯离子的浓缩速度总是要高于碱度的浓缩速度。随着水样的不断蒸发浓缩，循环水的Δ*A*值会缓慢增大，一般在试验达到终点时（循环水碱度开始下降），Δ*A*可达到0.2～0.6。

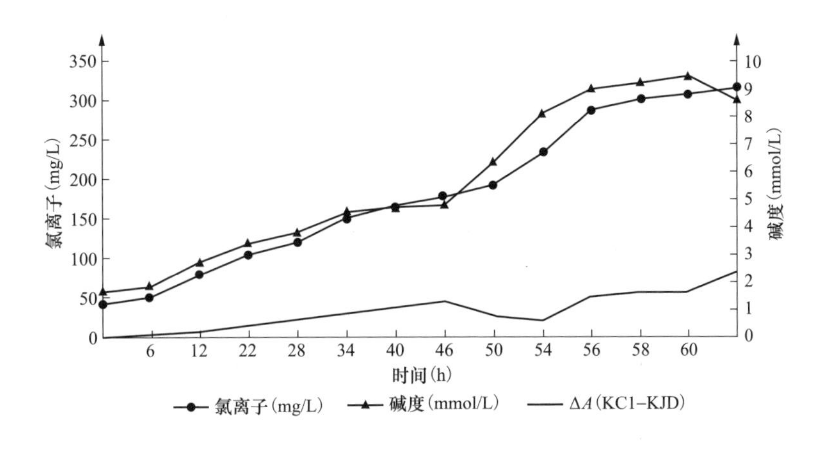

图1-7 阻垢性能试验循环水Δ*A*测定结果（初始碱度1.6mmol/L）

引起Δ*A*异常上升的主要原因是碱度或氯离子异常升高，但是该电厂循环水动态模拟试验过程中并没有添加与任何含有Cl^-的物质或者与碱度相关的物质，而且水样的浓缩及曝气过程一切正常。出现异常情况，应是水体中的某些物质随着试验时间变化分解产生了某种物质，从而干扰了氯离子或者碱度的浓缩。

该电厂循环水的补充水来自上游电厂直流冷却后的排水，排水受到上游电厂换热的影响，受负荷变化影响，排水温度变化幅度较大，上游排水进厂内首先经过机械搅拌澄清池混凝、澄清处理，处理后出水补入循环水系统，混凝剂采用聚合铝。由于排水温度变化大，导致机械搅拌澄清池经常出现翻池现象，混凝澄清效果不佳。出现了大量的水解不完全的聚合铝矾花上浮于清水池水面，最终补入循环水系统，聚合氯化铝水解后的产物中的氯离子干扰动态试验。导致数据出现异常。

2. 静态烧杯试验

以现场澄清池出水为试验水样，同时进行25、35、45℃三组平行静态烧杯试验，来验证上述原因分析是否准确，每隔一定时间测定水中的碱度和氯离子，以此确定水样在不同温度下碱度和氯离子随时间的变化规律（见图1-8、图1-9）。

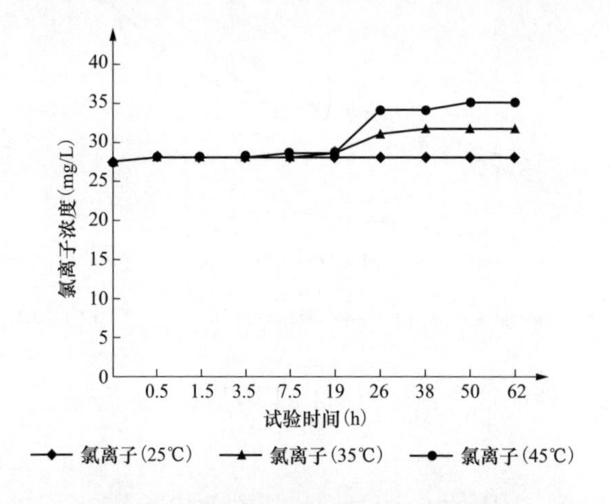

图1-8　氯离子随时间温度变化曲线

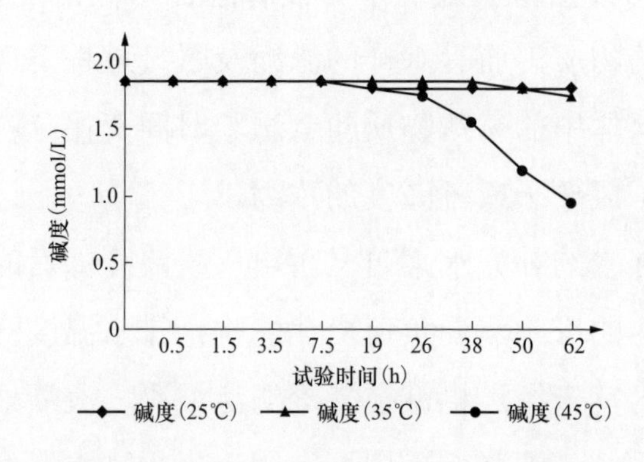

图1-9　水样碱度随时间温度变化曲线

由以上三组试验结果可得出如下结论：

从图 1-8、图 1-9 可以看出不管是氯离子还是碱度在初始的 19h 实验时间内，Cl^-和碱度值基本相同，随温度变化的趋势不明显。随着试验时间的增长，Cl^-含量开始缓慢上升，直到试验进行到 26h，温度越高 Cl^-上升趋势越大；与此同时，碱度值均开始缓慢下降，试验进行到 62h 时，温度越高碱度下降趋势越大，45℃的试验可以看出，碱度下降到小于 1mmol/L。

三、结论及建议

（1）在补充水不断流动状态下，由于携带有未水解的聚合铝进入补充水中水解，随着运行时间的增长，水解产生的 Cl^-及对碱度的消耗，会使得循环水 ΔA 值出现异常升高。

（2）电厂循环水水温一般在 25～35℃，比试验温度低，因此，现场循环水系统聚合铝水解对其水质的影响要远小于试验。

（3）在机械搅拌澄清池前增加空气分离装置，减少原水温度变化对机械搅拌澄清池混凝澄清效果的影响，同时也可以有效地减少由于水温变化在池内对流引起的翻池，也可以适当监督澄清池的运行负荷，增加停留时间，提高混凝澄清效果。

第三节　循环水 ΔA 法存在问题及解决措施

一、情况简述

火电厂的循环水控制指标并不是严格执行 GB/T 50050《工业循环冷却水处理设计规范》，而是要根据不同的水源，通过不同药剂、不同加药量进行一对一的试验确定。实验室常用烧杯法，静态法，动态模拟试验评定不同阻垢剂性能、使用条件及循环水水质控制指标等方法。对火电厂循环冷却水（循环水）结垢倾向进行判断时，常使用 $\Delta A > 0.2$ 作为试验终点来确定某种阻垢剂所能达到的极限硬度、碱度、浓缩倍数，用以区分药剂功效和使用条件的优劣以及确定循环水水质监控指标（以下简称 ΔA 判断法）。

随着循环水药剂技术的发展，循环水补充水种类的多样化，使循环水处理方式和技术有了很大变化与发展，如采用循环水补充水或循环水加酸、加阻垢剂、弱酸处理、石灰处理以及上述处理方式的联合等。实际生产中，经常有 $\Delta A < 0$ 的数据（见表 1-3）。$\Delta A < 0$ 的数据容易造成对循环水水质的误判、错判，因此，需要对 ΔA 判断法的使用边界条件加以界定，使其更加能适应生产的需要。

表 1-3　某试验 ΔA、K_A 和 K_{Cl} 的关系

氯离子的浓缩倍数 K_{Cl}	1.00	1.29	1.59	1.70	1.83	1.85	1.96	2.01
碱度的浓缩倍数 K_A	1.00	1.73	2.18	1.87	2.13	2.39	2.72	3.05
ΔA	0.00	−0.44	−0.59	−0.17	−0.30	−0.54	−0.76	−1.04

二、原因分析

1. 加氯杀菌

如果对循环水进行加氯杀菌灭藻处理，则必然会增加循环水 Cl^- 含量。但是，计算 K_{Cl} 时未扣除这部分 Cl^- 量，故 K_{Cl} 的计算值比实际值偏大，亦即造成 ΔA 的正误差（也称加氯正误差）。加氯正误差的危害是提前误报了结垢信息，引起不必要的运行操作，如误认为循环水系统正在结垢，采取了加大排污和加大补水的措施，造成水资源和药剂的浪费。加氯正误差一般导致循环水实际 K_{Cl} 比预定值偏低。消除加氯正误差并非易事，因许多系统采用冲击加氯法，引起循环水 Cl^- 浓度增量类似脉冲波，加之循环水系统保有水量大，氯离子分散均匀需要很长时间，即使知道加氯总量，在计算 K_{Cl} 时要准确扣除加氯增量也非常困难。

2. 多水源补水

许多循环水系统的补充水来源并非单一水源，可能是多种水源混合，例如除补充江河水外，还补充中水、工业回用废水。在理论上，如果已知各补充水的流量及其 Cl^-浓度，就可以通过加权方法计算出补充水混合后的 Cl^-浓度，并以此浓度作为计算 K_{Cl} 的依据。但是，许多企业未单独安装补充水流量表，或有流量表，但往往不准，因而无法计算加权平均浓度；另外，一般中水和工业回用水的水质是不稳定的，而生产实际中水质的检测频率又跟不上水质变化的节奏，即使掌握了补充水 Cl^-变化规律，也因循环水质对补充水质波动反映的严重滞后，而难以准确计算 K_{Cl}。

3. 测量误差

普遍采用 GB 6905.1 和 GB/T 14419 测定氯离子浓度和碱度，但这两种方法本身存在误差，特别是摩尔法的终点判断难、重现性差。对于 Cl^-浓度低、碱度小的补充水，测定误差对 ΔA 的影响显著。使用电位滴定的方法测定 Cl^-浓度和碱度，减少滴定终点判断的人为误差。

4. 加酸、加石灰、弱酸处理

采用循环水加酸处理、加石灰处理以及循环水旁流弱酸处理时，加酸量、循环水碱度、平均碱度、浓缩倍数、阻垢剂剂量间的匹配一般都不尽合理。电厂为了阻垢效果，往往多加酸以控制较低的循环水碱度和 pH 值，这种处理方法因人为加酸改变了循环水自然浓缩应达到的碱度，故无法用碱度计算浓缩倍数；同样道理，弱酸处理运行控制不当，会使出水平均碱度不稳定，造成循环水的碱度波动较大，也无法用碱度计算浓缩倍数。

三、循环水 ΔA 法解决措施

以某电厂循环水补充水作为试验水样，选用市售符合质量标准的氨基三甲叉膦酸（ATMP）和聚丙烯酸（PAA）两种单体药剂，在同一温度（45±1）℃、同一剂量下，分别进行静态法和动态模拟试验两种药剂阻垢性能试验。试验结果见表 1-4。

表 1-4　循环水补充水加药量为 8mg/L 条件下阻垢剂性能试验结果

项目		静态法试验终点	动态模拟试验终点	
		$\Delta A>0.2$	$\Delta A>0.2$	碱度降低
ATMP	碱度（mmol/L）	8.78	7.98	7.98
	氯离子浓缩倍数 K_{Cl}	2.65	2.53	2.59
PAA	碱度（mmol/L）	9.26	5.57	5.41
	氯离子浓缩倍数 K_{Cl}	2.71	1.78	2.0

注　以碱度降低作为试验终点，静态、动态加药量均为 8mg/L。

由表 1-4 可见，同一药剂、不同试验方法所得试验用水的极限浓缩倍数和碱度差别很大，当 $\Delta A>0.2$ 时，静态法的碱度和 Cl^-浓缩倍数远大于动态法。静态法 $\Delta A>0.2$ 时碱度开始下降，表明静态法仍可用 $\Delta A>0.2$ 作为试验终点获得试验用水的极限碱度和 K_{Cl}。

1. 试验结果差别的原因

（1）两种试验方法曝气程度的差别是产生偏差的原因，动态模拟试验比静态法曝气充分，使得循环水中 CO_3^{2-} 含量较高，结垢趋势更强，药剂可维持的碱度及以 Cl^-计算的浓缩倍数较静态法低。

（2）动态模拟试验可比较真实地模拟循环水系统的实际运行条件，因此可用该方法对电厂实际用阻垢剂进行性能评定和筛选。在动态模拟试验中，$\Delta A>0.2$ 后，碱度和硬度仍继续上升，也即在药剂的作用下水质还比较稳定，因此，终点不能以 ΔA＞0.2 作为实际系统结垢倾向的判断，只可用 ΔA 辅助实际监控。

2. 不用 ΔA 的结垢倾向判断方法

循环水加酸、加阻垢剂联合处理。采用加酸的方法将补水碱度降低到不同残留碱度值，以不同剂量的药剂进行动态模拟试验，得出残留碱度和浓缩倍数、循环水碱度的关系。根据运行浓缩倍数的要求，在试验结果中选择一合理的残留碱度和对应的循环水极限碱度。测定某时的补充水及循环水的碱度、硬度和浓缩倍数，计算此时补充水的残留碱度，并与动态试验结果选定的残留碱度进行比较，如计算残留碱度大于动态试验残留碱度，则循环水有结垢倾向，反之，无结垢倾向。

循环水加酸处理运行中残留碱度 A'_B 的计算方法为

$$A'_B = A_B - \left[\frac{H_X - A_X}{\Phi} - (H_B - A_B)\right] \tag{1-1}$$

式中：A_B 为循环水补充水的碱度，mmol/L；H_X 为循环水的总硬度，mmol/L；H_B 为补充水的总硬度，mmol/L；A_X 为循环水的总碱度，mmol/L；Φ 为氯离子浓缩倍数。

此方法的另一用途是：根据循环水水质计算出的残留碱度很低时，说明浓缩倍数低而加酸量大，水的结垢倾向很小，而腐蚀倾向加大，应提高加酸后的补充水碱度使循环水达到最佳运行状况。

3. 循环水旁流弱酸处理与加阻垢剂联合处理

采用弱酸处理，将补充水钙硬度降低到不同钙硬度值，加入不同剂量的阻垢剂进行动态模拟试验，得出水平均钙硬度与浓缩倍数的关系。在试验结果中选择一合理的出水平均钙硬度，得到对应循环水浓缩倍数。测定某时的循环水补充水及循环水的钙硬度和浓缩倍数，用循环水的钙硬度除以浓缩倍数计算循环水补充水的残留钙硬度，并与动态模拟结果选定的出水平均钙硬度进行比较，如测定残留钙硬度大于动态试验出水平均钙硬度，则循环水有结垢倾向，反之无结垢倾向。循环水旁流石灰处理与加阻垢剂联合处理时，也可参照上述方法判断循环水结垢倾向。

四、实例

某电厂 1、2 号机组循环水运行以加酸、加阻垢剂联合处理为主，凝汽器选用 TP316L 不锈钢管材，辅机冷却设备有很多铜材，控制浓缩倍数为 3.0～5.0。在加药量与实际加药量相同的条件下，用动态模拟试验进行阻垢性能试验。试验用水水质：pH=6.55，全碱度为 3.95mmol/L，硬度为 7.80mmol/L，钙离子为 5.6mmol/L，氯离子为 42.44mg/L，电导率为 760μS/cm，终点时的 ΔA 均大于 0.2，试验结果见图 1-10。

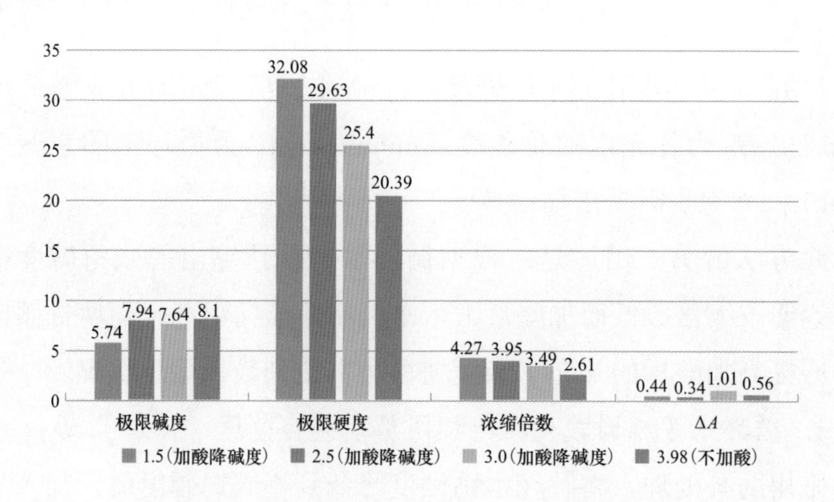

图 1-10　现场试验结果（单位：mmol/L）

根据试验结果，补充水残留碱度为 1.5mmol/L 时动态模拟试验的极限浓缩倍数可以达到 4.27，乘以 0.9 的系数作为现场控制参考，极限浓缩倍数约为 3.8。在药剂量一定时，循环水碱度可控制在 5.20mmol/L

以下。

实例 1：某时测得的循环水结垢倾向判断数据：$A_{B=}$3.95mmol/L，H_X=30.5mmol/L，H_B=7.0mmol/L，A_X=6.5mmol/L，Φ=4.8。由式（1-1）计算出补水残留碱度 A'_B=2.0mmo l/L，大于 1.5mmol/L，此时 ΔA=1.5。依此判断循环水存在严重结垢倾向。

实例 2：某时测得的循环水结垢倾向判断数据：A_B=3.95mmol/L，H_X 为 33.5mmol/L，H_B=7.0mmol/L，A_X=5.0mmol/L，Φ=4.8。由式（1-1）计算出补水残留碱度 A'_B=1.06mmol/L，小于 1.5mmol/L，ΔA=0.8。依此判断循环水无结垢倾向。

由以上分析，即使实际 ΔA 大于 0.8 也没有结垢倾向，因此，实际运行中不能任何时候都用 ΔA 值来判断结垢倾向。

第四节　阻垢剂质量引起凝汽器腐蚀结垢

一、情况简述

某电厂装机容量为两台 600MW，循环冷却水采用二次循环，浓缩倍数按 3 倍设计，凝汽器管材为 TP304 不锈钢，输水管道为 Q235 碳钢。循环冷却水系统防垢措施采用连续投加阻垢剂、冲击性投加杀菌剂处理。2014 年 3 月发现凝汽器端差升高，停机检查时发现循环冷却水系统发生了结垢，其中凝汽器不锈钢管及端板结垢严重，端板部分水垢覆盖面积大于 90%，不锈钢管内全部被垢附着，水垢覆盖率约 100%。凝汽器检查结果如图 1-11 所示。

3 月 21 日抽管取样检测结果显示，垢量最高达 395.96g/m^2，厚度约 0.5mm，比 2013 年 11 月底的 25.12g/m^2 垢量增加了接近 16 倍，主要成分包括钙 44.36%、镁 1.02%、硅 3.13%等易形成硬垢的成分，此外还有磷、锌、铁等成分。

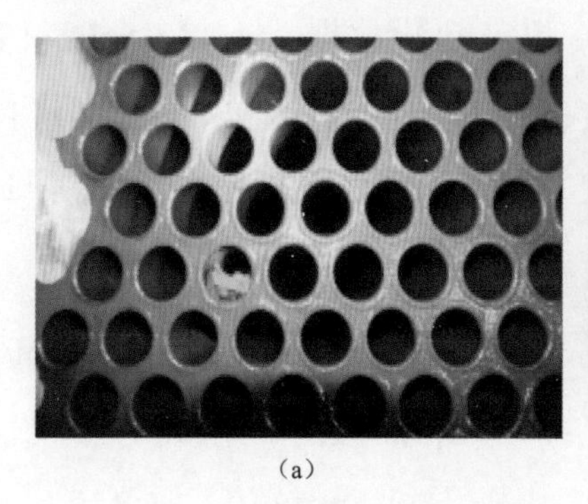
(a)

(b)

图 1-11 凝汽器管及端板结垢情况

(a) 端板；(b) 凝汽器管

查阅电厂 2013 年至 2014 年循环冷却水处理情况和分析报表，该机组浓缩倍数控制在 3 倍以内，日常阻垢剂加药量为 5～10mg/L，循环冷却水中总磷控制在 2～4mg/L，余氯控制在 0～0.2mg/L，浊度在 5～20NTU 范围内波动。

二、原因分析

1. 静态阻垢试验

从垢样的形状及致密度看，水垢非常致密，应是所加入的阻垢剂没有起到很好阻垢、分散作用。取循环冷却水补充水 1500kg 和电厂用阻垢剂 10kg 进行实验室性能试验。

根据现场水质检测结果，通过静态配水的方法进行测试，试验结果显示该阻垢剂在较低加药量下（15mg/L）其平均阻垢率只有 79.59%，在较高加药量下（20mg/L）其平均阻垢率达 89.17%，所以在实际使用中加药量应不少于 20mg/L。

2. 腐蚀挂片试验

试验结束后挂片的表面情况如图 1-12 所示。在试验水质条件下

（试验用水分别加 20mg/L 药剂，药浓缩至 3 倍），TP304 不锈钢表面未发生明显变化，其平均腐蚀速率为 0.0015mm/a，符合 GB/T 50050—2017《工业循环冷却水处理设计规范》中的规范要求。Q235 碳钢表面发生明显腐蚀，试片表面有大量锈迹，其平均腐蚀速率达到 0.3452mm/a，超过 GB/T 50050—2017 中碳钢的腐蚀速率应该小于 0.075mm/a 的规范，说明在加药量为 20mg/L 时还不能满足 Q235 碳钢的缓蚀要求。

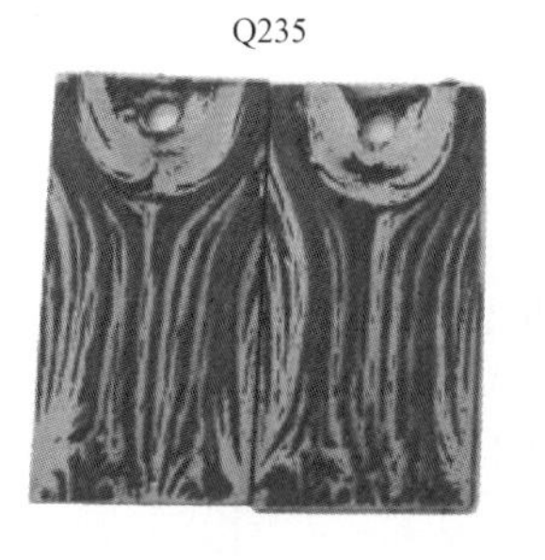

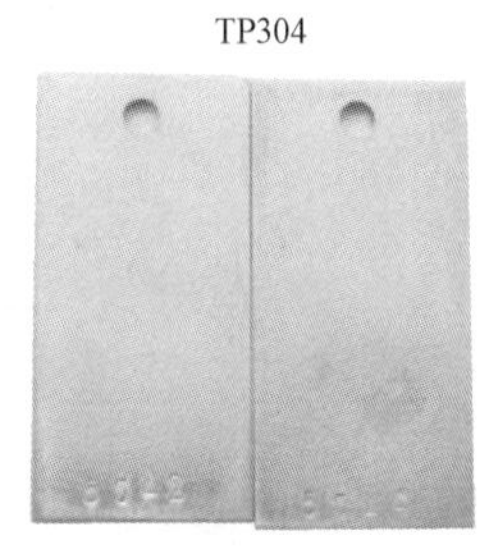

图 1-12　腐蚀试验试片形貌

3. 动态热阻试验

采用测定动态模拟试验装置进出口水温、蒸汽温度和系统流量等参数的方法，通过计算在一定浓缩倍数工况下换热管污垢热阻的变化来判断所加入阻垢剂的阻垢效果。试验时间为 168h，试验结果显示，加药量在 20mg/L 时，试验得出的年污垢热阻平均为 $2.0097\times10^{-4}m^2K/W$，符合 GB/T 50050—2017 中规定的低于 $3.44\times10^{-4}m^2K/W$ 的标准要求。

通过静态阻垢试验、腐蚀挂片试验以及动态热阻试验的结果可以看出，该阻垢剂加药量应不小于 20mg/L，按照厂家指导的 5～10mg/L 加药量调整，在不到 4 个月的时间内出现了严重的结垢，应该是阻垢剂加药量不够或者质量不能满足电厂的水质要求。

4. 水质调查分析

循环冷却水浓缩倍数由 K^+浓度计算得出，ΔA 为由 K^+浓度计算得出的浓缩倍数与 Ca^{2+}浓度计算得出的浓缩倍数的差值。表 1-5 所列为 2014 年 3 月补充水中 K^+和 Ca^{2+}的分析结果，由 K^+和 Ca^{2+}的分析结果可以看出，K^+的变化范围为 1.2～2.4mg/L，变化幅度为 100%，Ca^{2+}

的变化范围为41.54～47.47mg/L，变化幅度为14.3%。所以以K^+计算的浓缩倍数与ΔA存在较大误差，由K^+浓度计算的浓缩倍数不能指导运行工作。

表1-5　　2014年3月补充水中K^+和Ca^{2+}的分析结果

日期	3月3日	3月4日	3月5日	3月6日	3月7日	3月10日	3月11日
K^+（mg/L）	2.1	2.1	1.8	1.8	1.3	1.4	1.9
Ca^{2+}（mg/L）	44.93	44.93	42.38	42.38	41.54	45.68	43.23

日期	3月12日	3月13日	3月14日	3月17日	3月18日	3月19日
K^+（mg/L）	1.3	1.3	1.2	1.9	2.4	1.9
Ca^{2+}（mg/L）	43.98	42.38	38.15	44.93	44.93	47.47

5. 运行调查分析

表1-6所列为2014年连续一周循环水和原水（补充水）的水质分析结果，从表中2.8和2.9两天的分析结果看，补充水K^+浓度保持稳定，循环水的K^+浓度上升幅度较大，以K^+浓度计算的浓缩倍数也对应上升。同样的时间段内，补充水Ca^{2+}浓度有小幅上升，但循环水中的Ca^{2+}浓度却明显下降。此种情况在排除测试误差的情况下，应是比较明显的钙离子沉积。循环水碱度基本低于6mmol/L，个别时间高于7mmol/L，但仍低于控制指标提出的小于8.5mmol/L的要求，从表1-6的数据可以看出循环水系统在碱度达到6.4mmol/L时，即发生了明显的结垢现象。

表1-6　　循环冷却水水质分析

日期	项目	K^+（mg/L）	Ca^{2+}（mg/L）	浓缩倍数（K^+）	浓缩倍数（Ca^{2+}）	碱度（mmol/L）
2月6日	循环水	5.5	60.04	2.5	1.05	5.99
	原水	2.2	41.44			

续表

日期	项目	K^+（mg/L）	Ca^{2+}（mg/L）	浓缩倍数（K^+）	浓缩倍数（Ca^{2+}）	碱度（mmol/L）
2月7日	循环水	8.2	80.34	5.86	4.07	5.46
	原水	1.4	44.82			
2月8日	循环水	4.3	65.12	3.07	1.41	4.94
	原水	1.4	39.32			
2月9日	循环水	5.9	54.52	4.21	3.37	6.4
	原水	1.4	43.79			
2月10日	循环水	5.4	44.6	3.86	2.82	5.34
	原水	1.4	42.82			
2月11日	循环水	5.8	55.41	3.05	1.79	6.2
	原水	1.9	43.79			

三、措施及建议

（1）目前所使用的阻垢剂没有起到应有的阻垢效果，在较低的碱度下发生了结垢现象，阻垢剂阻垢性能的好坏直接决定着循环冷却水处理的安全运行，选择质量更好的阻垢剂可以有效地阻止 $CaCO_3$ 垢的生成。

（2）目前循环水运行的控制指标误差较大，尤其是在浓缩倍数及 ΔA 的计算方面存有较大误差，不利于对循环水系统运行的监督。应适当调整运行控制指标，以水质更稳定的离子代替 K^+进行浓缩倍数计算，由电厂提供的水质分析结果可以看出，补充水中 Ca^{2+}比 K^+要更稳定，也更适合作为计算浓缩倍数的离子，但若系统中发生结垢现象，也会导致以 Ca^{2+}计算的浓缩倍数不准确。

（3）对于水质分析结果异常的情况，可由碱度与各种成垢离子的变化综合考虑是否有垢生成，并结合凝汽器端差等与循环水运行相关数据及时分析判断。

（4）无论以何种金属材质作为凝汽器的换热管材，保持换热管表面的清洁都是非常重要的。胶球系统正常投运是保证凝汽器管表面清洁的必要手段，可以及时清除泥沙、黏泥以及软垢，有效地避免了凝汽器管的垢下腐蚀和微生物腐蚀。

（5）微生物的代谢产物极易和水中的悬浮物及胶体物质形成黏泥、污垢而附着于换热管表面，而导致附着物下的局部腐蚀。因此应改变杀菌灭藻加药方式和加药量，采用间断运行方式加入二氧化氯，余氯控制在 0.1～1mg/L，同时人工定期投加非氧化性杀菌剂和剥离剂，如季铵盐等来提高杀菌效果。

（6）应定期取循环水水样和循环水补充水水样进行测定，根据测定结果及时调整循环水运行参数，按要求进行处理药剂的加入。

第五节　中水引起循环水系统腐蚀泄漏

一、情况简述

某电厂装机容量为两台 350MW 机组，凝汽器采用 316L 不锈钢材质，冷油器、空冷器采用黄铜材质，2018 年 5 月之前采用水库水和地下水混合作为补充水，2018 年 5 月改用水库水和中水混合作为循环水系统补充水，2018 年 9 月冷油器、2018 年 11 月空冷器发生泄漏，打开冷油器发现污垢沉积较多，去掉污垢后，铜管脱锌腐蚀比较严重。由于原产品供应单位无法提出有效解决方案，电厂邀请电科院技术人员调研腐蚀原因。

二、原因分析

（1）表 1-7 和表 1-8 为电厂 3～11 月补充水水质和循环水水质（平

均值）统计表。从表1-7中可以看出，5～11月补充水的氨氮平均值为50.32mg/L，由于水体中氨氮含量高，硝化细菌产生的危害尤其严重，亚硝酸菌和硝酸菌会转化出大量的亚硝酸和硝酸，使系统pH值有较大幅度的下降，引起系统在低pH值下的酸性腐蚀，同时因亚硝酸盐有还原性，会消耗氧化性杀菌剂，使杀菌剂效率降低或不起作用，使水质迅速恶化。

表1-7　　补充水水质（平均值）

时间（月）	pH值	浊度（NTU）	电导率（μS/cm）	总碱度（mmol/L）	总硬度（mmol/L）	氯离子含量（mg/L）	COD（mg/L）	氨氮含量（mg/L）
3	7.51	6.69	604	1.4	2.4	34	—	—
4	7.48	5.57	643	1.6	2.7	32	—	—
5	7.25	4.58	1140	2.2	6.9	126	45.15	32.48
6	7.27	10.46	1052	1.9	8.0	130	22.57	35.84
7	7.30	2.57	1286	2.3	8.0	180	34.61	61.60
8	7.66	0.11	1539	2.5	9.8	232	51.28	76.16
9	7.46	3.41	1383	2.3	9.6	198	47.72	57.68
10	7.17	3.69	1003	1.8	7.2	110	58.26	39.20
11	7.33	3.36	1226	2.1	9.8	186	16.55	49.28

注　COD为化学需氧量，是指水体中能被氧化的物质进行化学氧化时消耗氧的量。

表1-8　　循环水水质

时间（月）	pH值	浊度（NTU）	电导率（μS/cm）	总碱度（mmol/L）	总硬度（mmol/L）	氯离子含量（mg/L）	COD（mg/L）	氨氮含量（mg/L）
3	8.50	9.5	1970	4.7	7.9	117.11	—	—
4	8.67	10.5	1949	5.3	9.0	109.5	—	—
5	6.23	12.0	3015	0.4	19.2	378.6	114.15	8.4
6	6.44	32	3155	0.7	25.3	369.9	53.3	7.8
7	6.42	23	2625	0.4	19.6	436.1	63.5	9.52

续表

时间（月）	pH值	浊度（NTU）	电导率（μS/cm）	总碱度（mmol/L）	总硬度（mmol/L）	氯离子含量（mg/L）	COD（mg/L）	氨氮含量（mg/L）
8	6.57	35	3500	0.55	22.9	509.8	85.4	8.36
9	6.91	37	3500	0.95	27.4	508.5	82.1	6.2
10	7.11	19.5	2685	1.0	22.2	361.1	109.5	5.92
11	6.64	38	3640	0.5	29.7	603.5	49.3	7.04

实际的情况是：5～11 月期间，循环水中 pH 值平均值为 6.62，证明了系统存在严重的酸性腐蚀。氨氮与铜生成可溶性的铜氨络离子，因此腐蚀过程能不受阻滞的进行下去，造成铜材质严重的腐蚀。

阳极过程是铜在氨性环境中的氧化

$$Cu+4NH_3 \longrightarrow [Cu(NH_3)_4]+2e$$

阴极过程则是溶解氧的还原

$$1/2O_2+H_2O+2e \longrightarrow 2OH^-$$

（2）表 1-7 中补充水中 COD 平均值是 39.45mg/L，通常补充水中高含量的 COD 为循环水中异养菌提供营养，造成异养菌的大量繁殖，其在繁殖过程中分泌的产物，会吸附循环水中悬浮物质，形成生物黏泥覆盖在金属表面，造成严重的垢下腐蚀，同时阻碍药剂到达金属表面起到缓蚀作用。

三、措施及建议

（1）充分发挥污水处理厂作用，尽可能降低中水中 COD 含量和氨氮含量，最好能达到 GB 50050—2017《工业循环冷却水处理设计规范》再生水水质要求，才能保证循环水系统长期安全稳定运行。

（2）根据 GB 50050—2017《工业循环冷却水处理设计规范》要求，循环水系统可以增设旁滤装置，工艺可选择纤维过滤器或者浅层砂过滤器等，旁滤量为循环水量的 4%～5%，通过旁滤将悬浮物质、部分菌藻类等物质去除，使循环水的浊度在控制标准范围内，避免悬浮物质在循环水中沉积引起垢下腐蚀。

（3）如果城市中水作为循环水的补充水无法达到再生水标准，可以采取以下措施保证系统的安全稳定运行：

1）投加碱和碳酸钠调节循环水 pH 值和碱度，保证循环水系统在碱性条件下运行。

2）开展循环水动态模拟试验，筛选出适合中水水质的阻垢剂、铜缓蚀剂，并确定投加浓度。

3）提高杀菌剂投加量，增强对菌藻杀灭、生物黏泥剥离效果，降低微生物对系统的影响。

4）提高胶球清洗频率和清洗时间，保证凝汽器管表面清洁，避免污垢沉积和垢下腐蚀。

采取了上述措施以后，循环水 pH 值控制在 7.4～7.8 范围内平稳运行，碳钢、铜监测试片均达到 GB 50050—2017《工业循环冷却水处理设计规范》标准，冷油器、空冷器等未再发生泄漏事故。

第六节　负硬度水引起循环水系统腐蚀

一、情况简述

某生物质电厂装备两台机组，装机容量分别为 30、35MW，2016 年开始运行，3 月中旬至 11 月中旬进行发电，采用自然通风冷却塔进行冷却，11 月中旬至来年 3 月中旬保持发电的同时利用低真空循环水进行供暖，由于供暖面积较少，供暖循环水回水经过凉水塔进入凝汽器加热后供暖。2017、2018 年供暖期间供暖管道内循环水、凉水塔储水池内循环水浑浊显棕红色，总铁含量平均值为 17.8mg/L，最高值达到 162mg/L，且主管道、支路管道腐蚀严重出现泄漏现象，点蚀严重的深度达 3mm，供暖循环水泵叶轮出现腐蚀穿孔情况，如图 1-13～图 1-16 所示。

图 1-13　母管管道切片点蚀（总厚度 12mm）

图 1-14　支路管道切片点蚀（总厚度 6mm）

图 1-15　供暖循环水泵叶轮腐蚀

图 1-16　供暖期凉水塔储水池循环水照片

二、原因分析

（1）表 1-9 是 2018 年 6～12 月补充水水质平均值，从表中可以看出，补充水属于负硬水，根据 PSI 指数计算数值为 7.96，有较强的腐蚀性；补充水电导率、氯离子含量较高，较高的电导率会引起系统金属的电化学腐蚀，较高的氯离子会引起系统金属的离子腐蚀。

表 1-9　　2018 年 6～12 月补充水水质平均值

pH值	电导率（μS/cm）	浊度（NTU）	总硬度（mmol/L）	总碱度（mmol/L）	钙离子含量（mg/L）	镁离子含量（mg/L）	氯离子含量（mg/L）	铁离子含量（mg/L）
8.48	1637	0.83	1.2	6.08	12.03	7.29	311.30	0.11

（2）供暖循环水系统 2016 年开车运行前，管道内壁附着一层污垢，未对新建管道进行化学清洗和预膜处理，没有形成保护膜，不能有效对管道进行防腐保护，后续采用的供暖阻垢剂缓蚀效果较差，形成长期恶性循环状态，造成供暖循环水总铁含量严重超标加速腐蚀。

（3）2017～2018 年供暖季结束后未进行供暖循环水系统的排污置换及加药保护工作，导致强腐蚀性的供暖水长期存在于管道内，造成了管道的腐蚀加剧，导致 2018 年 10 月重启供暖系统后，供暖循环水总铁达到 84.0mg/L，见表 1-10。2017～2018 年供暖季结束后，循环水铁离子含量高还会给铁细菌的繁殖创造有利条件，冷却水中铁含量超过 0.5mg/L 时，会促使铁细菌繁殖，产生的黏泥除会堵塞管路外，还会加速管道及换热设备的腐蚀。

表 1-10　　2018 年 10 月 10 日供暖循环水分析数据

pH值	电导率（μS/cm）	浊度（NTU）	总硬度（mmol/L）	总碱度（mmol/L）	钙离子含量（mg/L）	镁离子含量（mg/L）	氯离子含量（mg/L）	铁离子含量（mg/L）
8.39	2820	240	14.1	6.55	94.19	114.3	527.29	84.0

（4）供暖期间，供暖循环水系统与冷却塔串联运行，供暖循环水与大气直接接触，供暖循环水溶解氧达到 8mg/L，且供暖循环水水温

在 50℃左右，在较高的温度下充足的氧会加剧金属的电化学腐蚀反应，即铁的阳极溶解，氧的阴极去极化还原。随着氧含量的增加和流动速度的增大，金属的腐蚀速度也随之增加。

三、措施及建议

（1）根据某生物质电厂供暖循环水系统运行状况、水质状况，选用 SGR-0804 型阻垢剂，开展极限碳酸盐碱度阻垢试验、旋转挂片腐蚀试验，试验结果见表 1-11、表 1-12，从试验结果可以看出，所选药剂能够满足循环水的阻垢缓蚀要求。

表 1-11　　极限碳酸盐碱度阻垢试验结果

分析指标	碱度（mg/L）	浓缩倍数 K_A	氯离子含量（mg/L）	浓缩倍数 K_{Cl}	ΔA
补充水质	267.5	—	332.37	—	—
6.23 12:00	283.55	1.06	355.64	1.07	0.01
6.27 18:00	1083.38	4.05	1412.57	4.25	0.2

注　试验条件：阻垢剂 SGR-0804 型，加药量 10.0mg/L，水温 50℃。

表 1-12　　旋转挂片腐蚀试验结果

材质	编号	试片失重（g）	腐蚀时间（h）	腐蚀标准（mm/a）	腐蚀速率（mm/a）
碳钢	2284	0.0034	72	<0.075mm/a	0.0188
	2285	0.0039	72		0.0216
不锈钢	3589	0.0001	72	<0.005mm/a	0.0005
	3590	0.0004	72		0.0022

（2）采用具有专门配方的供暖阻垢剂开展供暖循环水系统清洗预膜工作，在供暖循环水系统高温运行状态下完成除垢、除锈、预膜工作，循环水总铁含量变化如图 1-17 所示，清洗预膜前后供暖循环水外观变化如图 1-18、图 1-19 所示，可以明显看出清洗预膜取得了突出的

效果，水质明显好转，腐蚀得到了抑制。

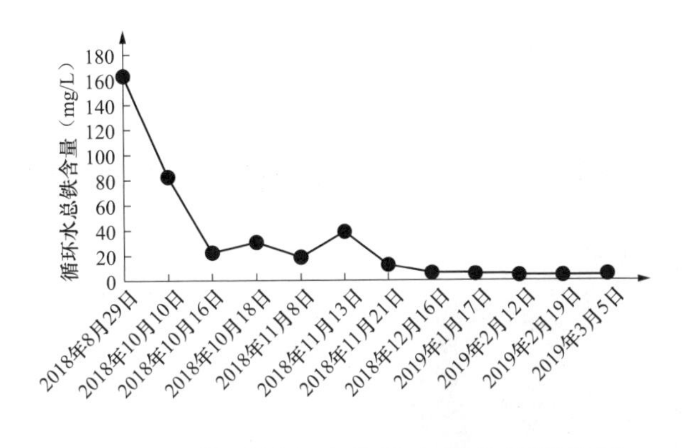

图 1-17　供暖循环水总铁含量变化折线图

（2018 年 8 月 29 日～2019 年 3 月 5 日）

图 1-18　2018 年 11 月 8 日循环水　　图 1-19　2018 年 12 月 15 日循环水

（3）供暖结束后，为防止供暖管道在非供暖季的腐蚀，投加供暖循环水管道停运保护剂进行供暖循环水管道的预膜保护工作，供暖结束后循环水泵叶轮和管道切片腐蚀状况，如图 1-20、图 1-21 所示。可以看出腐蚀得到了明显的抑制，母管管道切片光滑平整。

（4）根据 GB 50050—2017《工业循环冷却水处理设计规范》要求，循环水系统可以增加旁滤装置，工艺可选择纤维过滤或者浅层砂过滤等，旁滤量为循环水量的4%～5%，通过旁滤装置将悬浮物过滤去除，使循环水的浊度控制在标准范围内，避免悬浮物质的沉积和垢下腐蚀。

图1-20　2019年3月供暖结束后循环水泵叶轮腐蚀情况

图1-21　2019年3月20日母管管道切片光滑平整

第七节　水质pH值引起间接空冷机组铝管泄漏分析

一、情况简述

某电厂装备两台660MW超临界燃煤热电联供机组，采用高效节水的SCAL型间接空冷系统。投运后间接空冷水pH值、电导率、悬浮物及氯离子含量等指标严重超标，造成间接空冷系统冷却三角铝管束腐蚀泄漏，给电厂安全运行造成了很大影响。间接空冷水系统在投运前虽然采取了冲洗、换水等措施，由于间接空冷水系统容积很大，系统无法将间接空冷水全部放空置换，且每次换水消耗几千立方米，受到除盐水制水能力、换水成本以及现场实际的制约，换水很难做到完全合格。

二、空冷技术发展

1. 国外空冷技术发展

1939年，德国GEA公司在德国鲁尔矿区1.5MW汽轮发电机组上应用了直接空冷系统，1950年匈牙利海勒教授在第四届世界动力会议上首次提出了采用喷射式凝汽器和自然通风空冷塔的间接空冷系统（后称为海勒式空冷系统）。1962年采用海勒式空冷系统的120MW机组在英国拉格莱电厂投运。80年代以来，空冷技术得到进一步发展，特别是在南非，可以说取得了突破性进展。1987年，采用机械通风型直接空冷系统的665MW空冷机组在南非马廷巴电厂投运；1988年，采用表面式凝汽器和自然通风空冷塔的间接空冷系统的686MW空冷机组在南非肯达尔电厂投运。

2. 国内空冷技术发展

1966年，哈尔滨工业大学试验电站在50kW试验机组上进行了直接空冷系统试验。1967年在山西省电力公司侯马发电厂1.5MW机组上进行了直接空冷系统工业性试验，空冷凝汽器由哈尔滨空调机厂制造。1976年，甘肃庆阳石油化工厂和哈尔滨空调机厂合作，在该厂投运了采用空冷凝汽器直接空冷系统的两台3MW机组。1988年山西大同第二发电厂引进了匈牙利海勒式间接空冷系统的200MW机组投入运行，标志着国内电厂空冷技术的发展进入一个新的阶段。1993～1994年，内蒙古丰镇电厂一期、大唐山西发电有限公司太原第二热电厂投运了采用海勒式空冷系统的200MW机组。2005年4月和7月，国内首批600MW直接空冷机组在北京国电电力有限公司大同第二发电厂投入运行。国内投产的空冷机组绝大多数是直接空冷，但随着节能减排要求的提高，近年来越来越多的项目在建和拟建间接空冷机组。

2010年超超临界1000MW直接空冷机组在宁夏华电灵武发电有限公司投产；2012年，三塔合一，单机600MW级超临界表凝式间接空冷机组在华能陕西秦岭发电有限公司投运；2011年，三塔合一，单机660MW混合式凝汽器间接空冷机组在国电宝鸡第二发电有限责任公司投运。

三、空冷系统介绍

1. 直接空冷系统

直接空冷系统是指汽轮机的排气通过蒸汽管道被送到空冷机组的表面式空冷凝汽器内，直接用空气冷却高温排气，与空气进行热交换。直接空冷系统按照冷空气的来源方式不同，可以分为自然通风和机械通风两种，其中机械通风的冷却介质是空气，直接由空冷凝汽器下方的轴流风机通过强制抽吸冷空气供给。国内大部分地区的直接空冷机组均采用强制通风式直接空冷机组，如图1-22所示。

2. 间接空冷系统

间接空冷系统分为混合式（带喷射）间接空冷和表面式间接空冷两种，对于不同的空冷系统，对应有不同的凝汽器和空冷塔类型。

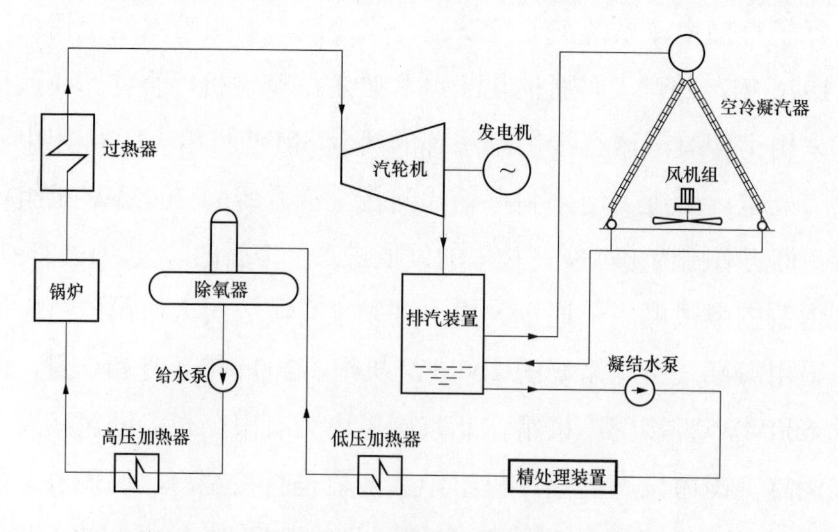

图1-22　直接空冷系统

（1）混合式凝汽器间接空冷系统由混合式凝汽器+垂直布置在塔外的空冷散热器构成。该系统于20世纪50年代由匈牙利人海勒教授发明，所以又称为海勒式间接空冷系统。

（2）表面式凝汽器间接空冷系统由表面式凝汽器+水平布置在塔内的散热器构成，该系统是在海勒空冷发展起来，也称为哈蒙间接空冷机组系统。

（3）表面式凝汽器+垂直布置在塔外的翅片管型散热器组成的间接空冷系统，也称为SCAL（surface condenser aluminum exchangers）型间接空冷系统。

四、空冷工艺流程

1. 海勒式间接空冷系统工艺流程

汽轮机的尾部排汽在喷射式凝汽器内，与由调压水轮机送来的pH=6.8～7.2的高纯中性冷却水直接混合。在此过程中，蒸汽被冷凝，冷却水被加热，受热的冷却水绝大部分（98%）由循环冷却水泵送至福哥型散热器，经与冷却塔中的空气对流热交换冷却后，通过调压水轮机又将冷却水送至喷射式凝汽器内，进入下一个循环。只有极少部分（2%）的冷却水（与排汽量相当）经凝结水泵送至精处理装置处理后回到热力系统，如图1-23所示。

海勒式间接空冷系统中汽轮机排汽与喷管喷出的冷却水水膜直接接触换热凝结，其中约2%的水回到间接空冷回热系统，其余水输送到铝制的散热器中，通过与空气换热进行冷却。

在海勒式间接空冷系统中，循环冷却水与锅炉给水相连通，由于锅炉给水品质控制尤为严格，系统中要求设置凝结水精处理装置，海勒式间接空冷系统正是通过水质不断净化达到控制材料腐蚀的目的。但是对于水汽品质要求更高的高参数火电机组来说，水质的净化就尤为困难，正是由于这一缺点，使得海勒式间接空冷系统无法在高参数机组中使用。

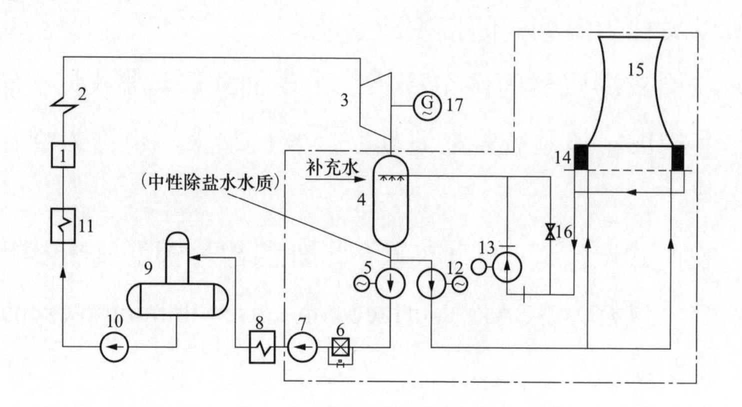

图 1-23 海勒式间接空冷系统

1—锅炉；2—过热器；3—汽轮机；4—喷射式凝汽器；5—凝结水泵；6—凝结水精处理装置；7—凝结水升压泵；8—低压加热器；9—除氧器；10—给水泵；11—高压加热器；12—冷却水循环泵；13—调压水轮机；14—全铝制散热器；15—空冷塔；16—旁路节流阀；17—发电机

2. 哈蒙式间接空冷系统工艺流程

经过空冷散热器冷却后的低温水，在表面式凝汽器中通过不锈钢管壁与汽轮机排汽进行对流换热，水蒸气在管壁外表面上凝结成凝结水，并汇集于凝汽器下部的热水井中，再由凝结水泵送回热力系统。温度升高的冷却水由循环冷却水泵送至双曲线自然通风冷却塔，在空冷散热器中与空气进行对流换热，冷却后的循环冷却水再送回表面式凝汽器中冷却汽轮机排汽，形成一个密闭式循环冷却系统，如图 1-24 所示。

3. SCAL 型间接空冷系统

SCAL 型间接空冷系统是哈蒙间接空冷系统的发展，该空冷系统也是将冷却水和锅炉给水分开控制，同时将散热器垂直布置在塔外，使得有效通风面积增大，换热效果增强。此外，减少了间接空冷系统的初投资，提高了火电机组运行的经济性。SCAL 型间接空冷系统成为大型间接空冷系统的发展方向，如图 1-25 所示。

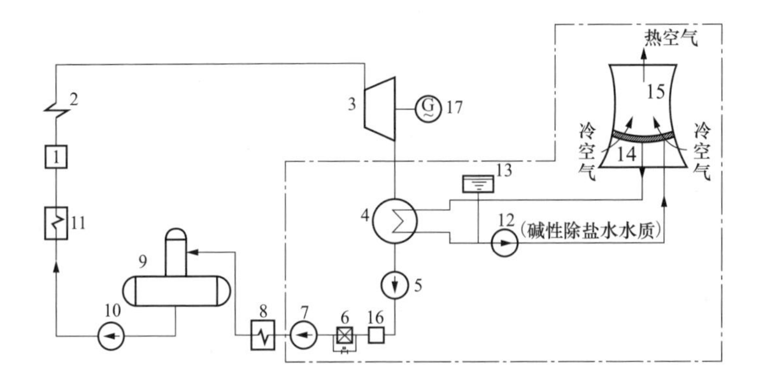

图 1-24 哈蒙式间接空冷系统

1—锅炉；2—过热器；3—汽轮机；4—表面式凝汽器；5—凝结水泵；6—凝结水精处理装置；7—凝结水升压泵；8—低压加热器；9—除氧器；10—给水泵；11—高压加热器；12—冷却水循环泵；13—调压水轮机；14—全铝制散热器；15—空冷塔；16—除铁器；17—发电机

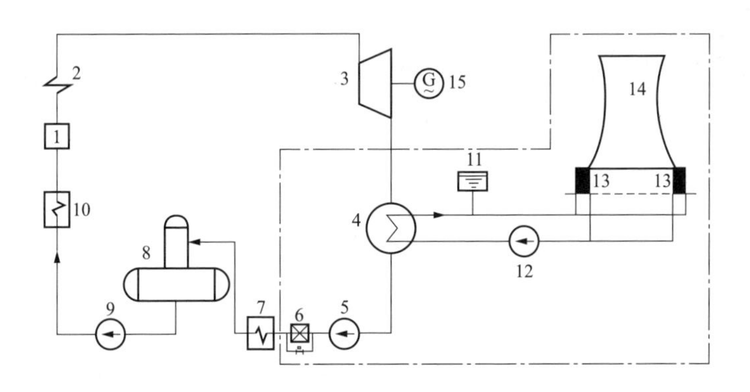

图 1-25 SCAL 型间接空冷系统

1—锅炉；2—过热器；3—汽轮机；4—表面式凝汽器；5—凝结水泵；6—凝结水精处理装置；7—低压加热器；8—除氧器；9—给水泵；10—高压加热器；11—膨胀水箱；12—冷却水循环泵；13—铝管铝翅片散热器；14—空冷塔；15—发电机

五、空冷技术水工况

1. 凝结水温度高

对于直接空冷机组，汽轮机的排汽直接在空冷凝汽器与空气进行热交换，属于一次表面换热，传热效率较差，使凝结水温度较高。对于哈蒙式间接空冷机组，汽轮机的排汽虽有两次换热，但也都是表面换热，传热效率低，凝结水温度也比较高。空冷凝结水的温度一般比环境温度高出30～40℃，在夏季可达60～70℃。所以，在选择凝结水精处理设备时，不仅要考虑水化学工况的要求，还要考虑耐较高水温的要求。

2. 凝结水含盐量低

直接空冷机组和哈蒙式间接空冷机组，循环冷却水采用的都是高纯度除盐水，密闭循环不存在凝汽器泄漏时冷却水污染凝结水的问题，而且损失水量小，补充水量也比较小，即使主机组启动或事故时，也不会使凝结水含盐量明显上升。

3. CO_2溶解氧及悬浮固体含量较高

直接空冷机组的水汽接触面积非常大，而且汽侧处于负压状态，所以有更多的机会使空气漏入水汽中，空气中的CO_2、O_2和灰尘也随之带入凝结水中。

4. 铁含量和SiO_2含量高

凝结水中CO_2含量高，会使水的pH值偏低，引起酸性腐蚀，溶解氧含量高，可引起氧腐蚀，使铁的腐蚀产物增多。凝结水中漏入灰尘，会使凝结水中SiO_2含量所占比例升高，因为SiO_2在凝结水和混床出水中所占比例比天然水中的大。

5. 启动时间长

对于直接空冷系统，由于水汽系统容积庞大，所以机组启动时，维持排汽管道的真空所需时间长。由于上述原因，空冷机组的凝结水也会受到一定程度的污染，为此对于超临界机组必须设置凝结水精处理装置。

六、空冷系统水化学工况

1. 直接空冷水化学工况

由于直接空冷系统采用全铁系统，机组采用全钢系统，所以水化学工况可只考虑提高汽水系统的 pH 值，以防止碳钢的腐蚀。为此，它的凝结水处理方式有三种情况：一是采用粉末树脂过滤器时，对水的 pH 值和水温没有过高的要求，因为它是一次性应用，可采用加碱性药剂（氨或碱）的方法提高 pH 值；二是采用固定阳床+阴床时，可采用 H 型→氨型运行方式（即运行中铵化）来提高 pH 值；三是采用前置过滤器+高速混床，主要用于超临界机组，兼顾除铁和除盐两方面。

2. 海勒式间接空冷水化学工况

在海勒式空冷机组中，凝结水与冷却水为同一水质，并混合在一个密闭式系统循环利用，不存在凝结水被结垢盐类污染的问题，所以既不需要投加磷酸盐的炉水处理，也不需要加 NH_3 的给水处理。但散热器的材质为纯铝，铝又是一种两性金属，在酸性或碱性溶液中均易遭受腐蚀，只有在中性水溶液中腐蚀性最小，pH=7 时最为理想，这就要求冷却水必须采用中性水工况。但碳钢在中性水中腐蚀速度较高，为了防止钢铁腐蚀，要求中性水工况的水质要高纯度，而且含有适量的氧化剂，以便在钢的金属表面形成稳定的保护膜。

中性水工况是凝结水、给水系统中的高纯水呈中性，pH=6.7～7.5，电导率在 25℃时小于 0.3μS/cm，溶解氧控制在 50～500μg/L 的水工况。在实际运行中，给水的氢电导率为 0.2～0.3μS/cm，夏季高温时为

0.35μS/cm。给水不加氨和联氨，也不加氧，只靠空冷系统漏入的空气，并适当控制除氧器排气门的开度，以维持所需溶解氧量。

在中性水工况中投加的氧化剂一般有两种，即过氧化氢和气态氧。投加过氧化氢是与铁离子生成过氧氢化铁络合离子 $Fe(O_2H)^{2+}$，然后 $Fe(O_2H)^{2+}$发生热分解，在钢铁表面生成保护膜。投加气态氧是水中氧与铁直接生成 Fe_3O_4 与 Fe_2O_3 的两层保护膜。

由于中性水工况要求给水 pH 值控制在 6.7～7.5，缓冲性很小，运行中难以实施，一旦有 CO_2 漏入就会使给水呈酸性，造成酸性腐蚀。所以有的国家（如德国）从 20 世纪 70 年代末期开始，在控制给水高纯度的基础上，除了投加适量氧化剂之外，还投加适量氨，使给水 pH 值（25℃）维持在 8.0～8.5，氧含量为 150～300μg/kg，给水氢电导率 25℃时为 0.2μS/cm，这种水工况称为联合水处理工况（即 CWT 水工况）。

3. 哈蒙式间接空冷水化学工况

传统的哈蒙式空冷机组中，凝结水与冷却水分开布置，凝汽器采用铜管等材质，散热器的材质采用碳钢材质，因此水质的控制是比较简单的，只需要采用碱性的除盐水既可以实现防腐的控制。

4. SCAL 型间接空冷水化学工况

SCAL 型间接空冷系统采用表面式凝汽器结合垂直布置的铝制散热器，是一种优化型的间接空冷系统，可以满足机组大型化的需求。但是这种新型间接空冷系统却对材料腐蚀防护工作提出了新的要求，由于系统中同时使用了碳钢和两性金属纯铝，因此不能使用碱性循环水来控制材料腐蚀；此外，SCAL 型的循环水系统与锅炉给水系统相隔离，间接空冷系统一般不设计离子除盐设备，这些因素使得该系统的腐蚀控制问题变的更加复杂。目前几乎没有针对于 SCAL 型间接空冷系统中纯铝和碳钢腐蚀的相关控制标准，但是两种材料在其他环境中的腐蚀研究已有大量的基础，这些基础工作对于间接空冷系统中材料腐蚀和防护方法都有一定的借鉴意义。

七、SCAL 型间接空冷腐蚀泄漏原因分析

1. 循环水中离子浓度的影响

循环水中的 pH 值是水中 H^+和 OH^-浓度的直观反映，当系统中只有碳钢一种材料时，可以控制循环水 pH 值呈碱性，达到防腐蚀的目的。

在 pH=8.35～12 的软化水中时，碳钢腐蚀速率随 pH 值上升逐渐降低。然而纯铝是一种两性的金属，铝在水溶液中腐蚀钝化区间 pH=4.6～8.3 可以相对稳定存在，在碱性环境中比酸性环境更容易发生腐蚀。在系统中通过 pH 值控制的方式减缓腐蚀比较困难，pH 值一旦进入碱性范围，纯铝就会受到较严重的腐蚀破坏。

循环水中阴离子杂质可能包含 Cl^-、SO_4^{2-}等，其中对腐蚀影响最严重的是 Cl^-，它对于材料有很强的破坏性。对于表面有氧化膜的纯铝而言，当水中有 Cl^-与 Al^{3+}络合时，不利于 Al_2O_3 钝化膜的形成，因此 Cl^-的存在可能导致纯铝发生点蚀破坏。Cl^-浓度升高也会使碳钢腐蚀速率加快，研究发现铝离子在 pH=4.1～4.5 的水中对铁的腐蚀有显著的抑制作用，这种缓释作用的机理是铝离子在铁表面形成了 $Al(OH)_3$ 膜。但是这层沉淀膜有孔且不致密，因此单独使用铝作为碳钢的缓蚀剂时，缓释效果并不好。并且，当水中含有的 HCO_3^- 和 SO_4^{2-} 时更不利于铝离子在碳钢表面形成沉淀膜。

2. 循环水中固体不溶物的影响

间接空冷系统中的固体不溶物主要来自碳钢表面脱落的腐蚀产物，碳钢的主要腐蚀产物有 γ-FeOOH、α-FeOOH、Fe_3O_4 和 Fe_2O_3。在停用期间或运行期间生成的碳钢腐蚀产物随着循环水在系统中运转，这些固体不溶物对于材料腐蚀可能产生的影响是：循环水在系统中流

动会对材料造成冲刷腐蚀，而水中存在固体不溶物可以加剧冲刷腐蚀；碳钢的腐蚀产物γ-FeOOH是一种氧化剂，即使在系统内溶解氧浓度低时，γ-FeOOH还可以还原为Fe_3O_4替代氧气的作用，使腐蚀反应继续进行。如何合理地去除间接空冷循环水中碳钢的腐蚀产物有待进一步研究。

3. 循环水中溶解氧的影响

在中性的循环水中，氧气是纯铝和碳钢共同的去极化剂，参与腐蚀反应。间接空冷循环系统启动之前，会将溶解氧饱和的除盐水注入系统，随着系统的运行，氧气逐渐被腐蚀反应消耗。循环水中溶解氧含量对于两种材料腐蚀速率都有较大影响，一般来说氧含量越高，材料腐蚀速率越快。研究表明回用污水中溶解氧含量从饱和降低至1mg/L以下时，碳钢的腐蚀速率可以从0.2mm/a降低至0.02mm/a。

八、改善间接空冷循环水水质的措施

1. 换水

通过引一路水管至辅机循环冷却水，在机组运行过程中对间接空冷循环水进行换水操作，采用除盐水置换，边补边排，排水至辅机循环冷却水。1台机组间接空冷循环水的水容积为5000m^3，每次彻底将间接空冷系统的水更换一次需要15天以上，消耗除盐水约18000m^3，每千克除盐水成本按0.02元计算，换水成本约36万元，但是通过引水到辅机循环冷却水，既达到了换水的目的，也保证了间接空冷系统节水的初衷。

2. 前置过滤器+混床旁路处理

在间接空冷循环水系统上加装旁路过滤器和混床，通过过滤器去除间接空冷循环水中的悬浮物，混床除去水中的各种杂质离子，从而净化水质，使间接空冷水的各项指标合格。

3. 加联氨、CO_2 调整 pH 值

在间接空冷水系统上增加加药系统，向间接空冷水中加入联氨来除去间接空冷水中的溶解氧，降低铝的自腐蚀电位，使其处于稳定的免腐蚀区，达到减缓腐蚀的目的，同时加入 CO_2 调整系统的 pH 值。

4. 前置过滤器+混床旁路处理+联氨调整水质联合处理

在间接空冷循环水系统上加装旁路过滤器和混床，净化水质；并在间接空冷水系统增加加药系统，向水系统中加入联氨调节水的氧化还原电位，进一步降低铝管束的腐蚀。

九、结论及建议

（1）间接空冷循环水系统采用旁流除盐处理方式，其投资成本和运行成本优势更加显著，损失的除盐水也更少，通常采用旁流除盐的方式，一个月只需要启动流除盐 3～5 天即可满足水质的要求。

（2）对间接空冷循环水进行旁流混床除盐处理，相比换水、加药、阳床处理等方法，其经济性更高，可有效控制间接空冷循环水的电导率（25℃）≤0.2μS/cm，pH 值逐渐趋于中性。但是 pH 值趋于中性，碳钢的腐蚀速率将大幅度上升，最佳控制 pH 值的范围为 7.8～8.2。

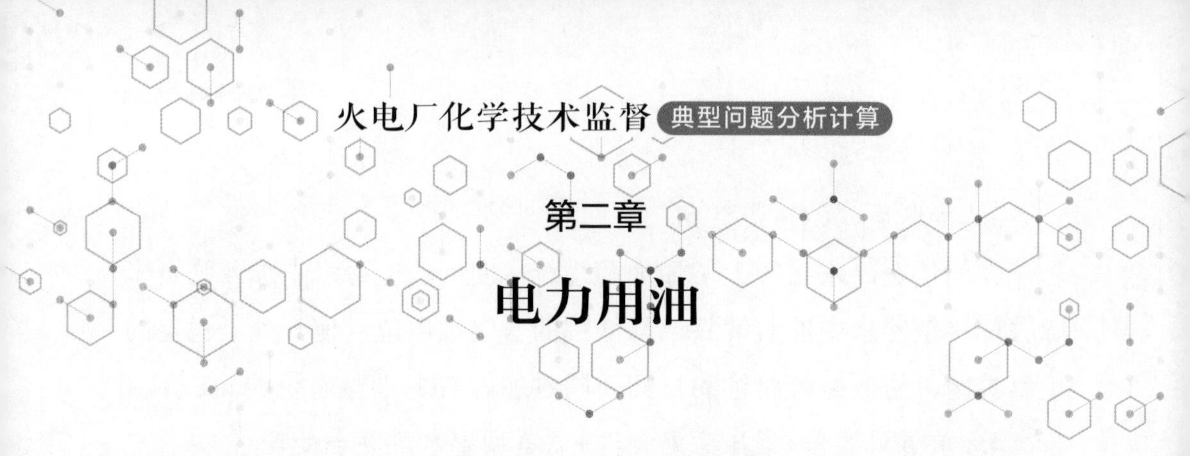

第二章
电力用油

电力用油主要包含汽轮机油、变压器油和 EH 系统中的磷酸酯抗燃油 3 大类。这 3 类油普遍存在 4 种问题：气体、水、固态杂质和酸值。汽轮机油往往因汽封泄漏而造成油的含水量超标，另外，油路系统将固态杂质带入油中，油在使用过程中产生胶泥状物质，油又吸收空气中的各种尘埃。因此，汽轮机还未到大修期，油未到其使用寿命，油箱底部就积累了很多油泥，水和油泥影响了油的正常使用和汽轮机安全运行。变压器油因水、总烃或其他气体超标，使油的绝缘性能和参数变坏，影响变压器的可靠运行。EH 油系统中的抗燃油因气体、水、固态杂质和酸值超标，影响系统的安全运行。

第一节　汽轮机油老化原因分析处理

一、情况简述

某电厂装机容量为两台 300MW 亚临界机组，自投产发电以来至今已运行 16 年，汽轮机油运行工况平稳，主机和给水泵汽轮机润滑油均为 32 号透平油，其中主油箱油量 22m^3，2 个给水泵汽轮机油箱油量共计 14m^3，在机组检修时主油箱和 2 个给水泵汽轮机油箱油会混合（共存于室外储油箱）。但近年随运行时间增加，汽轮机油老化明显，汽轮机油颜色逐渐加深，甚至发现轴瓦发黑的情况。

二、原因分析

1. 试验结果分析

为了查明油质劣化原因，对主机汽轮机油作油质分析，从试验报告（见表 2-1）看出：主机汽轮机油的破乳化度和泡沫特性试验的检测结果不符合标准要求；T501 抗氧剂含量为 0.08%，氧化安定性（旋转氧弹法）值为 85min，油的抗氧化性能很差；油泥析出试验结果为“痕迹”。

表 2-1 主机汽轮机油试验结果

检验项目		检验结果	质量指标
外状		透明	透明
运动黏度（40℃，mm^2/s）		32.57	28.8～35.2
开口闪点（℃）		218	≥180，且比前次测定值不低于 10℃
酸值（mgKOH/g）		0.157	加防锈剂油，≤0.3
液相锈蚀（蒸馏水）		无锈	无锈
水分（mg/kg）		33	≤100
空气释放值（50℃，min）		7.1	≤10
T501 含量（%）		0.08	—
氧化安定性（旋转氧弹法）（150℃，min）		85	报告
泡沫特性试验（mL/mL）	24℃	480/0	≤500/10
	93℃	70/0	≤50/10
	后 24℃	460/0	≤500/10

2. 各项指标超标原因及危害

（1）泡沫特性。缺少消泡剂和汽轮机油劣化变质引起汽轮机油泡沫特性超标。泡沫超标，会加速油的氧化劣化，在高压下气泡破裂会影响油的润滑特性，气泡进入油泵会引起油泵的气蚀现象，如果泡沫过多还可能影响油泵的正常工作，甚至发生泡沫从油箱顶部呼吸口溢出的情况。

（2）氧化安定性（旋转氧弹法）。新油的氧化安定性较好，氧化安定性（旋转氧弹法）值较高，一般大于300min。抗氧剂缺失和油中存在劣化产物，会催化油的老化速度，导致氧化安定性（旋转氧弹法）值降低。

（3）油泥。油泥是劣化产物之间缩合而成的大分子化合物，不当的混油也会使油产生大量的油泥。油系统中有少量油泥时会溶于油中，油泥含量较多时会析出并沉积黏附在系统上，当油泥沉积黏附在轴瓦上时会影响轴瓦的散热。由于轴瓦温度高使油泥氧化形成碳膜，使轴瓦变黑，影响油膜建成，从而影响润滑性能。油泥过多还会沉积黏附在冷油器中，影响冷油器换热效果导致油温上升加速油劣化变质。

（4）主机轴瓦及轴颈析出黑色沉积物原因分析。根据试验数据，主机汽轮机油已明显老化，油中裂化产物在高温的轴瓦表面氧化形成碳膜，使轴瓦变黑，影响油膜建成，从而影响润滑性能。润滑性能下降又促进碳膜在轴瓦表面不断析出，产生黑色胶状沉积物。另外汽轮机运行中为降低振动，油温一般维持在55℃，较高的油温会加速油品老化。

三、油质处理方案筛选

1．再生处理试验

对主机汽轮机油油样进行了再生处理试验。试验结论如下：用4%吸附剂再生处理后，酸值由0.157mgKOH/g降至0.016mgKOH/g；油泥处理彻底；油样颜色明显变淡；经4%吸附剂再生处理后+0.5%T501抗氧剂，氧化安定性（旋转氧弹法）由85min提高至301min。

试验表明再生处理可大幅度提高该油的抗氧化性能和泡沫特性，并改善该油的其他质量指标，恢复油质。

2. 处理方案筛选

依据再生试验结果，确定 3 种处理方案。

方案 1：更换主机汽轮机油

利用旧油完成检修后油系统冲洗工作，将旧油排出，主机汽轮机油系统加入新油，主油箱更换需要新油约 22t。由于检修时主机与给水泵汽轮机油会混合（共存于室外储油箱），因此汽轮机油彻底换油需要 36t。

方案 2：对运行油进行在线再生处理后再加入添加剂

按照主机汽轮机油再生试验，采用再生设备在线对油进行再生处理，去除油的劣化产物及油泥，处理后加入添加剂。在机组停运初期处理可以避免轴瓦和轴颈表面形成碳膜。

方案 3：添加添加剂

主机汽轮机油系统运行前，补入部分新油，通过新油含有的药剂提高主机汽轮机油药剂含量，主机汽轮机油系统运行中，加入抗氧化剂（约 180kg）和消泡剂，以进一步改善主机汽轮机油抗氧化性能和消泡性能。鉴于主机汽轮机油虽然劣化但尚能继续运行，最终选用了方案 3。

四、结论及建议

（1）添加添加剂（抗氧化剂和消泡剂）。小型试验合格后方可在主机汽轮机油系统添加添加剂；将抗氧化剂和消泡剂分别用汽轮机油溶解后，通过滤油机加入汽轮机油系统。

（2）通过对油质处理前后氧化安定性（旋转氧弹法）分析，6 号汽轮机油劣化处理取得预期效果。

第二节　汽轮机润滑油 T501 降低的原因分析

一、情况简述

300MW 亚临界汽轮机润滑油系统由油箱、油泵、射油器、排烟风机、冷油器、油净化设备、油管道、阀门及测量表计等组成，工作介质为 L-TSA32 号汽轮机油，油箱容积为 $39m^3$，正常运行时汽轮机主油泵入口压力 0.098～0.31MPa，轴承润滑油压 0.09～0.12MPa，润滑油温 38～45℃，润滑油的循环倍率约为 10，两台机组投产后汽轮机油常规指标基本在正常范围内，1 号机组颗粒度出现过一次 NAS9 级的情况，由于润滑油颗粒度化验频次较高，颗粒度超标发现比较及时并在发现后进行连续跟踪化验，润滑油颗粒度很快降到了合格范围内。

为充分了解汽轮机油的运行状态，对 1、2 号机组汽轮机润滑油旋转氧弹值及 T501 含量进行测试，其中汽轮机新油旋转氧弹值为 782min，1 号汽轮机润滑油旋转氧弹值为 546min，下降 30.2%，2 号汽轮机润滑油旋转氧弹值为 462min，下降 40.9%；新汽轮机油中 T501 抗氧化剂含量为 0.31%，1 号汽轮机润滑油中 T501 抗氧化剂含量为 0.18%，2 号汽轮机润滑油中 T501 抗氧化剂含量为 0.12%，2 号机组汽轮机润滑油中 T501 含量低于 0.15%，已超出 GB/T 14541—2017《电厂用矿物涡轮机油维护管理导则》中关于 T501 含量的要求。

二、原因分析

1．油系统设计和管道布置方面

核对设计院和汽轮机厂图纸一致后，对现场管道布置进行核实，汽轮机润滑油系统设计及管道布置均按照设计图纸布置安装，同时为了延长汽轮机油在油箱中的停留时间，在主油箱中布置了隔板，增加油的表面积，便于油中水分、空气等的析出，设备和管道布置及走向合理，未发现明显异常。

2. 运行温度

对两台机组润滑油系统进行排查，1 号机组回油温度位于 45～50℃之间，1 号机冷油器出口温度为 42℃，1 号机外接滤油机的油温约 50℃，检测 1 号机轴瓦端盖温度分别为 55～70℃。2 号机主机回油温度为 45～50℃，2 号机冷油器出口温度为 42℃，2 号机外接滤油机的油温约 44℃，2 号机主机轴瓦端盖温度为 55～70℃，未发现润滑油系统温度存在特别异常的过热点。

3. 杂质污染的影响

按照 GB/T 14541—2017《电厂用矿物涡轮机油维护管理导则》中的要求，对 1、2 号汽轮机润滑油定期开展了油质分析化验，其中 1、2 号机组汽轮机润滑油中水分均符合要求，1 号机组颗粒度在化验时发现为 NAS9 级那次后，加强了滤油，提高了油质中颗粒度的化验频次，确保发现颗粒度超标后能及时发现、及时处理。此后两台机组汽轮机润滑油未发现颗粒度超标的问题。

4. 原始油的质量和补油率

新油采购到厂后，委托第三方进行原油油质化验，虽各项指标均在正常范围内，但在机组投运、润滑油油温升高后，一方面可能出现油质不稳定的现象，发生了氧化反应消耗了油中的抗氧化剂 T501；另一方面有可能汽轮机润滑油在精制时深度不够，油中的石蜡、胶质、浙青质、稠环氧酚等化合物未能彻底脱除干净，造成汽轮机润滑油在受热后氧化安定性下降，抗氧化剂消耗过快，造成油质劣化。2011 年注入的新油量 1 号机组为 25 桶，补油率为 12.8%；2 号机组为 20 桶，补油率为 10.3%。

三、处理措施

按照化验结果，两台机组的抗氧化剂均比较低，需要对 1、2 号机组汽轮机润滑油添加抗氧化剂，以延长汽轮机润滑油的使用寿命。为了使 1、2 号机组汽轮机润滑油对添加的抗氧化剂有更好的感受性，采用了汽轮机油再生净化装置，利用强极性硅铝吸附剂，对 1、2 号机组汽轮机润滑油通过吸附除去润滑油中的油泥、乳化剂等大分子有机物及极性分子化合物，然后通过试验室小试确定抗氧化剂添加方案。

1 号机汽轮机油进行过滤处理后测定 T501 抗氧剂含量及旋转氧弹值，发现该油 T501 抗氧剂含量较高，但旋转氧弹值较现场处理前下降较大。2 号机汽轮机油进行实验室再生处理试验，再生后油的酸值降低、破乳化度提高、旋转氧弹值增加，对 2 号机汽轮机油添加 T501 抗氧剂，旋转氧弹值较添加 T501 抗氧剂前下降。

对过滤处理后的 1 号机汽轮机油及 2 号机汽轮机油进行开口杯老化试验，1 号机汽轮机油老化后油质较为稳定，而 2 号机汽轮机油老化后破乳化度超标、旋转氧弹值下降幅度较大，且油中有大量油泥析出。添加 T501 抗氧化剂不能解决两台机组汽轮机润滑油中抗氧化剂含量偏低及旋转氧弹值偏低的问题。需要通过实验选择其他型号的抗氧剂，先选用 T502、T551 抗氧化剂进行实验室小试，发现添加 0.08%T551 可以有效的提高 1、2 号机组旋转氧弹值，同时对油质其他指标没有不良影响，通过开口杯老化试验对添加 0.08%T551 的 1、2 号机组汽轮机油油质稳定性进行观察，油质较为稳定，老化后 2 个油质指标无较大变化，由此决定对 1 号机组汽轮机润滑油进行吸附再生后添加 0.08%T551，在后续的试验中发现 2 号机组汽轮机润滑油在添加 T551 后出现锈蚀，故 2 号汽轮机润滑油吸附再生后添加 0.08%T551 和 0.03%T746，并对添加后的润滑油进行全分析，各项指标均在合格范围内。

四、结论

（1）为延长两台机组汽轮机润滑油寿命，需要定期使用吸附式滤油机除去两台机组中的油泥等氧化产物，消除由于劣化产物加速或催化油质氧化、劣化变质的影响，减少抗氧化剂的消耗。

（2）每半年对汽轮机润滑油旋转氧弹值进行检测，了解汽轮机润滑油运行情况，及时发现问题并采取措施，同时绘制每年补油率与汽轮机油随时间变质的曲线；对汽轮机油进行分析，延长汽轮机润滑油的使用寿命，确保汽轮机组运行的安全可靠。

第三节　汽轮机润滑油系统油中带水的处理

一、情况简述

某电厂 300MW 机组是上海汽轮机厂引进美国西屋公司技术生产，自投运以来，由于长期轴封漏汽，造成汽轮机润滑油中含水率高，油质严重乳化。大修时发现轴瓦钨金存在磨损现象，并存在设备锈蚀情况。由于轴封大量漏汽，引起润滑油中带水，不仅造成机组润滑不良，油膜建立不佳，钨金磨损大，还会引起机组振动，调节部套失灵，甚至造成发电机氢气湿度增加，严重威胁机组的安全运行。

二、原因分析

（1）轴封加热器热交换面积过小：轴封加热器热交换面积选用的依据是汽轮机热平衡图上最高负荷时汽封漏汽量，主汽门、主调门、中压主汽门、中压调门等阀杆漏汽量，以及驱动给水泵汽轮机汽封漏汽量的总和，但由于设计误差、制造精度、安装质量等原因，理论漏汽量与实际漏汽量两者相差甚远，现有的轴封加热器热交换面积无法使全部实际蒸汽冷却凝结。同时，相应的轴封加热器风机容量也过小。

（2）溢流调节阀及溢流管管径过小：溢流管径为ϕ89mm×5.5mm，溢流调节阀在全开状态汽封母管压力仍超过其设计值 0.12MPa，不能有效地控制汽封母管的工作压力。

（3）轴封加热器抽汽管过长、管径偏小：由于轴封加热器到高、中、低轴封的抽汽管路较长，造成抽汽管压损较大，且低压缸轴封进汽为ϕ140mm×6.5mm，排汽管只有ϕ114mm×6mm，影响了轴封加热器对低压轴封漏汽的抽吸能力。

（4）汽封供气调节阀泄漏，在正常运行状态，汽轮机汽封供汽全部自给，还向汽封母管溢汽，这时各种汽源的供汽调节阀应全部关闭。但由于调节阀有泄漏，溢流阀又过小，造成汽封母管压力过高。为防止新汽调节阀及再热汽调节阀泄漏，一般又将其进口电动闸阀关闭，仅采用辅汽调节阀向轴封母管供汽，这对于热态或极热态启动是不允许的。

上述原因造成该机组汽轮机轴封大量漏汽，而轴封的外侧与轴承盖挡油板间距很小，其中高中压转子汽封外侧与轴承盖挡油板间距仅21mm；低压轴封外侧与轴承盖挡板间距也不超过 100mm。由于间距小，四周又被保温挡住大部分通风口，造成机组运行时轴封的向外漏汽无法很快扩散，又加上轴承座内由于主油箱上两台大容量排烟风机的使用形成微负压，使得轴承座挡油板附近集聚的蒸汽被不断地吸入到轴承座内，冷凝后造成油中带水，使油质恶化。

三、处理措施

1. 检修中针对减少轴封漏汽的处理

（1）减少端轴封汽封齿间隙：在机组检修汽封时，使汽封齿间隙保持在规定的下限范围内，将长期处于高温工作状态的汽封块弹簧及时进行更换，保证汽封齿无卷曲、缺角，汽封齿边缘应刮尖平滑等。

（2）减少阀杆泄漏点：轴封加热器的另一个功能就是能吸收全部主汽阀、主调阀、中压主汽阀、中压调阀阀杆的全部漏汽。这些阀杆加工精度对其泄漏量影响很大，尤其是主汽门，因此在检修过程中，严格检查，确保达到设计要求。

（3）减少调节阀的泄漏： 由于汽封母管上的供汽调节阀阀门站的调节阀都有不同程度的泄漏，也是正常负荷下汽封母管压力偏高的一个重要原因，因此在调节阀检修中应严格控制其泄漏量。

2. 减少轴封漏汽的其他措施

（1）增大轴封加热器的冷却面积：这是解决问题的根本措施，更换轴封加热器牵涉改造费用，工程工作量也较大，但从长远的眼光来看还是合算的。如不更换轴封冷却器，可以用向轴封加热器轴汽管内喷水以及增大溢流阀和溢流管径来解决。

（2）放大溢流管径或加装并路溢流管：由于溢流阀在全开状态，汽封母管的压力仍不能维持在正常的范围之内，说明溢流管径偏小。可将溢流管径放大，或在汽封母管上加装溢流管和控制阀，以提高溢流量，来调节汽封母管的压力至正常值。

（3）改进调节阀的控制性能：将调节阀与其进口的电动闸阀并接起来，当调节阀一有开启信号，不管其开度是多少，马上使电动闸阀也开启，反之相反，让电动闸阀来保证调节阀的密封性能。另外，这4只调节阀各自采取汽封母管的压力信号，按照各自预先整定的压力值进行开启或关闭。但由于各自的位置不同，信号管也有长短，造成了各自的压力信号有误差，影响了整个汽封母管阀门站的协调控制。可以从汽封母管口引出一条总的压力信号管到阀门站，信号管上按4只压力开关按照各只调节阀的动作值进行整定，然后由压力开关去控制各只调节阀的开启或关闭，这样就能确保阀门站协调性和控制精度。

3. 润滑油系统中油中带水的处理

在机组主油箱下面增加一套在线 ALFA LAVAL 滤油系统。其工作原理：从主油箱下面将润滑油引入，经泵加压后进入电加热器进行加热到规定温度，然后进入离心机按油和水的比重不同，将水分离排出，分离后润滑油重新回到主油箱。由于滤油系统的加压、加热，回到主油箱的润滑油在压力和温度释放的同时又将润滑油中水分分离，经主油箱上面排烟风机将油烟和水蒸气排出。投入在线式滤油系统后，检修人员每周对离心机内不锈钢滤油碗罩进行解体清理，组装完毕即投入运行。目前，主油箱底部放水处已基本无水可放，而且润滑油各项指标均符合标准。

第四节　混油引起的抗燃油油质异常分析

一、情况简述

某电厂对主机抗燃油油样进行了油质分析，发现油样外观混浊，明显分为上下两层，上层为淡黄色透明液体，下层为黄色混浊液体，上层体积占总体积的 6%左右。据了解 9 月小修时分 2 次补入了抗燃油，第 1 次是 9 月 10 日，补了约两桶油，进行了混油试验，未进行油质分析试验；9 月 15 日开机后，发现有漏点，油位下降，又进行了第 2 次补油，约半桶（主机抗燃油油箱约 7 桶油），此次既未进行混油试验，又未进行油质分析试验；9 月 16 日取样时发现油质混浊。

二、原因分析

主机抗燃油的油质分析结果见表 2-2，其中运动黏度、密度、矿物油含量都超过 DL/T 571—2014《电厂用磷酸酯抗燃油运行维护导则》中的异常极限值（见表 2-3），开口闪点与上次结果相比明显降低，上层液体的黏度值与 32 号汽轮机油的黏度指标（28.8～35.2mm^2/s）相接近，下层液体的黏度值低于运行抗燃油的黏度范围（41.4～50.0mm^2/s）。下层液体比上层含水量大，是因为抗燃油的吸水性比汽轮机油大。因此，分析认为抗燃油中混入了 32 号汽轮机油。

表 2-2　　主机抗燃油的油质检测结果

项目	结果		
	6 月 22 日	9 月 19 日	
外观	透明	混浊、分层	
密度（20℃，g/ cm^3）	—	1.1196	
运动黏度（40℃，mm^2/s）	—	上层 33.7	下层 36.3
凝点（℃）	—	–22	
开口闪点（℃）	280	246	
酸值（mgKOH/g）	0.13	0.081	
水分（%）	0.054	上层 0.051	下层 0.092
体积电阻率（20℃，Ω·cm）	6.7×10^9	6.86×10^9	
矿物油含量（%）	—	＞6	

表 2-3　　运行中抗燃油油质异常值

项　目	异常极限值
外观	混浊
密度（20℃，g/cm^3）	＜1.13
运动黏度（40℃，mm^2/s）	与新油值差±20%
矿物油含量（%）	＞4
开口闪点（℃）	＜240
酸值　（mgKOH/g）	＞0.2
水分（%）	＞0.1
体积电阻率（20℃，Ω·cm）	＜5×10^9

三、危害

抗燃油是一种合成的液压油，它的某些特性与矿物汽轮机油截然不同，两者相混后，系统继续运行将对机组造成严重危害。抗燃油中混入汽轮机油会影响其抗燃性能，一旦泄漏会造成着火的危险。同时抗燃油与汽轮机油中的添加剂作用可能产生沉淀，并导致系统中伺服阀的磨损和卡涩，少量的汽轮机油也会影响液体的泡沫特性及空气释放值，这些指标超标会间接威胁机组的安全运行。而且抗燃油和汽轮机油极难分离。建议电厂尽快进行换油处理。

四、建议

1. 新油监督

新油及补油时应按照 DL/T 571—2014《电厂用磷酸酯抗燃油运行维护导则》的要求进行操作。平时运行监督要严格按有关标准进行，发现异常及时化验分析，结果超标时应及时通告有关人员，认真分析原因，采取处理措施，具体如下所述。新油验收要做到：

（1）抗燃油以桶装形式交货，取样按 GB/T 7597—2007《电力用油（变压器油、汽轮机油）取样方法》进行。

（2）检验油样应是从每个油桶中所取油样均匀混合后的样品，以保证所取样品具可靠的代表性。

（3）发现有污染物存在，则应逐桶取样，并应逐桶核对牌号标志，在过滤时应对每桶油进行外观检查。

（4）取样品均应保留 1 份，准确标记，以备复查。

2. 日常监督

（1）运行中系统需要补加抗燃油时，运行人员应将运行油和新油送至化学试验班进行试验，化学人员应分别对运行油和新油进行油质分析及混油试验，合格后方可补入系统。抗燃油和矿物油有本质的区别，严禁混合使用。

（2）每次检修后、启动前均应做油质全分析，包括外观、密度、运动黏度、开口闪点、酸值、水分、体积电阻率等，启动 24h 后必须测定颗粒污染度。

（3）对库存抗燃油，应认真做好油品入库、储存、发放工作，防止油的错用、混用及油质劣化。

第三章

凝结水精处理

随着发电机组容量的增大和参数的提高（尤其是超临界压力机组和超超临界压力机组），对给水质量提出了越来越高的要求。这是因为热力系统内压力和温度的升高，使金属在水汽中的氧化速度加快，生成的氧化皮影响传热，若再附着氧化铁的腐蚀产物，将影响机组的安全运行，因此，必须尽量减少给水中的含铁量。凝结水是给水的主要组成部分，其水质直接影响热力系统的运行状况。

凝结水精处理是热力系统中的一个环节，它处理的水量占锅炉给水总量的90%以上，因此，凝结水精处理出水水质的任何变化都将直接影响给水甚至整个水汽系统的品质，而锅炉补给水只占给水量的2%～5%，对给水水质的影响较小。

凝结水精处理混床是串联在热力系统中的，混床中一旦有树脂漏出就会进入锅炉，有机磺酸化合物组成的阳树脂在高温高压下受热分解，将产生酸性物质，对热力系统造成严重的腐蚀，因此，必须严格防止树脂从混床内漏出。

第一节　高速混床氨化运行的原理

一、情况简述

近年来受国外高速混床氨化的宣传，国内部分电厂曾认为，实现氨型混床是凝结水精处理高水平运行的表现。电厂都希望通过氨化混床，延长设备运行周期、节省运行费用、减小劳动强度和再生废液排放量。

事实上，在氢型混床向氨化混床过渡的期间，是高速混床漏氯离子和钠离子最为严重的阶段。钠离子会引起汽轮机高压缸积盐，氯离子会在低压缸发生点蚀。在低压缸的初凝区，初凝水中的盐类，特别是含氯离子的盐是产生点腐的腐蚀介质。如果该区域有黏附性的污垢附着，点腐蚀就会加剧。在停运期间，在潮湿的环境中，污垢吸收空气中的 O_2 和 CO_2，也会加剧点腐蚀。例如，某电厂机组因混床氨化终点控制不当，仅用氢电导率判断失效终点时，导致给水、蒸汽中氯离子含量偏高，造成初凝区发生点腐蚀。

二、原理分析

1. 氨化混床概念

氨化混床，根据其氨化方式的不同，可分为在线运行中氨化和直接将阳树脂再生成氨化两种。目前，国内外的氨化混床都采用在线氨化的方式，实现混床中的氢型阳树脂向氨化的转变。混床中的阳树脂基本上全部转化为氨化后，在混床进水水质稳定的状态下运行的过程，称为该混床已进入氨化运行阶段。此时，混床进、出水的水质表现为：电导率、氢电导率、含钠离子量和 pH 值都相同。

2. 氨化混床原理

为了防止热力系统设备及管道腐蚀，实施锅炉给水加氨处理。凝结水的 pH 值一般在 9～9.6 之间，水中绝大部分离子为 NH_4^+ 和 OH^-。

氢型运行，离子交换反应的产物为 H_2O；氨化运行，离子交换反应的产物为 NH_4OH。以交换 NaCl 为例，其反应式如下

$$RSO_3H+ROH+NaCl = RSO_3Na+RCl+H_2O \tag{3-1}$$

$$H_2O \longrightarrow H^+ + OH^-,\ K_{H_2O} = 1.0\times10^{-14} \quad (3\text{-}2)$$

$$RSO_3NH_4 + RNOH + NaCl \Longleftrightarrow RSO_3Na + RNCl + NH_4OH \quad (3\text{-}3)$$

$$NH_4OH \longrightarrow NH_4^+ + OH^-,\ K_{NH_4OH} = 1.8\times10^{-5} \quad (3\text{-}4)$$

因NH_4OH的电离度比H_2O大得多，大量的NH_4^+和OH^-抑制了反应向右进行，导致出水中容易发生Cl^-和Na^+泄漏现象。另外，氨化运行是阳树脂完全转化成RSO_3NH_4形态，但RSO_3NH_4交换Na^+的能力明显降低，因此，氨化混床出水有一定量的Na^+漏过。

氨化混床运行分三个阶段：

第一阶段：氢型运行方式。在此阶段，混床投入运行后，吸收凝结水中的阴阳离子，出水为中性，对树脂的再生度要求不高。因此，在此阶段中，床层一般能够吸收进水中的杂质离子，使树脂的失效度增加，再生度降低。运行时间由凝结水的pH值决定，一般周期制水量约100000m^3。

第二阶段：转型阶段。从氨穿透至阳树脂完全被氨化，在此阶段，高速混床出水中氨泄漏量逐渐上升，pH值、电导率也逐渐上升，Na^+泄漏量增大。如果混合树脂的分离及再生效果不好，树脂的再生度不足，高速混床在传输树脂时不彻底等，都会使高速混床出水的钠离子泄漏增大，甚至超出标准。转型阶段，实际上是利用凝结水中所含的氢氧化氨对树脂层进行再生的过程：对阳树脂，氨离子排代钠离子，使出水中出现排代峰；对阴树脂，则是利用氢氧化氨解离产生的氢氧离子再生阴树脂。在钠离子的排代峰出现时，高速混床出水中的氯离子或硫酸根离子的含量也会升高。从离子交换反应来看，实际上是对树脂进行再生。排代量的多少，与树脂中杂质离子的含量和氢型运行阶段树脂吸收的杂质离子量有直接关系。本阶段的运行时间长短取决于凝结水的水质、流量和pH值，是否能成功转型主要取决于转型阶段出水水质情况，转型的过程一般为5～7d。到高速混床树脂层与进水中各种离子都达到平衡后，转型阶段结束，高速混床进入氨化运行阶段。

第三阶段：氨化运行。在这一阶段中，床层内树脂的离子形态与进水中杂质离子的含量和比例都已达到平衡。此阶段高速混床进水水质等于出水水质，出水 pH 值大小与氨含量有关，基本不除盐，电导率一般为 6～9μS/cm，运行时间一般为 30～60d。如果凝汽器发生泄漏，进水的含盐量会突然增大，出水的水质会很快超标，电导率将会明显的增大。

3. 氨化混床的除铁效果

在氨化混床失去除盐作用以后，仍然有改善凝结水水质的作用，主要表现在除铁方面。由于颗粒树脂的床层过滤、阳树脂对铁离子的交换以及阴树脂对某些形成复合离子铁化合物的吸附，使氨化混床对凝结水中的铁化合物具有去除作用。但由于床层的空隙比粉末树脂过滤器和微孔过滤器（管式过滤器和超滤过滤器）大，因此除铁效率低于上述两种过滤器。

氨化混床的除铁效率与凝结水中的铁离子含量和形态有直接关系。铁离子含量越高，其去除率越大。在机组初投运和检修后投运初期，铁去除率可达 90%以上，而在机组正常运行过程中，其去除率明显下降。

三、氨化混床运行的要求

1. 阳树脂再生度

在制水过程中对泄漏 Na^+的影响如下：在高速混床投运的初期主要是靠 RH 型树脂对 Na^+交换。在高速混床失效时，阳树脂以 RNH_4 型为主，只有少部分 RNa 型。如果要求转型期间高速混床出水的钠离子浓度小于 1μg/L，阳树脂的再生度要达到表 3-1 的要求。

2. 阴树脂再生度

当采用 H/OH 型混床转化为 NH_4/OH 型混床后，其主要作用是除去凝结水中的部分悬浮物和腐蚀产物，但除盐作用很低。如果要求转型期间高速混床出水的氯离子浓度小于 1μg/L，阴树脂的再生度要达到表 3-2 的要求。

表 3-1　出水的钠离子浓度小于 1μg/L 时，阳树脂再生度与高速混床进水 pH 值的关系

凝结水 pH 值	8	9	9.1	9.2	9.3	9.4	9.5	9.6
凝结水含量 c_{NH_3}（μg/L）	18	268	367	515	728	1024	1527	2222
再生后钠型树脂比例 X_{Na}（%）	3.08	0.21	0.15	0.11	0.08	0.05	0.04	0.025
阳树脂再生度 $1-X_{Na}$（%）	96.92	99.79	99.85	99.89	99.92	99.95	99.96	99.97

表 3-2　出水的氯离子浓度小于 1μg/L 时，阴树脂再生度与高速混床进水 pH 值的关系

凝结水 pH 值	8	9	9.1	9.2	9.3	9.4	9.5	9.6
再生后氯型树脂比例 X_{Cl}（%）	31.27	3.13	2.48	1.97	1.56	1.24	0.99	0.79
阴树脂的再生度 $1-X_{Cl}$（%）	68.83	96.87	97.52	98.03	98.44	98.76	99.01	99.21

3. 阳树脂和阴树脂的混合比例

体外再生混床阳树脂和阴树脂比例参照下列条件选择：

（1）当混床按氢型方式运行时，阳树脂和阴树脂比例宜为 2:1 或 1:1；当给水采用 OT 处理时，阳树脂和阴树脂比例宜为 1:1。

（2）当混床按氨化方式运行时，阳树脂和阴树脂比例宜为 1:2 或 2:3。

（3）有前置阳床时，阳树脂和阴树脂比例宜为 1:2 或 2:3。

4. 输送分离要求

要保证失效树脂从高速混床内的卸出率达到 99.9%以上，再生分离后达到阳树脂在阴树脂内的含量小于 0.1%，阴树脂在阳树脂内的含量小于 0.1%。

四、混床氨化运行控制

1. 氨化混床的适用范围

根据 GB/T 12145—2016《火力发电机组及蒸汽动力设备水汽质量》的水质要求，超临界直流锅炉不应氨化运行，亚临界直流锅炉和汽包锅炉慎用氨化运行。

2. 运行转型过程中的水质控制

以 H^+/OH^-型方式投运，利用凝结水中的氨在运行过程中进行氨化转型。在转型过程中，当入口水质超过允许值时（如 Na^+含量过高），转型后的盐型树脂量（如 RNa 型）将超过氨化混床的允许值，从而也可导致氨化混床失效。转型阶段，混床入口水中 Na^+含量的极限允许值与树脂再生度的关系见表 3-3。

表 3-3　氨化混床允许的不同出水水质所要求的树脂再生度

进水 pH 值	允许出水的钠离子含量		允许出水氯离子含量
	＜1μg/L	＜3μg/L	＜1μg/L
	要求阳树脂的再生度（%）		要求阴树脂的再生度（%）
8.4	98.72	96.25	88.98
8.6	99.19	97.6	92.75
8.8	99.48	98.47	95.30
9	99.67	99.03	96.99
9.2	99.8	99.39	98.09
9.4	99.87	99.61	98.77
9.6	99.92	99.76	99.23

3. 氨化混床的失效终点

氨化混床在稳定运行过程中，其出水水质等于进水，失去了对凝结水除盐的作用。因此，不能用出水的电导率或某个离子的含量作为失效终点。凝结水中的颗粒杂质对床层造成污堵，使运行水流阻力升高的现象，普遍成为运行的失效终点。但水流阻力的升高也可能是由于树脂颗粒被压实，孔隙率减少造成的。因此，对氨化混床来说，如果单纯出现水流阻力升高，可以对床层进行压缩空气反洗，使床层松动和重新混合，水流阻力降低后，仍然可以继续运行。如果运行周期已经超过 1～2 个月，也可以对高速混床进行酸、碱再生，其目的是去除床层中截留的悬浮杂质和少量的细碎树脂颗粒。

由于凝结水中含有离子态和悬浮态的铁化合物，在氨化混床的长期运行中，悬浮态的铁能够污堵床层，离子态的铁化合物也能够对阳树脂和阴树脂的官能团造成污染。因此，氨化混床出水中的铁离子含量也是衡量运行周期的重要指标。

五、经验及教训

（1）氨化混床虽然具有运行周期长、运行费用低和节省再生操作的人工等优点，但它失去了设置凝结水精处理是为了改善锅炉给水水质的根本目的，一旦凝结水水质突然恶化，对热力系统将会造成损害。

（2）氨化混床主要是对凝结水起除铁的作用，因此氨化混床失效终点不仅仅是参照运行水流阻力变化，应结合出水铁离子含量大小综合控制。

（3）根据 GB/T 12145—2016《火力发电机组及蒸汽动力设备水汽质量》的控制要求，超临界直流锅炉不应氨化运行，亚临界直流锅炉和汽包锅炉慎用氨化运行。

第二节　高速混床树脂泄漏引起水汽异常

一、情况简述

某电厂两台国产引进型 300MW 发电机组，凝结水精处理系统配置 3×50%凝结水量的高速混床，上部进水装置为未安装梯形绕丝管的十字型配水结构，出水装置为安装梯形绕丝管的支母管结构。因凝结水系统阀门故障爆裂，凝结水泵非停导致系统压力的失压，将凝结水混床树脂倒吸入机组水汽系统，造成给水泵密封水管等设备严重堵塞，引起了水质严重恶化。

水质恶化时炉水和蒸汽均出现苦杏仁气味，凝汽器周围区域也出现相同气味，过热蒸汽、凝结水氢电导率恶化开始，约 1h 后饱和蒸汽氢电导率开始上升，炉水 pH 值开始下降。

二、原因分析

（1）根据水质异常的情况对水汽系统取样进行目视观察，同时对化学取样管进行多次冲洗，并从现场多点取样进行对比分析，并未发现水汽中含油的迹象。对机组与水汽相关的燃油系统、给水泵汽轮机油箱、凝汽器及汽轮机疏水系统等处进行了仔细排查，未发现燃油进入水汽系统的问题。

（2）在水汽恶化过程中，始终伴随着取样阀门堵塞现象，在对堵塞的取样阀门检查中发现有微小的固体颗粒堵塞在阀座上，从定排扩容器出口所取的水样中虽没有发现有油污的情况，但是却观察到水中有小的颗粒。停机检查给水泵密封水管、凝汽器和除氧器的内部时，均发现积存大量树脂，对 3 台凝结水混床出水树脂捕捉器进行解体检查，捕捉器内未发现树脂颗粒。

（3）根据上述的检查情况，对 3 台混床进行了解体检查，检查发现混床的出水装置完好，入水装置也完好，基本可以确定树脂从混床的入口进入水汽系统。凝结水混床进水装置为未加梯形绕丝管的十字型结构，在补水泵至凝结水混床出口管上的一只单向阀发生泄漏时，先是大量凝结水从爆裂处喷出，引起机组凝结水泵联启后联停，因为凝汽器与混床入口相通，凝结水管道出现负压，混床树脂从混床入口被倒吸入凝汽器。当机组再次投运时，凝汽器内的树脂随凝结水被送入给水系统而进入锅炉。随着锅炉温度的升高，树脂在水冷壁管上碳化沉积，随给水进入锅炉内的树脂发生了分解，生成有机小分子酸引起炉水水质短期内发生严重恶化。但是由于凝结水水温低，树脂未发生分解等变化，导致凝结水水汽品质初期未受到任何影响，随着水质恶化时间延长，蒸汽品质也发生了变化，含有树脂的给水经过减温器喷入过热蒸汽内导致过热蒸汽最先出现异常。

三、处理过程

1. 机组启、停和运行期间的处理方法

（1）水汽品质恶化引起炉水 pH 值急剧下降，为了遏制炉水 pH 值下降引起的锅炉酸性腐蚀问题，通过炉水加药泵投加 NaOH。由于大量树脂进入锅炉，以至于投加大量的 NaOH 后炉水 pH 值下降趋势没有改变，很难将炉水 pH 值控制在合格范围之内。

（2）通过加大连续排污和定期排污，快速更换炉水的办法，尽量排除水汽系统中的有机物浓度，使炉水快速转入正常状态。

（3）对于树脂在水冷壁上的沉积，可以在机组停运和再次启动时，采取适当提高炉水 pH 值，缓慢升降负荷等方法将水冷壁上的沉积物剥离下来，同时逐步清除热力系统中可能残余的树脂和有机物，防止水质再度恶化，也可以在停机时割管检查树脂在水冷壁管上的沉积情况。

2. 树脂清理

（1）凝结水冲洗流程为凝汽器→凝结泵→除氧器→给水泵出口电动门前。冲洗范围包括凝汽器、给水泵再循环阀、给水泵及前置泵进口滤网、定子水滤网、发电机定子进水滤网和冷水箱、凝结水泵密封水管、密封水滤网、给水泵下部密封水回水管、真空泵汽水分离筒、凝汽器检漏装置取样管、凝结泵出口至补水泵管道、3 台给水泵密封水系统等。

（2）锅炉侧采用大流量脉冲式冲洗方式，主要冲洗各下联箱、炉管、取样管和仪表管。

（3）打开汽包人工清理内部杂物。

四、经验与教训

本次树脂泄漏进入水汽系统主要是因为凝结水精处理的热工联锁不完善所致，通常凝结水混床进出水阀的控制与凝结水压力联锁，即当凝结水泵停运时，混床就会自动解列，防止系统在负压状态时树脂从混床入口倒吸进凝汽器。可以将十字型配水装置添加绕丝，彻底防止树脂的倒吸问题。

第三节　再生分离造成周期制水量低的原因

一、情况简述

某电厂两台 600MW 机组共用一套凝结水精处理系统，再生工艺采用高塔分离法，两台机组于 2011 年正式投入运行。2012 年 12 月开始，高速混床周期制水量一直徘徊在 50000～60000m^3 之间，甚至还有周期制水量在 20000m^3 以下的情况。分析发现精处理出水氯离子含量超过 10μg/L，高速混床树脂频繁的再生，尤其是精处理后出水氯离子含量超标，给机组的安全稳定运行带来很大隐患。

目前成熟的精处理再生方法主要有两种，一种是高塔分离法，另一种是锥斗分离法。无论采用哪一种再生分离方法，失效树脂经分离塔分离后，都可以达到阴树脂在阳树脂层内的含量小于 0.1%，阳树脂在阴树脂层内的含量小于 0.1%的分离水平，完全能够满足大型火力发电机组凝结水精处理再生要求。

二、原因分析

影响精处理高速混床出水水质、周期制水量因素比较多，影响高速混床树脂再生最主要的因素就是树脂的分离和输送。

1. 流量控制不精确

反洗分层是整个树脂再生过程中最重要的步骤，分层的好坏决定着高速混床的出水水质优劣以及运行周期的长短，而反洗分层能否顺利进行，主要取决于分离塔反冲洗水流量的调整控制。连续性变化可有效地保证树脂分层时不发生紊乱，减少树脂的交叉污染，保证树脂分层的彻底性。因此，反洗水量应以连续可调为佳，而不应是突跃式变化，方能保证反洗的效果。

高速混床周期制水量偏小，酸碱消耗量偏大，现场取样分析结果发现阴树脂中阳树脂含量甚至超过 20%，分析结果表明在分离塔的阳树脂和阴树脂的分离效果很差，现场检查发现分离效果差与调节门的控制流量和托脂流量控制不准确有关，导致阳树脂和阴树脂混合情况严重。再加上调节门的定期维护检验不到位，导致树脂分离效果越来越差。

2. 树脂输送乱层

树脂分层效果好，是树脂易于分离的一个必要条件，而上下部进水的流量大小分配是阳树脂和阴树脂能够彻底分离好的关键，现场试验表明当上部进水流量超过 $50m^3/h$ 时，下部托脂流量为 $5m^3/h$（$5m^3/h$ 托脂流量是最佳的分层反洗流量），树脂会在输送的后段出现明显的乱层现象。当上部进水流量为 $30\sim40m^3/h$，下部进水流量为 $5m^3/h$ 时，由于上部进水流量大，在水力作用下树脂输送速度较快，用肉眼观察窥视孔感觉树脂层并没有乱层，但是实际上由于水流量大的原因已经破坏了树脂的平衡性状态，在窥视孔中可以看到树脂在输送的后期中间出现喇叭形的凹面，导致阳树脂和阴树脂一起输送出去。上部进水流量保持不变，只增大托脂流量到 10m^3/h，在窥视孔中可以看到树脂在输送的过程中树脂层表面是凸起的“小山丘”，主要原因是托脂流量增大破坏了树脂的“动态”平衡，阳树脂和阴树脂由于密度差的原因开始重新自由运动，寻找新的平衡，导致阴树脂混入阳树脂一起输送出去。调整上部进水流量为 15～20m^3/h，下部进水流量为 5m^3/h，从窥视孔中看到树脂在输送的过程中树脂层表面缓慢而有序的下降，可以精确控制传送终点（见图 3-1）。

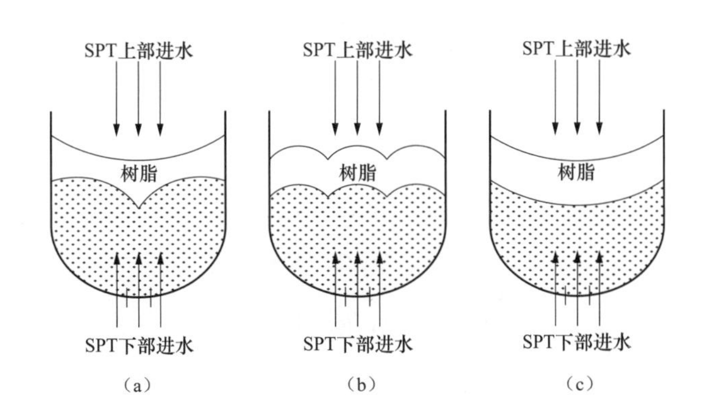

图 3-1 树脂传送情况

（a）上部进水流量较大；（b）下部进水流量较大；（c）上下进水流量恰当

3. 树脂输送终点控制不准确

阴树脂输送到与树脂输出口高度一样的时候，阴树脂输送结束，但是阳树脂输送到终点的标志是整个树脂层高度降到下部树脂窥视孔的中部。经常采用目测的方法判断输送终点，由于个人反应不同，偏差很大，下次树脂分离就会出现阳树脂和阴树脂界面上移或者下移的情况。阴树脂的出口位置是固定的，分界界面上移导致阴树脂混有阳树脂，树脂界面下移，阴树脂不会有问题，阳树脂输送会将混脂层输入阳再生塔中，上移和下移都会引起树脂的交叉污染，运行一段时间后会发现混床与混床之间树脂的量有很大的差别。由于混床树脂量不同，再生过程树脂分界面上移和下移就变得平常，反过来又影响了树脂输送终点的判断，长久运行会造成混床周期制水量大大减少，甚至有 2 套树脂周期制水量只有 20000m^3。采用时间控制阳树脂输送终点重复性也不好，主要原因是水流量大小有变化。

采用光电开关控制输送树脂的终点判断是目前混床常用的一种方法，利用的是光的反射原理，当树脂层的高度降低到光电开关的位置时，光电开关动作，阳树脂输送结束，减少了人为的判断偏差，从而保证树脂再生前后总量基本不发生变化。

4. 树脂再生酸碱纯度

再生阳树脂和阴树脂塔的树脂，维持盐酸再生液的浓度为 3.5%～4.5%，NaOH 再生液的浓度为 2.5%～3.5%，再生流量为 12m^3/h 时完成阳树脂和阴树脂的再生。树脂再生尽可能采用纯度高的酸碱，避免由于酸碱浓度质量影响树脂的再生质量。

5. 树脂混合均匀

树脂混合均匀性不仅与树脂的密度差、树脂的粒径有关，还与混合工艺等有关，对树脂而言，分离彻底和混合均匀是相互矛盾的，通过增大阳树脂和阴树脂的密度差和粒径差来改善阳树脂和阴树脂的分离效果，以达到减少交叉污染现象的发生，但是最终发现很难混合均匀。树脂混合常用的工艺就是水汽混合方法，但是由于树脂密度差和粒径导致的沉降速度不同，常会导致混床内部、上部阴树脂占比偏高而下部阳树脂占比偏高的现象，为了提高高速混床混合的效果，可以采取二次混合的方法解决树脂混合不均匀的问题。

三、措施及建议

（1）凝结水精处理周期制水率低的主要原因就是高速混床树脂再生效果差导致的，通过改进树脂再生工艺中的反洗分层工艺，采用连续递减的反洗流量，上部冲洗流量和下部托脂流量的合理匹配彻底解决了树脂分层的问题，可以达到阴树脂中阳树脂含量小于0.1%，阳树脂中阴树脂含量小于0.1%的分离效果。

（2）凝结水精处理再生输送工艺进行优化改进，采用匹配的双向水流输送方法，并结合光电开关控制输送终点，可以保证阳树脂和阴树脂99.99%输送干净。

（3）机组凝结水精处理尽可能采用程控步序再生，并结合长期的数据优化，提高高速混床的再生运行水平，达到提高水汽品质，延长树脂使用寿命的目的。

（4）考虑到部分树脂运行时间长、碎树脂较多的情况，建议在系统中设置爆洗的步骤，即树脂在带压的情况下，突然泄压，让树脂内部的脏物充分清洗出来，进一步清洁树脂，同时，可以尽量去除树脂层中的破碎树脂。

第四节　高速混床周期制水量不稳定的分析

一、情况简述

某电厂两台660MW超超临界机组，凝结水精处理系统设置两台管式过滤器和3台球形高速混床，树脂体外分离采用高塔法。高速混床在运行中存在以下方面的问题：

（1）高速混床运行末期的出水钠离子浓度超标。高速混床运行末期，其运行方式由氢型向氨型转变，出水电导率达到 0.14μS/cm 时，高速混床出水的钠离子浓度已经超过 2μg/L，是高速混床进水钠离子浓度的 8 倍。

（2）高速混床周期制水量低且不稳定。精处理高速混床的平均周期制水量为 49000m^3，无法达到机组满负荷运行时 120000m^3 的要求，且非常不稳定，周期制水量最低时仅 24000m^3，使高速混床再生时间无法合理安排。当多台高速混床同时失效时，高速混床不得不旁路运行，使给水和蒸汽携带的盐类含量增大。此外，高速混床周期制水量低，再生频繁，大幅增加了运行人员的工作强度，使运行管理的难度增加。

二、原因分析

1. 阳树脂和阴树脂的设计配比不合理

精处理高速混床阳树脂和阴树脂配比的设计值为 2:3，阳树脂体积较少，仅 3m^3，即使阳树脂的工作交换容量能够达到标准要求的 1750mol/m^3，其周期制水量也只能达到 105000m^3。因此，高速混床内阳树脂和阴树脂配比设计不合理，阳树脂体积偏小是高速混床周期制水量无法满足机组满负荷运行要求的首要原因。

2. 树脂体外分离与输送过程缺失监控

精处理高速混床树脂体外分离与输送过程采用光电检测仪进行监控。由于光电检测仪处于失灵状态，树脂体外分离与输送的体积偏差较大，使高速混床内输入的每套树脂，其阳树脂体积都会发生变化，此问题还使高速混床树脂的分离度显著降低。取样检测分析某套阴树脂中阳树脂的含量，其分离后的阴树脂中阳树脂竟高达 16%，远远大于标准要求的 0.1%。阴树脂中阳树脂较大，混床内阳树脂的再生度显著降低，氢型运行的失效终点更快到达，使阳树脂能够发挥的工作交换容量更小，高速混床的周期制水量更低。

虽然氢型混床的出水水质对阳树脂的再生度要求不高，只要氢型阳树脂能够达到76%以上，其正常运行阶段的出水钠离子浓度就可以保持在0.5μg/L以内。

3. 混床内失效树脂输送不彻底

经检测高速混床内失效树脂输送率仅85%，明显低于标准要求的99.9%。高速混床失效树脂未彻底输送至分离塔，分离塔内待分离的阳树脂和阴树脂体积及配比就会发生变化，而树脂体外分离与输送过程又缺失监控，无法及时发现这一问题，使分离输送后的阳树脂和阴树脂体积也随之发生改变，将使高速混床阳树脂和阴树脂体积及配比更加混乱，周期制水量不断波动。而残留在混床内的失效树脂，将与输送至高速混床再生好的树脂混合，使高速混床内阳树脂和阴树脂的再生度同时降低，影响到高速混床出水水质和周期制水量。

4. 高速混床氢型运行失效终点控制不当

当高速混床出水电导率达到0.14μS/cm时，出水钠离子浓度已经超过2μg/L，表明高速混床已经开始由氢型向氨型运行转变，并向给水中排代杂质离子。因此，高速混床氢型运行失效的电导率控制指标不合理也是高速混床运行末期钠离子浓度较高的主要原因之一。

5. 设备存在缺陷

高速混床上部布水装置轻度变形，影响高速混床的运行布水性能，也是高速混床周期制水量较低的原因之一。

三、措施及建议

1. 调整树脂配比措施

高速混床树脂体外分离采用高塔法，其设备均是按照阳阴树脂配比为现有的2:3设计。调整树脂配比，阳树脂量增加，分离塔内反洗分层后的阳阴树脂界面将高于阴树脂卸出口，按照正常工艺分离，不可避免地会将部分阳树脂输送至阴再生塔。另外，阳树脂体积增大，阳树脂塔内的阳树脂层更高，而阳树脂塔进酸的分配装置位置不变，阳树脂的再生效果必然受到影响。根据同类工程项目经验，当阳树脂塔内的阳树脂层高不超过阳树脂塔进酸分配装置300mm时，阳树脂的再生效果不会受到明显影响。但是为了使阳树脂塔能够继续使用，调整树脂配比时，阳树脂体积不宜过大，应使阳树脂塔内树脂层高不超过阳树脂塔进酸分配装置300mm。据此计算，调整树脂配比后，阳树脂体积不应超过4m^3。

根据上述要求，在高速混床树脂总体积维持在7.4m^3不变的情况下，最佳的高速混床阳树脂和阴树脂配比应为1.2:1。该配比下，阳树脂体积达到上述要求的体积范围的上限，即4m^3，阴树脂体积为3.4m^3。因此，该树脂配比既能使高速混床周期制水量尽可能提高，又可以防止阳树脂溶出物对机组产生腐蚀影响，并使阳再生塔能够继续使用，是最佳的树脂配比方案。

2. 提高树脂体外分离与输送精度

采用光电开关控制输送树脂的终点判断是目前高速混床常用的一种方法，利用光的反射原理，当树脂层的高度降低到光电开关的位置时，光电开关动作，阳树脂输送结束，减少了人为的判断偏差，从而保证树脂再生前后总量基本不发生变化。

3. 提高高速混床树脂输送率

高速混床底部为“叠板”结构，理论上能够使高速混床树脂输送率达到99.9%以上，但是在实际运行中的树脂输送率无法稳定达标。主要是高速混床与再生系统之间的树脂输送管路长，且弯头较多，树脂输送的阻力较大，加之分离塔本身具有排水阻力较大的缺点，使高速混床内失效树脂的输送流量达不到要求。通过将高速混床树脂输送过程分为三个阶段，每个阶段采用不同的输送方式及参数，使输送率接近理论要求。

4. 优化高速混床失效终点的控制

超超临界机组精处理氢型混床运行失效时，为了防止高速混床向给水大量排代钠离子、氯离子及硫酸根离子等杂质，高速混床的出水电导率应不超过 0.1μS/cm。

为了精确控制高速混床氢型运行的失效终点，可以将高速混床的出水电导率、钠离子含量和二氧化硅含量的监测结果与高速混床的解列程序联锁。

目前国内火电机组高速混床的运行失效终点，绝大部分由运行人员根据出水水质的变化情况人为判断。人为判断高速混床运行的失效终点，不利于机组的安全、稳定和经济运行。可以采用高速混床周期制水量指标结合出水电导率指标控制氢型混床失效终点，保证其出水电导率始终保持在 0.1μS/cm 以内，能有效防止氢型混床向氨型转变过程中向给水排代各种离子杂质。

第五节　高速混床出水泄漏硫酸根离子的分析

一、情况简述

某电厂两台 660MW 超临界机组，凝结水精处理系统设置有 3×50%凝结水量的粉末树脂覆盖过滤器和 3×50%凝结水量的高速混床。

正常运行和运行末期经常发现混床存在钠离子超标现象以及漏硫酸根离子现象，某次检测在解列前 2h 的出水水质，在出水电导率为 0.12μS/cm 时，出水硫酸根离子含量仅为 2.9μg/L，出水钠离子为 2.7μg/L，而解列时（出水电导率为 0.15μS/cm）硫酸根离子含量增至 7.9μg/L，钠离子为4.7μg/L，涨幅分别为1.7倍和0.7。

二、原因分析

（1）树脂分离与输送过程监控装置处于失灵状态，树脂分离效果及输送节点靠运行人员就地人为控制，树脂分离与输送精度低，使得树脂分离度低，树脂“交叉污染”严重。人为控制误差使得高速混床树脂体积与设计值发生偏差且比例混乱，其中阳树脂体积普遍偏少。

（2）树脂分离度低，“交叉污染”严重，降低了树脂的再生度，再加上精处理高速混床运行及再生过程某些程控步序及参数设置不合适，使得树脂的混合效果变差，造成阳树脂工作交换容量变低，平均为1371mol/m^3，仅为标准的78.3%，从而引起运行末期出水钠离子出现超标现象，同时对高速混床周期制水量造成不利影响。而阳树脂体积小，则会相应地减少高速混床的周期制水量。

（3）由于硫酸根离子不是标准中所规定的水质检测指标，大多数的精处理高速混床采用HCl再生工艺，所以精处理高速混床出水中硫酸根离子浓度较低，一般为微克每升级别，必须采用离子色谱仪检测，对仪器和检测人员的要求较高，所以电厂往往忽视对硫酸根离子的检测，以致无法及时监测到高速混床出水漏硫酸根离子现象的发生。然而，泄漏出的硫酸根离子进入后续热力系统后，部分可能会随阳离子沉积在汽轮机叶片上，部分硫酸根离子就有可能溶解在汽轮机低压缸的初凝结区的液滴内，对该部位的叶片及金属部件产生应力腐蚀、点蚀或产生腐蚀疲劳裂纹。此外，硫酸根离子对溶液电导率的贡献较大，当溶液中硫酸根离子含量为8μg/L时，所对应的理论电导率为0.1066μS/cm。产生此现象的主要原因为高速混床运行时，阳树脂溶解出含有磺酸基团的有机化合物被阴树脂吸收后，却无法在再生过程中被完全洗脱。随着阴树脂吸收有机物含量的增加，去除溶解产物的能力会逐渐降低，不能吸收的溶解产物就会漏入出水中。此外，高速混床树脂层内阳树脂和阴树脂混合不好，在底部阳树脂多的情况下，因没有足够的阴树脂吸收阳树脂的溶解产物，会使得出水中泄漏硫酸根离子的现象更加明显，并且此种情况会随着树脂使用时间的增加，变得更加严重。

三、措施及建议

1. 改善树脂混合效果

高速混床树脂混合效果不佳也是造成出水硫酸根离子含量偏大的原因之一。因此，可对高速混床运行、再生步序中的某些环节进行优化，比如，通过优化参数改善再生后树脂在阳再生塔中的混合效果。在混合好的树脂输送至高速混床以前，增加高速混床内部排水步骤，确认树脂输送前高速混床内部无水，防止出现树脂二次分离现象。增加高速混床“二次混脂”步骤，以改善树脂的混合效果。

2. 改善树脂输送控制

采用光电开关控制输送树脂的终点判断是目前高速混床常用的一种方法，利用光的反射原理，当树脂层的高度降低到光电开关的位置时，光电开关动作，阳树脂输送结束，减少了人为的判断偏差，从而保证树脂再生前后总量基本不发生变化。

3. 优化高速混床失效控制指标

在高速混床运行末期，随着运行时间的增加，出水硫酸根离子逐渐增加，在解列前2h，即出水电导率为0.12μS/cm时，出水硫酸根离子含量仅为2.9μg/L，而解列时（出水电导率为0.15μS/cm），硫酸根离子含量增至7.9μg/L，涨幅达1.7倍。为此，可对高速混床失效电导率的控制指标值进行优化，设定一个更加严格的混床出水电导率指标，使硫酸根离子含量在一个较低的水平时就解列高速混床。此外，通过树脂混合效果的提升和分离输送控制的改善，高速混床的周期制水量将得到相应增加，阳树脂工作交换容量将得到提高。这样既可以实现高速混床长周期运行，又可以有效防止高速混床运行末期大量泄漏硫酸根离子，也可以进行高速混床出水氯离子和硫酸根离子试验，根据检测结果综合确定高速混床的终点电导率指标。

第六节　水锤效应引起的高速混床损坏处理措施

一、情况简述

某电厂建设两台 660MW 超超临界燃煤间接空冷发电机组，凝结水精处理系统是采用高塔分离法的体外再生中压混床系统，高速混床设计采用氢型运行。每台机组的凝结水精处理由 2×50%前置过滤器和 3×50%高速混床组成，高速混床 2 用 1 备，两台机组公用一套体外再生系统单元和一套凝结水精处理控制设备。调试期间系统人孔门漏水，在更换人孔门垫片时候发现高速混床上部布水装置的水帽断裂，于是把混床内部水全部放空检查，发现下部布水装置全部塌陷，如图 3-2、图 3-3 所示。

图 3-2　上部布水装置水帽损坏图

图 3-3　下部布水装置塌陷图

二、原因分析

（1）由高速混床正常投运步序可知，系统运行首先是对混床进行满水，然后通过升压阀进行升压，当混床的压力与凝结水系统压力差小于0.1MPa时，升压结束，然后开启混床进水门和出水门。由于在调试期间没有并入系统运行的记录，所以推断是由于混床进水阀门误开引起的损坏。

（2）根据损坏的情况，可以判断是因为“水锤效应”引起的高速混床孔板焊缝塌陷、损坏。形成“水锤”的主要原因是高速混床未满水升压完成前打开进水门导致。

三、处理措施

1. 将损坏的高速混床整体更换

调试期间，混床已经安装完毕，其他系统的安装也基本完毕，系统的管道交叉很多，把高速混床单独移出来几乎不太可能，虽然可完全保证设备质量，满足系统出水水质要求，但是影响其他设备的试运行，所以经过技术讨论未采取本措施。

2. 现场维护修理

现场派人维护修理，修理不受其他设备工期的影响，也不对机组试运造成影响，现场不需要移动设备，但是现场维修不足的地方就是无法保证设备质量、使用年限、系统出水水质等要求。

综合考虑现场的实际情况，以及技术经济的比较，最终决定选用现场维护修理措施。

四、维修工序

1. 环缝修复

（1）高速混床排空后将人孔打开，拆除高速混床内的上部水帽，将变形布水孔板整平后重新安装，并拆除高速混床内的下部水帽。

（2）去除环缝 A（见图 3-4）上方一周 150mm 范围内的衬胶，对环缝 A 进行 100%TV 检测；用打磨方式去除 TV 检测出有缺陷位置的焊缝，对打磨位置进行 100%TV 检测，确定打磨范围内的缺陷已经完成去除；修磨、补焊焊缝进行 100%TV 检测，所有检测均需满足 NB/T 47013.1—2015《承压设备无损检测　第 1 部分：通用要求》中 I 级标准要求。

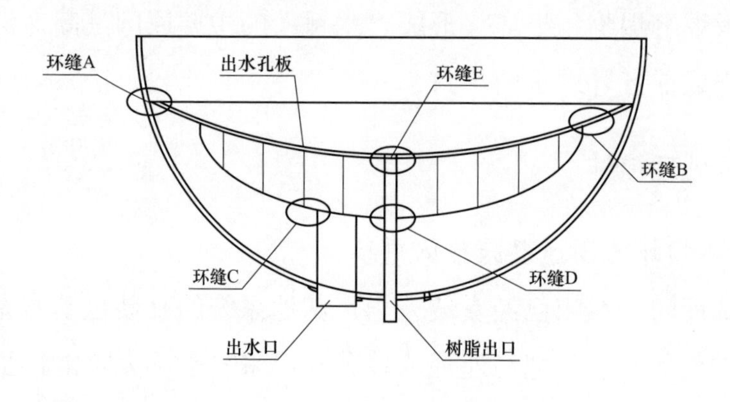

图 3-4　下部布水装置图

2. 压力平衡腔试验

（1）对压力平衡腔进行密封性试验（试验压力 0.2MPa），验证环缝 A、环缝 B、环缝 C、环缝 D、环缝 E，是否还有其他漏点。试验发现高速混床下部支撑封头母材或焊缝出现贯穿性裂纹，见图 3-5。

（2）在出水孔板上开出 300mm×300mm 孔（开孔尺寸根据裂纹情况可现场调整），打磨支撑封头上的贯穿裂纹，补焊支撑封头，并对补焊位置进行 100%TV 检测，符合 NB/T 47013.1《承压设备无损检测　第 1 部分：通用要求》中 I 级标准要求（合格）。重新对压力平衡腔进行密封性试验，检查是否还有其他漏点（判断方法：高速混床保压 30min，未出现压力下降的现象）。

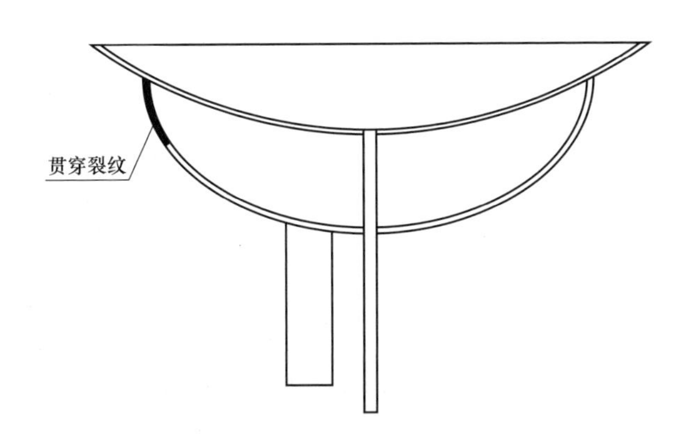

图 3-5　下部支撑封头母材贯穿性裂纹

3. 布水孔板修复

（1）将从出水孔板上割下的板四周加工 50°上坡口、钝边 2mm（见图 3-6），将出水孔板开孔四周打磨 10°上坡口，钝边 2mm，对坡口进行 100%TV 检测，符合 NB/T 47013.1 中的 I 级标准要求。

（2）将割下来的板按原位置装配、焊妥、磨平；对磨平后的焊缝进行 100% TV 检测，符合 NB/T 47013.1《承压设备无损检测　第 1 部分：通用要求》中的 I 级标准要求；对压力平衡腔进行密封性试验（试验压力 0.2MPa），验证环缝 A、环缝 B、环缝 C、环缝 D、环缝 E，是否还有其他漏点（1 号高速混床保压 30min，未出现压力下降的现象）。

上述工作完成以后，修补罐体衬胶，安装剩余水帽，将人孔封闭后进行混床试运前的压力试验。

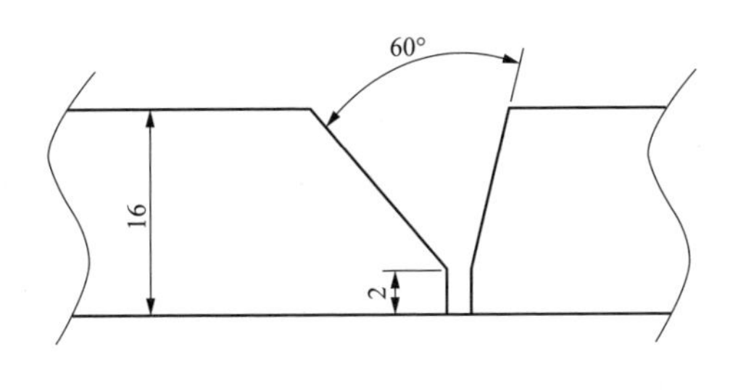

图 3-6　加工示意图

4. 结论及可能存在问题

（1）TV 测为焊缝表面检测，无法对焊缝中间存在的裂纹作出检测。出水装置上下受到 3.5MPa 的压差，环缝 A 如果产生了内部裂纹，TV 检测无法发现，在今后的运行过程中，这些内部裂纹可能会出现裂纹延伸的现象，甚至出现贯穿性裂纹，造成有未经树脂床处理的进水直接混入出水，使出水水质受到影响，或可能造成树脂泄漏情况出现。

（2）衬胶被去除，将来补衬胶之后将无法再进行硫化，补衬部位胶板内的硫化剂在温度的作用下可能会渗出，可能使出水水质受到影响。

（3）由于现场修复的条件所限，出水装置各零件是否有不明显的变形无法判断，在质量和使用年限方面都不如原设计要求，建议每年停机期间对高速混床内部结构进行检查，如出现变形或者衬胶开裂脱落等问题应及时修复，确保出水水质符合要求。

第四章

水汽超标与腐蚀积盐

蒸汽在汽轮机的做功过程中，其压力温度逐渐降低，杂质在蒸汽中的溶解度也随之降低。当蒸汽中某杂质的含量高于其溶解度时就会发生沉积，不同的杂质依据其溶解特性沉积在汽轮机的不同部位。另外，蒸汽在汽轮机的做功过程中还经历相变过程，在汽轮机低压缸有一部分凝结成水滴，在最初凝结成的水滴中，往往含盐量很高，具有较强的腐蚀性。

蒸汽中的杂质，一类是蒸汽中的可溶物质，包括盐类、酸或碱；另一类是不可溶物质，主要是以氧化铁为主的固体颗粒。蒸汽在汽轮机中做功的过程中，随着温度和压力的逐渐下降，如果这些可溶物质的浓度超过了它在蒸汽中的溶解度，便会在汽轮机的不同部位沉积下来。对于不可溶物质，随时都有沉积的可能，如在蒸汽流速较低的部位、叶片的背面等都容易发生沉积。在汽轮机的高压缸部分最容易沉积的化合物是氧化铁、氧化铜和磷酸三钠，只有锅炉水水质非常差（如凝汽器泄漏、树脂进入锅炉等）的锅炉，才会在高压缸发生硫酸钠的沉积。中压缸的主要沉积物是二氧化硅和氧化铁，如果发生凝汽器泄漏而又没有凝结水精处理设备时，会发生氯化物的沉积；另外，低压加热器管为铜合金的机组还会发生单质铜以及铜的氧化物的沉积。低压缸主要沉积物是二氧化硅和氧化铁，并且在初凝区几乎聚集了蒸汽中所有还未沉积的杂质，如各种钠盐、无机酸和有机酸等。

第一节　硝酸根引起直流炉水汽异常的原因分析

一、情况简述

某电厂两台600MW凝汽式直流机组，配置有2×50%的前置过滤器两台，3×50%高速混床3台，凝结水100%过滤，给水采用AVT（O）全挥发处理方式运行。补给水采用加装活性炭床的离子交换工艺。冬季运行期间，相继出现了凝结水、给水、蒸汽的氢电导率同时超标问题。

2月28日1号机组凝结水氢电导率首先开始出现异常，给水、主蒸汽和再热蒸汽氢电导率正常，到3月1日，水汽系统各点氢电导率均在0.20～0.30μS/cm的范围内波动，在3月31日1号机组停机切换为2号机组运行后，2号机组水汽氢电导率也出现同样的异常，主蒸汽氢电导率在0.18～0.36μS/cm之间波动，从实际发生的水质超标情况可以看出，两台机组相继发生水汽系统氢电导率超标的共性问题，说明机组水汽系统内的有害杂质为公用系统带入。

二、系统排查

1. 在线化学仪表

水质异常发生后，首先对汽水取样间的在线化学仪表进行排查，将氢电导率树脂全部更换为再生好的树脂，大约半个小时以后，水质情况恢复到更换前的情况下，说明不是因为交换柱失效引起的水质异常。然后，对凝结水、给水、主蒸汽、再热蒸汽、精处理出水母管氢电导率在线表进行标定校准工作，并将在线氢电导率表与标准表进行示值比对，标准表与在线表显示数据接近，也排除了在线水汽氢电导率表异常引起的水质仪表异常数据。

2. 凝结水给水加氨

对最近使用的氨水进行化验分析，分析结果显示，氨水的质量符合标准要求，新购批次氨水投加使用时间与 1 号机组水汽系统指标开始出现异常的时间相吻合，为了排除是由于氨水质量引起的水质异常，更换不同批次购买的氨水，经过处理后，水质异常没有任何变化，因此彻底排除了氨水质量引起水汽系统异常变化的可能性，取给水样进行化学分析，氨含量小于 1mg/L，在合格范围内，排除了氨量过量引起的水质异常。

3. 离子交换树脂检测情况

水汽品质全线出现异常，怀疑可能是补水水质异常引起，于是对补给水处理运行的阴床、阳床、混床全部再生，同时更换成另外一列的阴床、阳床、混床制水。分别取阴床、阳床、混床的树脂进行送样化验分析，化验结果表明阳树脂交换容量能达到标准要求；阴树脂交换容量未达到标准要求，且水处理系统阴树脂交换容量较低，交换容量的下降可能因有机物不可逆污染造成。

锅炉补给水处理系统和高速混床再生系统均使用盐酸为 30%高纯盐酸，碱为 30%离子膜碱，所使用盐酸和碱验收化验都为合格，且再生系统设备正常，无泄漏污染除盐水情况。

4. 凝结水精处理高速混床运行情况

水质异常期间后，对精处理高速混床树脂捕捉器进行检查，检查结果显示树脂捕捉器完好，排除了碎树脂漏入热力系统引起的氢电导率升高的情况。查阅水质报表发现精处理混床周期制水量平均只有 30000～50000m^3，远远低于理论设计（设计约 100000m^3）的要求，混床树脂偏差比较大，高速混床内树脂量仅为正常量的 1/3，再生频繁，经常出现备用树脂没有完成再生，高速混床就失效的情况，只好继续失效运行，失效混床不能及时解列，导致水质被迫非正常氨化，水质恶化严重，由于水质异常期间，精处理混床不能有效的投运，以至于水质不能通过精处理的投运改善，所以高速混床运行不正常也是水质异常的一个主要原因。

5. 原水预处理系统

补给水水源是以水库水为主，并补充有其他地表水和深井水。根据第一季度三月份的对原水水质全分析的数据看，除 COD_{Mn}（4.12mg/L）稍微偏高外，水质含盐量较低，电导率仅为 69.8μS/cm。原水预处理沉淀池和虹吸滤池水面有泡沫，池内壁有大量黑色的黏泥和青苔附着物。可以判断是有机物含量高，电厂投加的杀菌剂量不足，不能有效地杀死这些有机物，沉淀池排泥不及时，导致水质出水水质较以前有所下降，对全厂水汽系统 TOC 进行查定，查定报告显示，预处理系统沉淀池存在有机物去除率低的问题（TOC 去除率在 9.0%～16.3%），漏过的有机物已经对阴床树脂产生污染（TOC 去除率在 75.9%～81.4%），甚至严重影响了机组补水品质，除盐混床出水 TOC 为 233～245μg/L，已超过 GB/T 12145—2016《火力发电机组及蒸汽动力设备水汽质量》中规定小于等于 200μg/L 的要求，其他各项指标未见明显异常。采取了加大杀菌剂的剂量，定时排泥，几天后出水水质有明显的改善。

6. 供热补充水

6 月 5～8 日，记录机组补水量、供热量和同时段主蒸汽氢电导率数据，分析供热量对机组水汽品质的影响规律（见表 4-1）。

表 4-1 2 号机组补水量、供热量与主蒸汽氢电导率关系

项目	2017 年 6 月 5 日 22:20	2017 年 6 月 6 日 08:39	2017 年 6 月 6 日 16:05	2017 年 6 月 7 日 01:00	2017 年 6 月 7 日 08:00
负荷（MW）	360	—	454.7	360	416

续表

项目	2017年6月5日22:20	2017年6月6日08:39	2017年6月6日16:05	2017年6月7日01:00	2017年6月7日08:00
供热量（t/h）	冷再抽气38；中排抽气98	冷再抽气43；中排抽气50	冷再抽气40；中排抽气60	冷再抽气33；中排抽气42	冷再抽气18；中排抽气70
主蒸汽氢电导率（μS/cm）	0.2	0.215	0.17	0.16	0.14
瞬时补水流量（t/h）	58.4	—	0	76	130.7
除盐水累计补水量（t）	2588280	2590530	2591747	2592741	2593556

通过分析供热量、有机物对机组水汽品质的影响程度和规律，可以看出供热量和累计补水量越大，主蒸汽氢电导率越大，且证实了水汽指标异常与补充水有关。

三、原因分析

氢电导率反映的是水汽系统中除OH^-外其他酸根离子的含量。水质异常期间，对所有超标的水质取样进行离子色谱分析（见表4-2），同时总有机碳（TOC/TOC_i）检测（见表4-3），定量分析各类杂质对水汽品质的影响。

表4-2　　除盐水及2号机组水汽品质阴离子色谱分析结果

项目	F^-（μg/L）	CH_3COO^-（μg/L）	$HCOO^-$（μg/L）	Cl^-（μg/L）	NO_3^-（μg/L）	NO_2^-（μg/L）
再热蒸汽	0.0266	0.1849	0.2510	0.1222	49.2883	2.8946
主蒸汽	0.0818	1.4777	0.0123	0.1295	73.3957	2.9840
精处理出口母管	0.0421	0.0265	0.0778	0.2814	70.0561	2.8928
凝结水	1.5575	0.0306	0.0185	0.8125	70.4709	3.0693

续表

项目	F^-（μg/L）	CH_3COO^-（μg/L）	$HCOO^-$（μg/L）	Cl^-（μg/L）	NO_3^-（μg/L）	NO_2^-（μg/L）
给水	1.3249	0.2133	0.0519	0.3419	78.4811	3.2053
除盐水箱	1.8291	0.1522	0.0599	0.4376	59.9553	3.2578
3号混床出水	0.0899	0.2731	0.1029	2.2809	45.7844	3.0629

从表4-2数据可以看出，所有取样点的离子色谱分析数据中，F^-、Cl^-、$HCOO^-$、CH_3COO^-含量较低，但NO_3^-和NO_2^-较高，且给水蒸气相比除盐水NO_3^-含量有增加趋势，对氢电导率的影响很大。

表4-3　　2号机组水汽TOC及TOC_i分析结果

取样位置	氢电导率（μS/cm）	TOC（μg/L）	TOC_i（μg/L）
原水		1878	
精处理出水	0.062		75.4
省煤器入口	0.161		40.3
主蒸汽	0.175		33.5
2列水处理混床出		104	199.1
3列水处理混床出		96	183.1
2列水处理混床出			183.4
2列水处理混床出			176.4

从表4-3可以看出，水质异常期间水汽系统内有机物含量虽然没有超过标准值，但水处理混床出水TOC_i比TOC高，说明有机物上含有杂原子（如含N、S等），杂原子随有机物在高温高压下分解、氧化后会产生杂质阴离子，通过氢电导率表反映出来。有些有机物在常温状态下，对电导率没有贡献，不会从在线氢电导率表中反映出来，随着有机物在水汽系统的迁移，有机物在高温水汽系统中分解，生成了小分子酸，氢电导率会逐渐上升。故出现了水汽系统氢电导率异常的

情况。

四、结论及建议

（1）通过以上分析可以看出，原水预处理系统水源可能被含有氨氮、有机物的生活污水或工业废水污染，杂质随补给水进入水汽系统是导致两台机组水汽系统氢电导率异常的主要原因。精处理混床运行不正常，不能有效地去除除盐水水中的部分有机物，对水质异常的恶化起了叠加作用。

（2）原水中大部分有机物在水中为非电解质，当有机物含量高时，除盐水电导率不会有任何异常，但是 TOC 的含量还有明显变化，所以应加强除盐水 TOC 的检测频次，同时严格控制原水有机物的大量带入。可以通过加大杀菌剂的投加量对原水的有机物藻类等有机物进行杀菌处理，也要加强对沉淀池的维护运行，确保出水水质正常。

（3）一般来说，活性炭过滤器在失效状态下运行，不但不能除去有机物，反而会释放已吸附的有机物，因此，当活性炭失效时，应及时再生或更换，以恢复活性炭除有机物的能力，同时有机物对阴阳离子交换树脂有危害，特别易引起阴离子交换树脂中毒，建议根据阳床、阴床和混床的运行情况，加强对阴阳离子交换树脂的运行维护及复苏，必要时进行更换。

第二节　氯离子浓缩引起的凝汽器管泄漏分析

一、情况简述

某电厂装机容量为两台 350MW 国产超临界燃煤发电机，机组投产 6 年后，某次在检查 2 号机组凝汽器汽测热水井时，意外发现凝汽器不锈钢管（TP316L，有缝焊接不锈钢管）出现大面积渗水现象，抽取其中 1 根腐蚀管样检查发现，不锈钢管内壁仅在焊缝及附近有点蚀坑，腐蚀由内向外，内壁呈扩散状褐色锈迹，外壁可见 2 个点蚀穿透性小孔。腐蚀坑环焊缝两侧，呈现两条腐蚀带，其他地方基本无腐蚀坑，见图 4-1。另外抽检的 9 根腐蚀穿孔的管样，腐蚀坑均在不锈钢管焊缝附近两侧或者一侧。

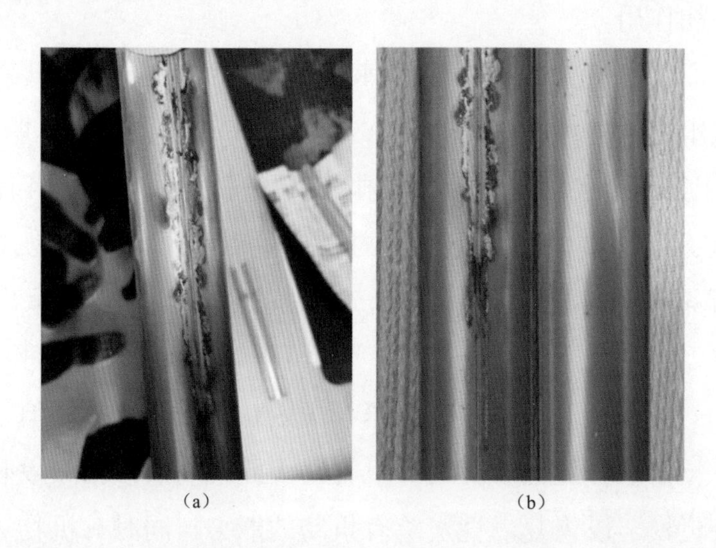

（a）　（b）

图 4-1　腐蚀的不锈钢管抛开后内壁（水侧）腐蚀情况

二、原因分析

1. 水质情况

查询 2 号机组 3 月 27 日～4 月 4 日期间的循环水和凝结水水质报表，见表 4-4 和表 4-5，发现 2 号机组运行期间，循环水氯离子、pH 值等参数正常，凝结水电导率、硬度等参数正常。凝汽器不锈钢管未发生泄漏的情况。

表 4-4　　2 号机组循环水水质情况

时间	全碱度（mmol/L）	钙离子（mg/L）	硬度（mmol/L）	氢离子（mg/L）	pH 值
2018 年 3 月 27 日	2	124	4.5	79	8.07
2018 年 3 月 28 日	3.2	120	3.7	77	8.11
2018 年 3 月 29 日	3.9	116	4.4	90	8.13
2018 年 3 月 30 日	2.5	160	5.2	104	8.14
2018 年 3 月 31 日	1.8	156	5.6	110	8.19
2018 年 4 月 1 日	1.8	176	5.5	96	8.19
2018 年 4 月 2 日	2.0	180	5	108	8.2
2018 年 4 月 3 日	1.7	200	6.4	107	8.22
2018 年 4 月 4 日	1.9	192	6.9	109	8.22
结论	化验数据均在合格范围内				
时间	浊度（NTU）	电导率（μS/cm）	磷酸根（mg/L）	COD（mg/L）	浓缩倍数
2018 年 3 月 27 日	2.36	947	0.27	7.7	2.92
2018 年 3 月 28 日	2.35	985	0.26	7.5	2.85
2018 年 3 月 29 日	2.39	1052	0.28	7.9	3.33
2018 年 3 月 30 日	2.47	1283	0.31	8.1	3.85
2018 年 3 月 31 日	2.39	1285	0.33	8.2	4.07
2018 年 4 月 1 日	2.42	1180	0.3	8	3.55
2018 年 4 月 2 日	2.38	1345	0.31	8.2	4
2018 年 4 月 3 日	2.37	1301	0.3	8.3	3.96
2018 年 4 月 4 日	2.38	1340	0.31	8.3	4.03
结论	化验数据均在合格范围内				

表 4-5　　2 号机组凝结水水质情况

时间	二氧化硅（μg/L）	铁（μg/L）	铜（μg/L）	pH 值	钠（μg/L）	硬度（μmol/L）	氢电导率（μS/cm）	备注
2018 年 3 月 5 日 21:30	30.00	700.00	2.00	9.10	3.80	0.00		启动数据

续表

时间	二氧化硅（μg/L）	铁（μg/L）	铜（μg/L）	pH值	钠（μg/L）	硬度（μmol/L）	氢电导率（μS/cm）	备注
2018年3月25 23:00	75.00	790.00	2.00	9.34	4.20	1.00		
2018年3月26日1:00	51.00	430.00	1.80	9.27	4.00	0.50		
2018年3月26日2:00	13.00	60.00	1.50	9.25	2.80	0.00		启动数据
2018年3月26日5:00	9.30	60.00	1.20	9.30	2.20	0.00		
2018年3月26日5:00	7.20	40.00	1.00	9.36	1.90	0.00		
2018年3月26日9:00	2.20	20.00	0.90	9.15	1.50	0.00	0.14	
2018年3月26日15:00	2.10	20.00	0.90	9.13	1.60	0.00	0.20	
2018年3月27日9:00	2.10			9.13	1.80	0.00		
2018年3月28日9:00	2.20			9.32	1.90	0.00		
2018年3月29日9:00	2.00			9.12	2.10	0.00		
2018年3月30日9:00	2.00			9.23	1.90	0.00		
2018年3月31日9:00	2.00			9.00	1.90	0.00		
2018年4月1日9:00	1.50			9.19	1.20	0.00	0.20	
2018年4月2日9:00	1.70			9.22	1.20	0.00	0.18	
2018年4月3日9:00	1.80			9.26	1.40	0.00	0.17	
2018年4月4日9:00	2.20	7.00	0.90	9.37	2.10	0.00	0.14	
结论	化验数据均在合格范围内							

2. 停运保养情况

根据 DL/T 956—2017《火力发电厂停（备）用热力设备防锈蚀导则》的要求，机组停运 3 天以上，凝汽器水侧应排空，清理附着物，并保持通风干燥状态。此次凝汽器水侧在停运循环水泵后（约 18 天），未采取任何保养措施，导致凝汽器水侧环境潮湿，部分不锈钢管底部存有少量水和杂质。

3. 环境温度

4 月 4 日，2 号机组停运，随后凝汽器真空泵停运，4 月 5 日停运循环水泵，此时凝汽器不锈钢管汽测温度 50～60℃，在没有循环水冷却的情况下，凝汽器不锈钢管温度达到平衡温度 50～60℃，并持续一段时间，导致凝汽器水侧不锈钢管底部残余的循环水浓缩，氯离子含量大幅升高。另外，据有关文献资料介绍，不锈钢管随着管壁温度的升高，耐腐蚀能力下降。

4. 不锈钢成分检测

取凝汽器不锈钢管（316L、S31603）对其进行化学成分检测，检测结果满足 GB/T 24593—2018《锅炉和热交换器用奥氏体不锈钢焊接钢管》和 GB/T 20878—2007《不锈钢和耐热钢　牌号及化学成分》的要求，具体见表 4-6。

表 4-6　凝汽器不锈钢管化学成分分析结果（质量分数）　%

元素	Cr	Ni	Mo	Si	Mn	P	S
标准值	16～18	10～14	2.0～3.0	≤1.0	≤2.0	≤0.045	≤0.03
实测值	17.5	12.3	2.3	0.03	0.76	0	0

5. 腐蚀产物（褐色）成分

对腐蚀产物进行电镜和能谱检测分析，见图 4-2 和图 4-3，腐蚀产物主要为铁的氧化物和铬的氧化物，并含有少量腐蚀性阴离子（Cl^-

和 S^{2-}）；不锈钢体内的铬元素析出，生成氧化铬，大大降低了不锈钢的耐腐蚀性能，且 Cl^- 更容易在钝化金属表面上局部吸附，形成点蚀。

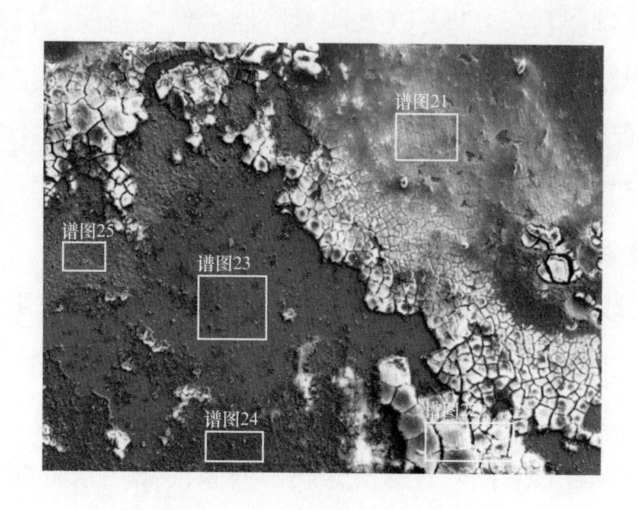

图 4-2 腐蚀产物的电镜图像

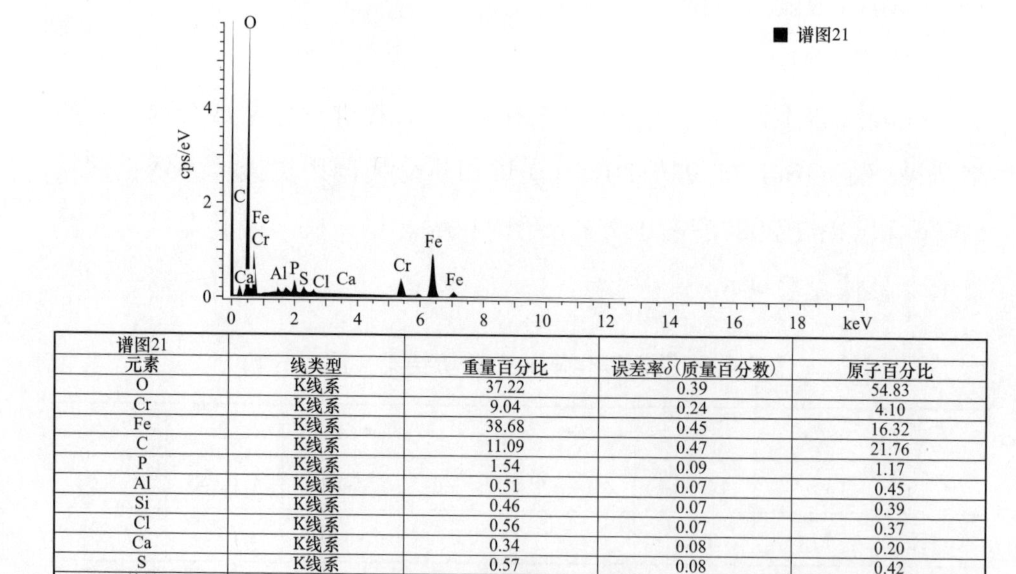

谱图21 元素	线类型	重量百分比	误差率δ(质量百分数)	原子百分比
O	K线系	37.22	0.39	54.83
Cr	K线系	9.04	0.24	4.10
Fe	K线系	38.68	0.45	16.32
C	K线系	11.09	0.47	21.76
P	K线系	1.54	0.09	1.17
Al	K线系	0.51	0.07	0.45
Si	K线系	0.46	0.07	0.39
Cl	K线系	0.56	0.07	0.37
Ca	K线系	0.34	0.08	0.20
S	K线系	0.57	0.08	0.42
总量		100.00		100.00

图 4-3 腐蚀产物的能谱检测结果

（半定量分析，较轻的元素如 C 等误差较大）

6. 不锈钢管金相分析

在凝汽器不锈钢管点蚀坑附近割管取样进行金相组织观察，发现该 316L 不锈钢母材组织为正常的奥氏体组织，见图 4-4；焊缝组织为奥氏体枝晶以及分布在奥氏体枝晶间的颗粒状 δ 铁素体，见图 4-5；根据该焊缝处的金相组织判断，不锈钢焊缝处没有进行固溶处理，不是单相的奥氏体组织。

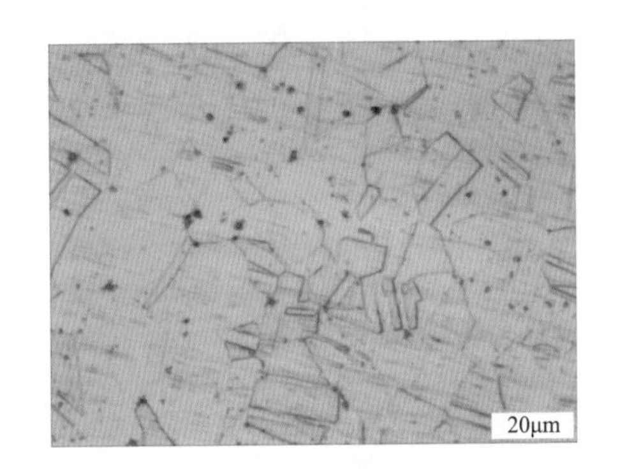

图 4-4 不锈钢母材组织

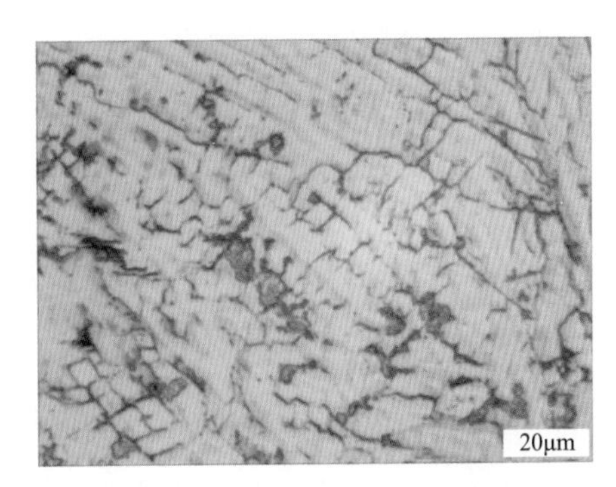

图 4-5 不锈钢焊缝处组织

三、原因分析

该电厂 2 号机组凝汽器管腐蚀发生在长时间停机情况下，未对凝汽器采取任何保养措施期间。停机期间，凝汽器管在温度 50～60℃，在不锈钢管焊缝及附近区域内残留的循环水（死水）在潮湿、浓缩等复杂环境下而发生电化学腐蚀。具体原因为：

（1）2 号机组凝汽器不锈钢管焊缝未进行热处理（固溶处理），质量不合格，导致此处金属表面（焊缝及附近区域）的电化学不均匀，耐腐蚀性能较差，是此次发生腐蚀的主要原因。

根据 DL/T 712—2021《发电厂凝汽器及辅机冷却器管选材导则》的要求，不锈钢管出厂前应进行热处理。此次送来的不锈钢管管样未对焊缝或整个焊管进行冷加工和热处理，内壁焊缝轻微凸起，未进行内整平，导致焊缝是铸态的柱状和枝状晶，有害元素容易在柱状晶和枝状晶之间偏析，耐腐蚀性能较差，焊缝处在不利环境下（潮湿和循环水浓缩），焊缝及附近区域优先腐蚀。

金属材料的表面或钝化膜等保护层中常显露出某些缺陷或薄弱点（如夹杂物、晶界位错、凸起、凹陷等），这些地方容易形成点蚀核心，在含有 Cl^-的溶液中，只要腐蚀电位达到或超过点蚀电位（或称击穿电位），就能产生点蚀。点蚀的发展是一个在闭塞区内的自催化过程，在有一定闭塞性的蚀孔内，溶解的金属离子浓度大大增加，为保持电荷平衡，氯离子不断迁入蚀孔，导致氯离子富集。高浓度的金属氯化物水解产生氢离子，由此造成蚀孔内的强酸性环境，又会进一步加速蚀孔内金属的溶解和溶液氯离子浓度的增高和酸化。蚀孔内壁处于活化状态（构成腐蚀原电池的阳极），而蚀孔外的金属表面仍呈钝态（构成阴极），由此形成了小阳极/大阴极的活化-钝化电池体系，使点蚀急速发展，最终穿孔。

（2）停机未采取有效保养措施。残留管内的循环水（死水）在温度 50～60℃情况下，发生浓缩导致凝汽器管水侧腐蚀性阴离子浓度大幅升高，这种环境下更易发生不锈钢管焊缝及附近区域点蚀、电偶腐蚀和微电池腐蚀。此次停机后未及时对凝汽器采取有效的保养措施，是导致存在质量缺陷的不锈钢管发生腐蚀的诱因。

机组停机时凝汽器水侧不锈钢管内水未放干净，也没有清洗，残留在不锈钢管底部的水会蒸发浓缩，导致水侧腐蚀性阴离子浓度大幅升高，甚至结垢；有垢处氧浓度较低，无垢处氧浓度较高，形成供氧浓差电池；Cl^-在氧浓度较低的污垢下面容易浓缩富集，pH 值下降，使该处不锈钢钝化膜（耐腐蚀性能较差的焊缝及附近区域）不断破坏，形成点蚀，而且此腐蚀是一个自催化加速过程，最终穿孔。

四、措施及建议

（1）根据 DL/T 712—2021《发电厂凝汽器及辅机冷却器管选材导则》的要求，应进行焊缝腐蚀比试验（选择备用的不锈钢管），焊缝的腐蚀速率与母材的腐蚀速率之比不大于 1.25，检测方法应参照 ASTMA249 的 S7 条款。

（2）对其他不锈钢管内壁的腐蚀情况进行全面检查，根据检查结果，制定有效的运行维护措施。运行期间应加强循环冷却水质控制，尤其是 Cl^-的浓度控制，从源头上减少沉积物下 Cl^-的浓缩所造成的点蚀问题的发生；定期投运胶球系统，减少生物黏泥的沉积，同时防止循环冷却水长时间低速运行引起的结垢问题。

（3）对于停运时间较长的机组，严格按照 DL/T 956—2017《火力发电厂停（备）用热力设备防锈蚀导则》的要求执行，应将凝汽器放水，并通风风干，以此保证在长期停运状态下不锈钢管内表面干燥，避免局部盐浓缩，腐蚀穿孔。

第三节　电厂热网管补偿器泄漏原因分析

一、情况简述

某电厂装机容量为两台 300MW 亚临界一次中间再热、双缸双排汽单抽凝汽式汽轮发电供热机组，汽轮机最大采暖抽汽量为 1100t/h，热网首站 4 台循环水泵设计总流量为 10400t/h，设计供热温度为 130/70℃，设计最大供热负荷约 655MW（2358GJ/h），采暖供热面积约 1300 万 m^2，热力管网分为主管网和三个分支主管网。

11 月 16 日，电厂热力管线巡检人员发现热力主管道管线 B-24 波纹补偿器处地面漏水，开挖检查发现供水管道补偿器泄漏，因热网运行无法解列且泄漏量较小，采用带压堵漏方法进行了临时堵漏。11 月 22 日、12 月 2 日相继发现热力主管网补偿器 B-38、B-26 发生泄漏，同样采用带压堵漏方法进行了临时堵漏。

二、解体检查

供热结束后对发生泄漏的 B-24、B-26、B-38 补偿器和两个未泄漏补偿器 B-22、B-28 进行了解剖分析。通过现场解剖，发现问题如下：

（1）在泄漏的补偿器变形的限位环与端接管角焊缝根部焊缝处发现裂纹，长度分别为：B-24，断续 470mm；B-26，断续 1000mm；B-38，断续 1250mm，B-38 长接管与限位环根部内侧发现裂纹为 300mm，见图 4-6。

（2）外压筒解剖后，发现泄漏的补偿器限位环均有不同程度的变形。变形量为 B-24，45mm；B-26，65mm；B-38，90mm；B-28 和 B-22（未泄漏）未见变形。

（3）解体的五个补偿器发现补偿器 B-26 的 B 侧未焊，见图 4-7，其余的所有角焊缝的焊脚尺寸较小，经现场测量在 6～9mm，示意图见图 4-8。不能满足 GB 150—2011《压力容器》关于角焊缝焊脚高度的要求（不小于 12mm），标准焊脚尺寸要求见图 4-9。

图 4-6　B-38 补偿器裂纹照片

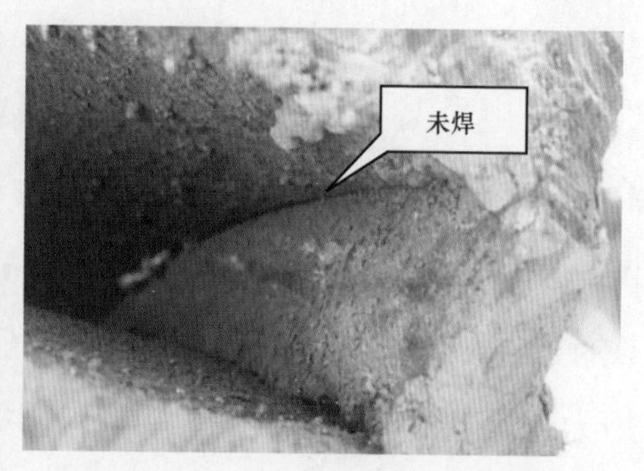

图 4-7　B-26 补偿器限位环未焊接照片

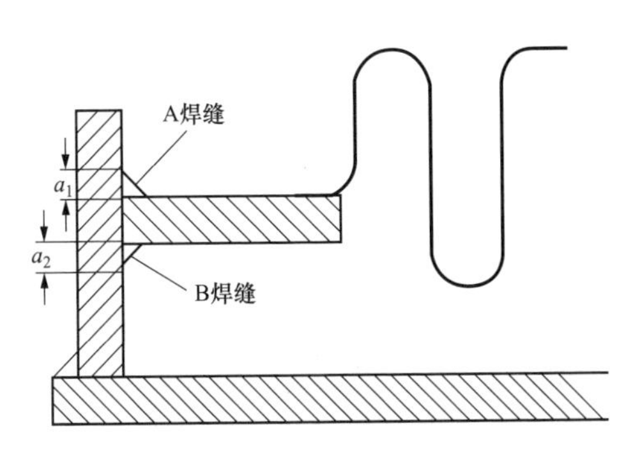

图 4-8 补偿器焊脚位置示意图

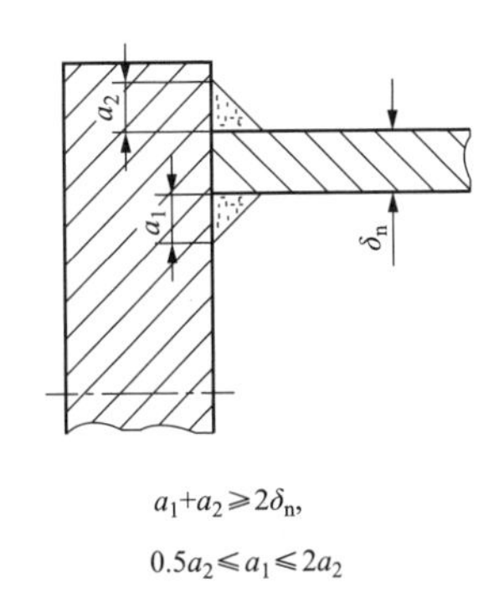

图 4-9 标准焊脚尺寸示意图

（4）在所有解剖的补偿器的外压筒与波纹管之间存在大量的泥沙，尤其导流筒与外压筒之间的泥沙已经被挤压得非常密实，泥沙堆积示意图见图 4-10。

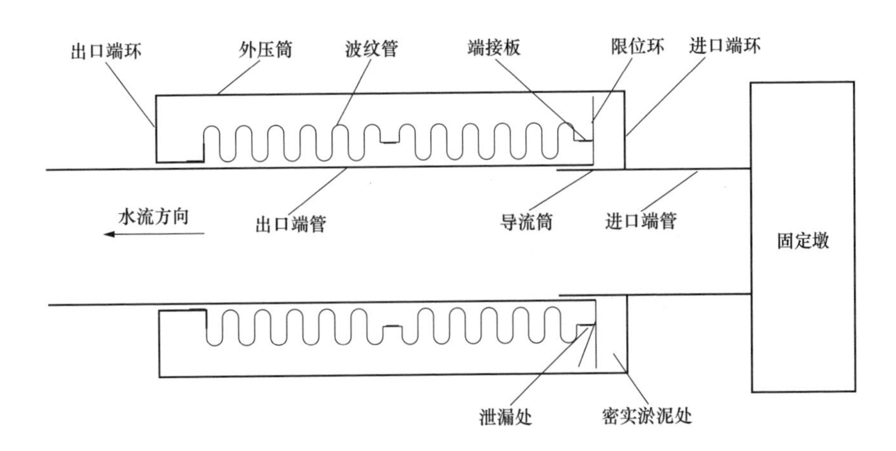

图 4-10 补偿器的外压筒与波纹管示意图

（5）现场测量导流筒与接管间隙为 7.5～9.5mm；导流管长度为 220mm，现场发现在限位环与进口端环之间底部泥沙堆积厚度为 240mm，泥沙根部距导流筒边缘 60mm。根据运行工况计算：膨胀量约为 120mm，因泥沙堆积仅有 60mm 膨胀空间，导致限位环变形。

（6）对泄漏补偿器外漏点土壤和泄漏补偿器中所取污泥进行物相

分析，结果显示比较接近。测定污泥中的氯离子含量约为 0.0068%，氯离子含量未见异常。

（7）对热网的疏水和循环水排水水质全分析，结果未见异常，见表 4-7。

表 4-7　　热网疏水和热网循环水排水全分析结果

热网疏水				热网循环水排水			
检测项目		检测结果		检测项目		检测结果	
		mg/L	mmol/L			mg/L	mmol/L
热网疏水阴离子	OH^-	0	0	热网循环水阴离子	OH^-	0	0
	Cl^-	6.0	0.17		Cl^-	7.00	0.20
	$1/2\ SO_4^{2-}$	0	0		$1/2\ SO_4^{2-}$	25.00	0.52
	HCO_3^-	48.82	0.80		HCO_3^-	39.66	0.65
	$1/2\ CO_3^{2-}$	9.00	0.30		$1/2\ CO_3^{2-}$	6.00	0.20
	NO_3^-	0	0		NO_3^-	0.18	0.0003
	NO_2^-	0	0		NO_2^-	0	0
	$1/3\ PO_4^{3-}$	0	0		$1/3\ PO_4^{3-}$	0.24	0.008
	总计	63.82	1.27		总计	78.08	1.58

三、原因分析

（1）热力管网在初期建设施工和不断扩容建设施工过程中，以及与支管网汇通过程中，由于各段管道清扫、冲洗不彻底，管道内遗留大量泥沙以及杂物。

（2）热力管道在冲洗或灌水时可能存在与补偿器水流方向相反的逆流现象，管道内的泥沙由导流筒带入补偿器底部限位环与进口端板处并堆积，造成波纹补偿器膨胀受阻，限位环严重变形。

（3）由于限位环严重变形，限位环与波纹管端板角焊缝的焊脚尺寸较小、焊缝强度不足，造成限位环与波纹管端板焊口变形将角焊缝拉裂，发生泄漏。

四、措施及建议

（1）建议更换补偿器后完善清理、冲洗方案，加强清理冲洗过程的验收，特别是对新增支管线的验收。

（2）对新购的补偿器生产过程及验收加强监督检验，对安装过程进行严格监督，建议在采购时提出对补偿器结构进行优化设计的要求，减少或避免泥沙进入膨胀空间。

（3）建议热网启动前充水时采用顺流补水方式。

第四节　500MW 机组低压转子腐蚀原因分析

一、情况简述

某电厂 2 号机组自投产运行 11 年后进行第三次大修，该机组汽轮机是 K500-16.18 型、亚临界、一级中间再热、单轴四缸、四排汽、双背压冲动凝汽式。本次大修发现汽轮机低压转子 4 级、4A 级叶片的背汽侧靠外端部分出现大面积的严重的腐蚀现象，严重危及机组的安全运行。该级叶片的材质为 2Cr13 不锈钢。

二、现场复核

1. 化学成分分析

用等离子体原子发射光谱法（ICP）分析叶片金属和硅，用红外碳硫仪分析 C 和 S，用比色法分析 P。该叶片的化学成分符合 GB/T 1220—2007《不锈钢棒》有关 2Cr13 不锈钢材料的要求。见表 4-8。

表 4-8　　叶片化学成分分析

元素类别	质量含量（%）	标准值（%）
C	0.16	0.16～0.25
Mn	0.62	≤1.00
Si	0.31	≤1.00
Cr	12.76	12.00～14.00
Ni	0.23	≤0.60
S	0.010	≤0.030
P	0.026	≤0.035

2. 金相组织分析

采用美国热电生产的手持式 X 射线荧光分析仪对机组低压缸 4 级、4A 级叶片现场用砂纸打磨后进行合金元素分析。叶片合金成分分析结果符合厂家的要求。对叶片用移动式的扫描电镜做叶片的高低倍金相组织分析，低倍分析叶片的金相组织没有夹杂，高倍分析叶片没有显微组织缺陷。从叶片的化学成分分析和金相组织分析的结果上看，叶片材质合格，不是因为材质问题造成的腐蚀，主要是介质环境造成的。

3. 腐蚀垢样分析

用光电子能谱分析该级叶片上的腐蚀垢样。从垢样的化学成分的数据看，除了含有大量的 Fe、Cr 这两种腐蚀产物外，还含有蒸汽携带的、随蒸汽凝结、浓缩富集的杂质，如 Cl、S、Ca、Si，见表 4-9。其中 Cl、S 等元素形成的阴离子杂质对 2Cr13 不锈钢叶片具有极强的腐蚀性，是腐蚀的主要原因。

表 4-9　　垢样的能谱分析

元素	重量百分比（%）	元素百分比（%）
Fe	80.30	69.43

续表

元素	重量百分比（%）	元素百分比（%）
Si	13.57	23.33
Cr	2.23	2.07
S	0.86	1.29
Cl	1.36	1.85
Ca	1.69	2.03

查阅该机组的水汽品质分析报告，特别是阴离子的离子色谱分析数据，发现水汽中阴离子的含量很高，分别对检修前连续三年的色谱数据进行分析，其中混床出水 SO_4^{2-} 和 Cl^- 基本均超过 10μg/L，给水蒸气的 Cl^- 均超标。由于 Cl^- 和 SO_4^{2-} 是强腐蚀介质，水汽中的 Cl^- 和 SO_4^{2-} 等阴离子伴随其他杂质最终在汽轮机的某些部位浓缩、富集，最后沉积出来，达到很高的浓度，造成设备的腐蚀破坏。水汽品质分析的结果和叶片的垢样分析的结果相吻合。

三、原因分析

1. 低压转子 4、4A 级叶片腐蚀的理化条件

分析各种工况下汽轮机运行控制参数，可以得知，在低压转子 4、4A 级叶片的前后各有一级抽汽。其设计规范是一段抽汽温度为 76.7℃，压力为 39.9kPa，在此温度下水的饱和蒸汽压力为 41.8kPa。二段抽汽温度为 95.6℃，压力为 83.4kPa，在此温度下水的饱和蒸汽压力为 83.2kPa，其具体参数见表 4-10。由此可以看出在正常运行条件下，该叶片所处的部位是蒸汽由干蒸汽向湿蒸汽过渡区，水相刚开始形成，即所谓的蒸汽初凝区，由根据物质的汽液两相的分配，很多杂质在此区域的凝结水中可浓缩、富集上万倍，参见图 4-11、图 4-12。由于蒸汽初凝，形成的水量很少，不足以产生强有力的冲刷作用，随着运行

参数的波动，初凝水有时会被蒸干，水中溶解的杂质就沉积在叶片的表面，如此循环往复，叶片表面就沉积大量包含有害阴离子 Cl^-、SO_4^{2-} 的杂质，表 4-9 中叶片的垢中 Cl 的含量 1.36%，S 的含量为 0.86%，这么高的浓度足以让不锈钢叶片产生严重的腐蚀。蒸汽携带的杂质和腐蚀产物如硅和铁也在这里沉积，这些沉积物的存在又进一步促进了有害阴离子的浓缩富集，叶片自身的腐蚀产物的堆积也促进了有害阴离子的富集，如此恶性循环，使叶片产生严重的点蚀现象。在叶片的迎汽侧，由于蒸汽强烈的冲刷作用，有害阴离子的富集作用减小，所以只在叶片的背汽侧产生严重腐蚀。叶片以 3000r/min 的速度旋转产生强大的离心力，在离心力的作用下初凝水沿叶片长度方向由里向外分布，在叶片的中部以内没有蒸汽的初凝，越向外初凝水越来越多，在叶片的最末端已经累积了比较多的水分，具有了一定的冲洗作用，有害阴离子的浓缩作用减小，所以在叶片的中部以内和叶片的最末端部分，腐蚀也就不那么严重。该级叶片的腐蚀和汽轮机的运行方式无关，因为蒸汽总是要在汽轮机中凝结的，只要水、汽品质差，就会产生腐蚀。由于运行参数的波动腐蚀可能发生在其他级的叶片上。

另外，在机组停运期间，汽轮机没有采取很好的保护措施，富集了大量有害阴离子的垢接触到外界的氧气、二氧化碳和湿分，也会引起严重的腐蚀。机组自投产以来至今，累计总停机次数为 331 次，总停机时间为 67026h，这么长的停机时间，如果没有做好汽轮机的保护，引起的腐蚀也极为可观。

表 4-10　　汽轮机在各工况下的运行控制参数

项目				一段抽汽		二段抽汽	
冷却水（℃）	负荷（MW）	工况	真空（kPa）	压力（kPa）	温度（℃）	压力（kPa）	温度（℃）
22	500	投热网	−85/−83.6	38.7（44.2）	78.1	80.7（80.1）	93.7

续表

项目				一段抽汽		二段抽汽	
冷却水（℃）	负荷（MW）	工况	真空（kPa）	压力（kPa）	温度（℃）	压力（kPa）	温度（℃）
22	500	电泵运行	−84.8/−83.2	41.9（50.5）	81.7	86.9（105.8）	101.9
22	500	汽泵运行	−84.9/−82.6	39.2（40.3）	75.3	82（82.1）	94.2
22	500	高压加热器未投	−84.7/−82.5	43.3（50.1）	81.5	96（121.4）	105
22	400		−85.4/−84	31.4（49.3）	79.8	64（68.5）	87.8
35	400		−80.8/−78.6	35（107.8）	101.2	96.9（90.1）	96.6
22	300		−85.7/−85	24（82.4）	93	49（78.6）	92
电厂汽轮机运行规程				39.9（41.8）	76.7	83.4（83.2）	95.6

注 括号里的数据是该温度下水的饱和蒸汽压力。

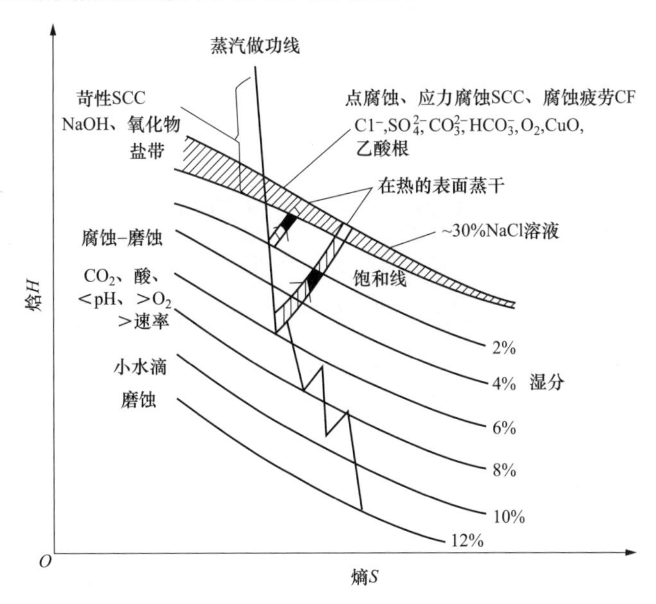

图 4-11 蒸汽做功时杂质在初凝区的富集

2. 凝结水精处理存在的问题

（1）混床树脂的破碎率大，破损的树脂堵塞出水水帽，造成系统压差增大，旁路门自动打开，部分凝结水未经处理直接进入给水系统，影响了水汽品质，形成一个恶性循环。

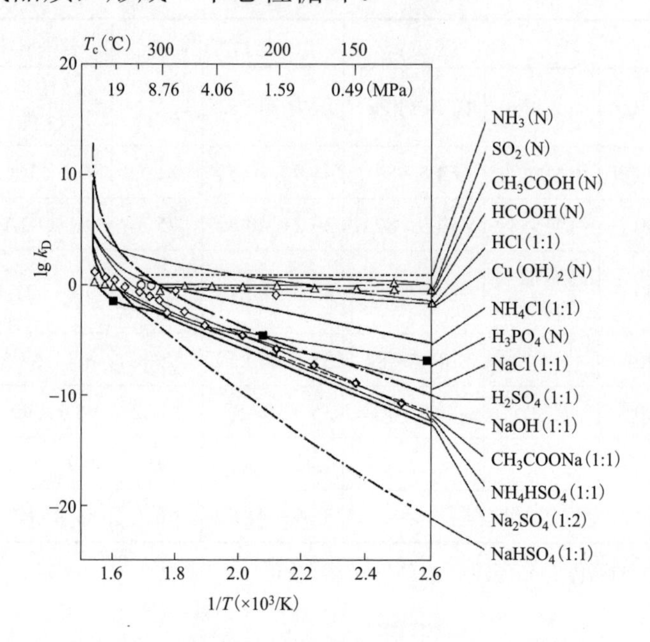

图 4-12 在不同温度条件下汽液分配系数

注：T 为绝对温度；K_D 为汽水分配系数；T_c 为摄氏温度；（N）表示该物质以分子状态携带。

（2）由于树脂破损严重，树脂的分层效果很差，有很大一部分阳树脂进入阴树脂中，无法分离，造成树脂的交叉污染，再生度下降，周期制水量降低，而且导致混床释放 Cl^- 和 SO_4^{2-} 等有害阴离子。

（3）夏季环境温度高，凝结水温度偏高，最高达 48℃，混床解列退出运行，凝结水走旁路的现象存在。

（4）混床采用出水的氢电导率来控制失效终点，这种方法并不科学。因为氢电导率并不能明显反映混床 NH_4^+ 的穿透情况。

3. 给水处理存在的问题

该机组给水采用加氨和联氨处理的处理方式，根据 GB/T 12145—2016《火力发电机组及蒸汽动力设备水汽质量》的要求，对于过热蒸汽压力在 5.9～18.3MPa 的有铜系统直流锅炉，给水的 pH 值控制在 8.8～9.3 范围，通过查阅 2 号机组的化学运行记录，该机组的 pH 值经常大于 9.3 运行。pH 值的超标意味着氨的加入量增加，氨量的增加不但增加药品的消耗、增加运行成本，而且导致精处理混床释放出有害阴离子，恶化水汽品质，引起热力设备的腐蚀破坏，危及机组安全运行。

4. 凝汽器的泄漏问题

在现有的技术条件下，凝汽器的泄漏不可避免，在凝结水走旁路和精处理混床运行不佳的情况下，含有大量有害阴离子的冷却水进入水汽系统，恶化水汽品质。

四、结论及建议

（1）2 号机组汽轮机低压转子 4、4A 级叶片背汽侧接近顶端部分产生严重腐蚀现象不是因为叶片的材质问题，主要是凝结水精处理混床运行不良，导致大量有害阴离子 Cl^-、SO_4^{2-} 等进入热力系统，最后在初凝水浓缩富集引起该级叶片的腐蚀；该级叶片的腐蚀和汽轮机的运行没有太大关系，只要水汽品质差，腐蚀总是存在。由于运行参数的波动腐蚀可能发生在其他级的叶片上。汽轮机停用保护不良，外界的氧气、二氧化碳和湿分进入汽缸，在富集了大量阴离子的叶片部位产生腐蚀。

（2）高速混床实效的终点采用直接电导率控制，避免阴离子超标释放引起的低压缸腐蚀；对凝结水精处理系统进行试验，查出释放阴离子的主要原因，必要时进行精处理系统的调整和改造，建议做混床接近失效时阴离子含量和氢电导率关系的试验，找到混床合适的终点控制参数，在 Cl^-大于 2μg/L 时混床退出运行。

（3）加强水汽品质的监督，给水 pH 值控制在 8.8～9.3 的范围，通过给水的电导率来控制氨的含量，尤其是增加精处理混床出水和给水、主蒸汽的阴离子含量色谱检测频率。

（4）进行汽轮机停运期间的干风保护，保持汽轮机在停运期间的干燥，防止停用腐蚀。

第五节　凝结水泵滤网差压门开启引起的水质异常

一、情况简述

某电厂建设两台 660MW 进口燃煤机组。锅炉是单炉膛对冲燃烧、一次中间再热、平衡通风、固态连续排渣、正气力除灰、亚临界参数自然循环汽包炉；汽轮机是 TCF42 型、亚临界、一次中间再热、单轴四缸四排汽、高中压分缸反流凝汽式汽轮机；发电机是水、氢、氢冷汽轮发电机。

2017 年 8 月 2 日 18:00，1 号机组凝结水氢电导率升高至 0.155μS/cm，给水、饱和蒸汽、过热蒸汽、再热蒸汽氢电导率分别为 0.084、0.123、0.140、0.171μS/cm，除给水外其他取样点氢电导率均大幅升高；19:45 1 号机组凝结水氢电导率 0.165μS/cm，给水氢电导率 0.174μS/cm，给水氢电导率超过标准值；至 20:00 1 号机组水汽系统各取样点氢电导率均较正常情况大幅度升高。8 月 3～5 日 16:00，饱和蒸汽氢电导率上升较快，其中 8 月 4 日 01:06，饱和蒸汽氢电导率最高上升至 2.25μS/cm；过热蒸汽氢电导率升高也比较明显，升高至 0.4μS/cm 以上，但此时给水氢电导率均在 0.2～0.3μS/cm 之间，再热蒸汽、凝结水氢电导率均是先升高后降低至 0.2μS/cm 以下。8 月 5 日在检查饱和蒸汽 A、B 两侧取样管道时，并加强了高温取样架排污工作后，饱和蒸汽氢电导率逐渐降低至小于 0.5μS/cm。8 月 6 日饱和蒸汽氢电导率维持在 0.3μS/cm 左右，过热蒸汽降低至 0.2μS/cm。8 月 6 日 23:10，给水氢电导率升高至 0.3μS/cm 以上，已经达到三级处理值；8 月 7 日 7:00 左右，因凝结水系统压力波动大，导致 1 号机组精处理混床旁路打开，电厂采取 1 台混床运行方式，此时给水氢电导率仍然大于 0.3μS/cm，凝结水氢电导率小于 0.2μS/cm。9:00 给水氢电导率升高至 0.340μS/cm；水质恶化期间，一直加大炉水排污，炉水氯离子在 150μg/L 左右，炉水 pH 值稳定在 9.2～9.6 范围内。

二、原因分析

（1）根据 8 月 6 日饱和蒸汽氢电导率维持在 0.3μS/cm 左右，过热蒸汽降低至 0.2μS/cm 左右，基本排除汽水分离装置存在问题的可能性。在超标处理期间，观察高速混床的树脂捕捉器窥视镜并无树脂泄漏，排除了高速混床漏树脂的可能性，与另外一台机组对比，也排除氨水品质差影响水质的可能性。

（2）由于怀疑含有有机物的杂质进入水汽系统，导致给水及蒸汽的氢电导率升高，水质恶化期间，通知集控运行开大除氧器排气门，一直加大炉水排污，8 月 7 日 10:02，1 号给水水质达到三级处理值的情况，准备三级处理的期间，汽机专业发现导致凝结水系统压力波动的原因是 AB 凝结水泵入口滤网差压表取样管排污门未关闭，导致大量空气漏入导致凝结水泵波动。AB 凝结水泵入口滤网差压表取样管排污门关闭时间是 8 月 5 日 10:10，热工及运行人员不确定排污阀门打开时间。期间凝结水溶解氧表一直显示小于 10μg/L，显然凝结水溶解氧表显示错误。

（3）关闭 AB 凝结水泵入口滤网差压表取样管排污门后，11:35，给水氢电导率已经降至 0.303μS/cm，三级处理已转为二级处理。整个水汽系统的氢电导率均在下降，至 18:10，凝结水、给水、饱和蒸汽、过热蒸汽氢电导率分别下降至 0.110、0.108、0.113、0.101μS/cm，给水氢电导率降低至接近期望值。

（4）取 8 月 4 日水样进行离子色谱分析，见表 4-11、表 4-12。

表 4-11　　1 号机组水汽品质查定结果（8 月 4 日水汽氢电导率异常偏高时）

样品名称	CC 在线表测量（μS/cm）	SC 在线表测量（μS/cm）	pH 值在线表测量	Cl^-手工测量（μg/kg）	Na^+在线表测量（μg/kg）	Na^+手工测量（μg/kg）	NH_4^+手工测量（μg/kg）
凝结水	0.161	4.91				0.4	496
A 混床		0.087				0.3	1
B 混床		0.077				0.2	2
给水	0.274	3.30				0.1	521
炉水		13.18	9.53	140.0		1483	367
饱和	0.296					＜0.1	523
过热	0.201				1.65	＜0.1	503
给水(8.5)	0.289					0.7	692

表 4-12　　1 号机组水汽品质查定结果（8 月 4 日水汽氢电导率异常偏高时）

样品名称	F^-（μg/kg）	CH_3COO^-（μg/kg）	$HCOO^-$（μg/kg）	Cl^-（μg/kg）	NO_2^-（μg/kg）	SO_4^{2-}（μg/kg）	NO_3^-（μg/kg）	CrO_4^{2-}（μg/kg）	PO_4^{3-}（μg/kg）
凝结水	＜0.1	＜0.3	＜0.2	0.3	＜0.2	0.1	＜0.2	3.2	＜0.3
A 混床	＜0.1	＜0.3	＜0.2	2.3	＜0.2	＜0.2	＜0.2	＜0.4	＜0.3
B 混床	＜0.1	＜0.3	＜0.2	3.0	＜0.2	＜0.2	＜0.2	＜0.4	＜0.3
给水	＜0.1	0.4	0.3	2.1	0.2	0.2	＜0.2	41.6	＜0.3
炉水	＜0.1	＜0.3	＜0.2	151.1	＜0.2	23.4	＜0.2	116.0	45.9
饱和蒸汽	＜0.1	0.5	0.2	＜0.1	＜0.2	0.2	＜0.2	25.6	＜0.3
过热蒸汽	＜0.1	＜0.3	＜0.2	0.2	0.7	0.6	＜0.2	40.7	＜0.3
给水（8.5）	＜0.1	0.4	0.3	0.9	＜0.2	0.3	＜0.2	38.9	＜0.3

表 4-11 中过热蒸汽铬酸根离子比饱和蒸汽高 15.1μg/L，但过热蒸汽氢电导率比饱和蒸汽氢电导率低 0.095μS/cm，主要是空气中二氧化

碳（形成碳酸根离子）的影响。

表 4-12 可以看出，导致给水氢电导率偏高的主要离子为铬酸根离子，机组给水处理方式长期采用 AVT（O），并且给水氧含量相对较高，热力系统表面保护膜相当于加氧工况，凝结水大量溶解氧漏入，氧与含铬材质取样管反应形成了铬酸根，这个情况与西安热工研究有限公司李志刚的研究结果相似。

表 4-13 是 1 号机组水汽氢电导率恢复正常后，取样分析给水、蒸汽中均无铬酸根离子。

表 4-13　　1 号机组水汽中杂质离子检测结果

（9 月 27 日水汽氢电导率恢复正常时）

样品名称	CC 在线表测量（μS/cm）	SC 在线表测量（μS/cm）	F^-（μg/kg）	CH_3COO^-（μg/kg）	$HCOO^-$（μg/kg）	Cl^-（μg/kg）
凝结水	0.096		<0.1	<0.3	<0.2	0.4
A 混床		0.09	<0.1	<0.3	<0.2	0.3
B 混床		0.07	<0.1	<0.3	<0.2	<0.1
给水	0.082		<0.1	<0.3	<0.2	0.1
炉水		12.6	<0.1	<0.3	<0.2	147
饱和蒸汽	0.071		<0.1	<0.3	<0.2	0.3
过热蒸汽	0.056		<0.1	<0.3	<0.2	<0.1

样品名称	NO_2^-（μg/kg）	SO_4^{2-}（μg/kg）	NO_3^-（μg/kg）	CrO_4^{2-}（μg/kg）	PO_4^{3-}（μg/kg）
凝结水	<0.2	<0.2	<0.2	<0.4	<0.3
A 混床	<0.2	<0.2	<0.2	<0.4	<0.3
B 混床	<0.2	<0.2	<0.2	<0.4	<0.3
给水	<0.2	<0.2	<0.2	<0.4	<0.3
炉水	<0.2	42.7	<0.2	<0.4	236
饱和蒸汽	<0.2	<0.2	<0.2	<0.4	<0.3
过热蒸汽	<0.2	<0.2	<0.2	<0.4	<0.3

三、结论

（1）1 号机组 A、B 凝结水泵入口滤网差压表取样管排污门未关闭，导致大量空气漏入系统，使整个水汽系统进行了加氧转化，多余的氧气在特定条件下与取样管反应生成铬酸根离子，是导致此次 1 号机组水汽系统给水、蒸汽氢电导率异常偏高的主要原因；炉水中检测到微量的铬酸根离子，可能是给水系统某个设备或管道为含铬不锈钢材质，在特定条件下，与氧气发生了铬的选择性反应，释放出微量的铬酸根离子；也可能是在特定的条件下，炉水中少量的氧气与炉水取样管发生反应，生成的大量铬酸根离子。

（2）此次水汽系统氢电导率异常，查找时间长以及查找困难的原因是 1 号机组凝结水在线溶解氧表显示错误。

（3）炉水电导率一直较高，从离子色谱检测结果分析，主要是钠离子含量较高，超过 1mg/L，超出标准 DL/T 805.3—2013《火电厂汽水化学导则　第 3 部分：汽包锅炉炉水氢氧化钠处理》中规定的电导率在 4～12μS/cm、钠离子在 0.2～0.5mg/L 的要求。炉水钠离子超标，除与加氢氧化钠量过多外，还可能与精处理混床投运初期或铵化过程大量漏钠有关。给水氯离子含量 2.1μg/L，同样超标，由于炉水排污量较大，氯离子能够维持在 200μg/L 以内。

（4）从离子色谱检测结果分析，蒸汽中氯离子、钠离子含量均小于仪器的检出限（检出限 0.1μg/L），说明 1 号炉汽水分离装置运行状态良好，蒸汽的机械携带和溶解携带率均很低。

（5）为了节水，该电厂 1 号机组手工取样点长期处于关闭状态，高温取样架半个月才排污 1 次，导致个别取样管内可能沉积了大量污物，导致水样代表性变差，影响对问题的判断。

四、建议

（1）取样代表性对化学监督，热力设备水循环状态监督至关重要，建议将取样点的手工取样保持常流状态，同时加强在线仪表的维护与校验，尤其是核心仪表。炉水 pH 表、凝结水溶解氧表是亚临界机组水汽控制的核心仪表，应加强校验，并及时更换配件。溶解氧表电极使用年限一般 1～2 年，建议及时购买电极配件。

（2）精处理混床尽可能采用氢型运行方式。

（3）精处理混床制水流量计长期显示不准确，不能统计混床周期制水量，缺少实时对精处理混床设备状态的判断，应及时修复混床流量计。

（4）炉水采用氢氧化钠处理，根据 GB/T 12145—2016《火力发电机组及蒸汽动力设备水汽质量》的控制指标，应该加装炉水在线氢电导率表，便于及时发现水汽品质异常变化。

（5）做好手工分析定期工作以及水质的定期查定工作。

第六节　尿素引起的水汽指标异常的原因分析

一、情况简述

尿素由于其经济性和安全性而被广泛应用于燃煤电厂的选择性催化还原（SCR）工艺中，利用尿素热解和水解产生还原剂氨除去烟气中的氮氧化物，达到脱硝的目的。但是尿素在水解过程中产生的酸性及腐蚀性副产物（如异氰酸和氨基甲酸铵）容易使水冷壁管腐蚀爆管。

某电厂两台 660MW 超临界机组锅炉，凝结水精处理采用 2×50%前置过滤器+3×50%高速混床工艺设计，除盐水的工艺流程：原水→沉淀池→清水池→超滤→反渗透→一级除盐→混床，采用弱氧化性全挥发 AVT（O）处理工况。

5 月 1 日 15:00 两台机组同时出现症状：凝结水泵出口、除氧器出口、省煤器入口、主蒸汽、再热蒸汽左右侧氢电导率超标，并在 0.3～0.9μS/cm 之间波动，最大超过 2μS/cm，除氧器入口氢电导率间断性超标。省煤器入口、主蒸汽、再热蒸汽左右侧电导率与 pH 值均比平时高。把所有氢电导率超标的氢交换柱树脂更换为再生好的树脂，系统氢电导率几乎没有变化，可以排除是因为氢交换树脂失效引起的水汽异常超标。

二、原因分析

氢电导率测量的是除 OH^- 外其他所有阴离子的含量，氢电导率越大，对热力设备的腐蚀和危害程度也越大。水汽系统氢电导率超标的原因很多，如除盐水水质、凝汽器泄漏、氨水质量以及热力系统回收水汽等引起的异常。两台机组同时出现水质异常，可以初步判断是公用系统异常引起的水质异常，排查方向首先从公用系统开始。

1. 氢电导率分析

取水质异常时候的除盐水、给水、凝结水、蒸汽等水样进行色谱分析，检测结果分别见表 4-14、表 4-15。

表 4-14 除盐水及 1 号机组水汽品质阴离子色谱分析结果 μg/L

水样	F^-	Cl^-	SO_4^{2-}	NO_3^-
除盐水	＜0.2	＜0.2	＜0.2	＜0.2
凝结水	＜0.2	＜0.2	＜0.2	＜0.2
给水	＜0.2	＜0.2	＜0.2	＜0.2
饱和蒸汽左侧	＜0.2	＜0.2	＜0.2	＜0.2
过热蒸汽	＜0.2	＜0.2	＜0.2	＜0.2

表 4-15 2 号机组给水、除盐水水汽品质色谱分析结果 μg/L

水样	F^-	Cl^-	SO_4^{2-}	NO_3^-
除盐水	<0.2	<0.2	<0.2	<0.2
给水	<0.2	<0.2	<0.2	<0.2

从表 4-14 和表 4-15 可知，除盐水、给水及蒸汽中常见痕量无机阴离子未检出，因此，可以排除 F^-、SO_4^{2-}、Cl^-、NO_3^-、Cl^-对水汽系统氢电导率超标的影响。

2. TOC 分析

水汽系统中的 $HCOO^-$、CH_3COO^-及 HCO_3^- 等离子主要是有机物的高温分解，而水汽系统中的有机物主要来自锅炉补给水。当锅炉补给水中的有机物随锅炉补充水带入，在高温、高压的条件下，会逐渐分解产生低分子的有机酸和 CO_2。总有机碳（TOC）是综合反映水汽中有机物质量浓度的指标，取锅炉补给水系统各单元出水水样及水汽系统各节点取样，进行 TOC 的分析，其结果见表 4-16 及表 4-17。

表 4-16 化学除盐系统水质 TOC 分析结果 μg/L

水样名称	原水	超滤进水	反渗透进水	1 号除盐水箱	2 号除盐水箱
TOC	3310	3680	2920	2780	2810

表 4-17 1、2 号机组水汽系统水质 TOC 分析结果 μg/L

水样名称	1 号凝结水	1 号高速混床出口	1 号给水
TOC	163	120	139
水样名称	1 号饱和蒸汽	1 号过热蒸汽	1 号再热蒸汽
TOC	141	160	274
水样名称	2 号凝结水	2 号高速混床出口	2 号给水
TOC	203	212	154
水样名称	2 号饱和蒸汽	2 号过热蒸汽	2 号再热蒸汽
TOC	174	170	110

从表 4-16 可知，超滤进水 TOC 为 3680μg/L，经过反渗透后 TOC 降为 2920μg/L，TOC 小部分得到去除。但是，除盐水箱 TOC 为 3160μg/L，远远超出标准要求。混床出水 TOC 合格，但是除盐水箱中 TOC 不合格，可能为机组水汽系统氢电导率超标前，即 5 月 1 日之前有大量有机物通过除盐系统进入除盐水箱。

通过表 4-16 可知，1、2 号除盐水箱中 TOC 含量分别为 2780、2810μg/L，这进一步说明，在发生氢电导率超标前，除盐水箱中进入大量有机物；表 4-17 的其他数据表明，1、2 号机组凝结水、给水以及蒸汽的 TOC 含量大部分小于标准要求，即小于等于 200μg/L，也就是说大部分有机物进入水汽系统后已经发生分解，这些有机物分解后产生的阴离子会直接影响氢电导率。从上分析可知，补给水中有机物含量过高是导致 1、2 号机组水汽系统氢电导率超标的原因之一。

3. 氨含量分析

取 1、2 号机组超标时的给水样分析氨的氨量，见表 4-18。

表 4-18　　1、2 号机组给水氨含量　　mg/L

机组	1 号机组		2 号机组	
位置	除氧器出口	省煤器入口	除氧器出口	省煤器入口
氨含量	2.72	2.79	3.1	3.14

该机组给水采用只加氨而不加除氧剂的 AVT（O）处理工况，假设锅炉给水无其他杂质离子，即阳离子大部分为 NH_4^+。从表 4-18 可知，1、2 号机组给水中氨含量远远高于正常运行状况下的氨含量，查阅运行记录未发现给水加氨量和凝结水回收水质氨含量出现异常，这就排除了给水加氨和回收水氨超标引起的氨含量异常偏高。

4. 原因小结

（1）从 1、2 号机组同一时间发生水汽系统氢电导率超标，并且通过色谱分析可知，水汽系统中无机离子未见异常；通过 TOC 的分析可知，两台机组公用的除盐水有机物含量均异常偏高是造成机组水汽系统氢电导率偏高的原因之一；通过给水氨含量的分析可知，两台机组中给水的氨含量异常偏高，唯一的可能是从公用系统中带入大量的氨，这个氨以某种物质或者某种分子态存在于水中。除盐水的电导率合格，可以确定是某种含氨有机物存在于除盐水中，有机物在水中是非电解质，不导电，有机物含量偏高不会影响除盐水的电导率。但当除盐水中有机物补充进入锅炉后，会在高温高压下产生分解，分解产物导致氢电导率上升。

（2）通过对除盐水系统和水质超标前的操作排查可知，该电厂原来的设计就是将工业废水进行回收，经过中水深度处理后作为补给水处理的原水，由于对废水水质不了解，将尿素水解器底部的废水排入工业废水管网，大量工业废水经过回收制成除盐水，由于尿素的自身的特点，中水系统与锅炉补给水系统均无法将尿素去除，导致水汽系统异常超标。

（3）尿素熔点 132.7℃，水解温度却很低，尿素在除氧器内分解生成有机物，生成的有机物造成了氢电导率和电导率的增加，但是微量尿素在水中表计检测不出，所以除盐水各项指标正常，反渗透主要是去除无机盐分，对尿素的去除率很低。

（4）高速混床可以去除分解产物，但是却对尿素的去除不是很明显，随着水汽超标的时间增长，凝结水电导率上升，混床周期制水量也降低了。

三、尿素水解产物腐蚀机理分析

尿素化学分子式为 $CO(NH_2)_2$，为最简单的有机物，易溶于水。当尿素含量很高时，会通过扩散作用穿透反渗透。

尿素分解过程中，CO_2 易与氨反应生成碳酸铵、碳酸氢铵和氨基甲酸铵，生成产物随溶液浓度和碳化度不同而变化。当碳化度较低时（CO_2/NH_3 摩尔比小于 0.5）主要生成氨基甲酸铵，部分氨基甲酸铵也可水解生成碳酸氢铵以趋近于反应平衡，而在高碳化度条件下主要生成碳酸盐或碳酸氢盐。氨与二氧化碳发生一系列复杂的气—液化学反应。首先，氨与二氧化碳反应生成氨基甲酸铵；然后，部分氨基甲酸铵进一步水解转换成碳酸氢铵；最后，水解产生的碳酸氢铵与 NH_4OH 反应生成 $(NH_4)_2CO_3$。若此反应过程中含有少部分水，将同时生成碳酸氢铵和碳酸铵等物质。反应方程式如下

$$2NH_3+CO_2 = NH_2COONH_4 \tag{4-1}$$

$$NH_2COONH_4+H_2O = NH_4HCO_3+NH_3 \tag{4-2}$$

$$NH_3+H_2O = NH_4OH \tag{4-3}$$

$$NH_4HCO_3+NH_4OH = (NH_4)_2CO_3+H_2O \tag{4-4}$$

碳酸铵、碳酸氢铵和氨基甲酸铵三种物质性质相近，在一定的条件下可以相互转化。其中，氨基甲酸铵是无水 NH_3 和 CO_2 在一定压力和较低温度下生成的产物，氨基甲酸铵解离出的氨基甲酸根（NH_2COO^-）呈还原性，能阻止金属表面产生氧化膜，并破坏钢材表面的钝化膜，产生阳极型腐蚀并使系统上游腐蚀产物剥落、溶解、迁移，在局部流动受阻水冷壁管向火侧形成沉积。氨基甲酸铵为强腐蚀性物质，在高温高压下氨基甲酸铵的反应如下

$$NH_2COONH_4 \rightleftharpoons CO(NH_2)_2+H_2O \tag{4-5}$$

$$CO(NH_2)_2 \rightleftharpoons NH_3+HCNO \rightleftharpoons NH_4CNO \tag{4-6}$$

HCNO 是有机酸，腐蚀性很强。热力设备表面由于材料本体及制造过程中存在或出现的各种缺陷，特别是在高应力区部位的缺陷是裂纹的裂源，在腐蚀和应力的联合作用下逐渐扩展。因此裂源的产生是这些缺陷在交变应力下腐蚀的结果，而裂纹的延伸是腐蚀作用与交变应力反复作用的必然趋势。

常温下，在碱性溶液中，水分子和 OH^-将会吸附在金属表面，形成钝化膜，如 OH-M-OH 和 H_2O-M-OH_2。当溶液存在 NH_2COO^-或 CNO^-时，NH_2COO^-或 CNO^-将吸附在试片表面，见式（4-7）。由于 NH_2COO^-和 CNO^-为含氧酸，会促进试片的钝化，形成铁氧化物，见式（4-8）～式（4-10）。随着溶液中酸根离子浓度的增加，反应式向正方向移动，产生的 H^+浓度增加，而铁氧化物（FeO）对 H^+比较敏感，则会发生溶解，见式（4-9）。15CrMo 钢中的 Cr 元素也会被钝化生成氧化物，见式（4-14）。

$$FeOH+NH_2COO^-/CNO^- \longrightarrow FeOH\cdot NH_2COO^-/FeOH\cdot CNO^- \quad (4\text{-}7)$$

$$FeOH\cdot NH_2COO^-/FeOH\cdot CNO^- \longrightarrow FeO+H^++NH_2COO^-/CNO^-+e \quad (4\text{-}8)$$

$$FeOH\cdot NH_2COO^-/FeOH\cdot CNO^-+OH^- \longrightarrow FeOH\cdot OH^-+NH_2COO^-/CNO^- \quad (4\text{-}9)$$

$$FeOH\cdot OH^- \longrightarrow Fe(OH)_2+e \quad (4\text{-}10)$$

$$Fe(OH)_2 \longrightarrow FeOOH+H^++e \quad (4\text{-}11)$$

$$FeO+2H^+ \longrightarrow Fe^{2+}+H_2O \quad (4\text{-}12)$$

$$FeOOH+Cr+H_2O \longrightarrow CrOOH+Fe\cdot H_2O \quad (4\text{-}13)$$

$$2CrOOH \longrightarrow Cr_2O_3+H_2O \quad (4\text{-}14)$$

随着溶液中 CO_3^{2-} 浓度增大，CO_3^{2-} 将吸附在试片表面，在氧化膜表面形成一个静电场，当 CO_3^{2-} 浓度增加到一定程度后，该离子将与氧化膜中的阳离子结合，见式（4-15），生成可溶的 $FeCO_3$，结果在进水表面形成小蚀坑，这些小蚀坑即为点蚀核。随着 CO_3^{2-} 浓度继续增加，$FeCO_3$ 将发生水解，生成 H^+，见式（4-16）和式（4-17）。H^+在小蚀坑中浓缩，试片表面形成局部酸化，促使点蚀核生长成为蚀孔。蚀孔内为酸性环境，基体金属处于活化状态，将发生溶解，阳极溶解反应见式（4-18），阴极反应见式（4-19），蚀孔将进一步发展，腐蚀加剧。

$$Fe^{2+}+CO_3^{2-} \longrightarrow FeCO_3 \quad (4\text{-}15)$$

$$FeCO_3+H_2O \longrightarrow Fe(OH)^++H^++CO_3^{2-} \quad (4\text{-}16)$$

$$Fe^{2+}+H_2O \longrightarrow Fe(OH)^{+}+H^{+} \tag{4-17}$$

$$Fe \longrightarrow Fe^{2+}+2e \tag{4-18}$$

$$H^{+}+2e \longrightarrow H \tag{4-19}$$

当水中的可溶性盐转化为沉淀物，沉积在蚀孔口时，将会形成一个闭塞电池。孔内金属碳酸盐进一步浓缩，其水解使得介质酸度继续增加，基体金属持续处于活化状态，蚀孔向纵深发展。

四、结论及措施

（1）尿素溶液大量进入热力系统，应尽快停炉换水，防止在高温下尿素分解产物腐蚀水冷壁管引起泄漏爆管，同时在水汽超标时首先取样，便于后续排查确定超标原因。

（2）从除盐水系统进入热力系统，首先就是切断源头，将除盐水箱除盐水尽快切换，条件允许的情况下尽快切换原水的来水，阻断尿素废液源源不断的进入除盐水制水系统。

（3）通过制取合格的除盐水进行大量置换的方式进行处理，确保水质指标尽快恢复正常。

（4）混入尿素量不大的情况下，可以加强失效高速混床再生，确保高速混床正常运行并对凝结水进行 100%处理，加快水质合格的速度。

第七节　基建调试废水进入热力系统引起水质异常分析

一、情况简述

某新疆电厂采用 660MW 超超临界参数、一次中间再热、三缸两排汽、单轴、凝汽式（间接空冷）、八级回热、外置式蒸汽冷却器的凝汽式机组；锅炉为超超临界参数变压运行直流炉、单炉膛、一次中间再热、采用前后墙对冲燃烧方式、平衡通风、固态排渣、全钢悬吊结构Π型锅炉，锅炉采用整体紧身封闭；凝结水处理系统工艺选择两台50%除铁过滤器（两台运行，不设备用）+3台50%高速混床（其中两台运行，1台备用）。

基建调试冲转阶段出现重大水质事故，导致基建期间锅炉腐蚀积盐，过程如下：

7月6日08:52锅炉开始冷态冲洗，16:00分离器储水箱铁离子为233μg/L，冷态冲洗结束。20:00锅炉点火开始热态冲洗。

7月7日03:30启动分离器出口铁离子为21.5μg/L，热态冲洗结束。17:00汽轮机开始冲转（7月7日15:00主蒸汽钠为102μg/L，二氧化硅为49.1μg/L，电气开始试验）。水质超标采取投运混床措施，7月8日07:00精处理混床投入运行后，给水钠为16.2μg/L，给水硅19.8μg/L，全部合格。

7月8日20:00锅炉重新点火，21:00凝结水钠为45.8μg/L，23:00主蒸汽钠为2580μg/L，凝结水钠为67.8μg/L；并网后7月9日03:00主蒸汽钠为12300μg/L。现场采取复测水样以及加强排污，疏水外排。

7月10日12:00负荷159.5MW，混床树脂全部失效，精处理退出运行（12:00～16:35），现场采取锅炉加大排污进行换水措施，由于废水池满，无法有效排污。15:00主蒸汽钠为2400μg/L，凝结水钠为28900μg/L，给水钠为37300μg/L，精处理全部失效。16:09锅炉首次干湿态转换，负荷210MW，现场采取锅炉降负荷，干态转湿态，加强排污等措施。

7月11日7:30三套混床内树脂均失效，无法投运混床。10:00召开水质恶化分析会议，针对水质开始恶化的情况，建议采取措施：①清理热井、凝汽器滤网、给水泵滤网，彻底清除系统中的铁等机械杂质；②停炉换水，将系统中恶化的水质彻底排干净；③更换 3 号机组的前置过滤器滤芯。16:50 汽轮机侧缺陷处理，锅炉手动停炉。汽轮机侧采取一边补水一边排水措施，凝结水水质换水后离子含量明显有所下降。

7 月 12 日 5:20 锅炉重新点火并网。

7 月 13 日 13:00 由于混床全部失效，系统未投运混床，凝结水钠为 76000μg/L，省煤器入口钠为 64800μg/L。

7 月 14 日 8:00 凝结水钠为 159000μg/L，省煤器入口钠为 162000μg/L。由于废水池满无法排水，无法实施换水措施。16:00 汽轮机主汽调门一侧卡涩。

7 月 15 日 09:39 锅炉停炉时，汽轮机调门和主汽门卡涩。

二、诊断分析

1. 水质

（1）机组停机后，对 3 号机组的水质异常进行排查，对原水系统各个点水质以及补给水水质进行了排查分析，其中原水中的钠离子为 120μg/L，除盐水中钠离子为 14.2μg/L，而凝结水钠离子基本是毫克每升数量级，基本可以排除是原水和除盐水中钠离子引起的水质超标。

（2）对闭式冷却水水质进行取样分析，其中钠离子为 28μg/L，也基本可以排除是因为闭式冷却水泄漏进入系统引起。

（3）对工业水水质进行取样分析，其中钠离子为 420mg/L，由于工业水中的钠离子数量级和热力系统的钠离子数量级相同，初步怀疑是工业水泄漏进入热力系统引起整个系统水质异常。

（4）根据试运过程中的钠离子超标的分析，绘制凝结水、给水、蒸汽钠离子含量与机组排水槽冷却水调门开度随时间变化的曲线趋势图，如图 4-13 所示。

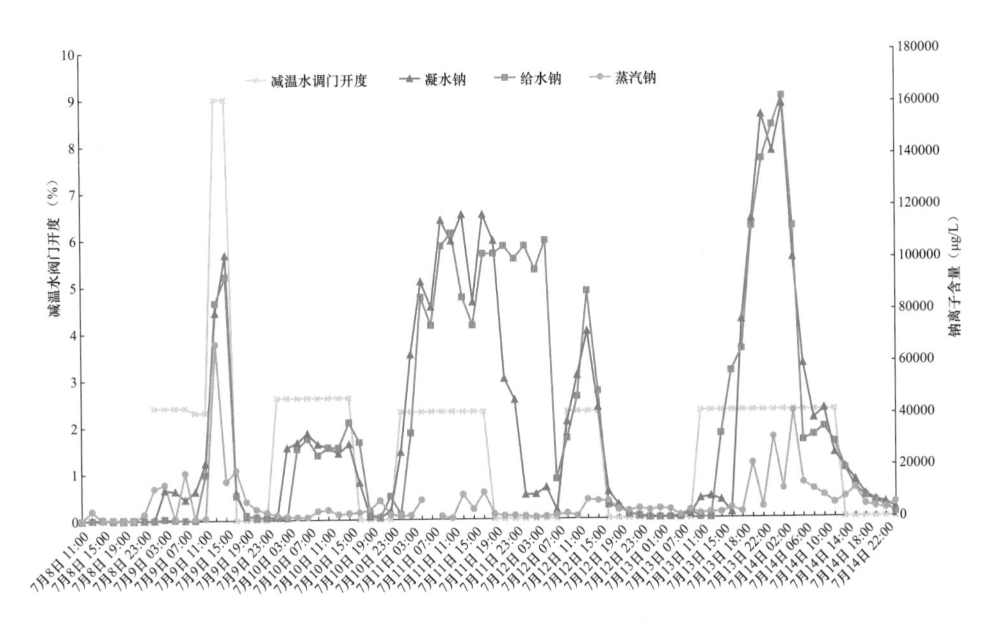

图 4-13 试运过程中机组排水槽冷却水调门开度与水质钠含量对应关系

从图 4-13 试运过程中机组排水槽冷却水调门开度与水质钠含量对应关系图可以看出，钠离子的超标与机组排水槽冷却水调门开度有高度的正相关关系，调门开度越大，水汽中的钠离子含量越大。

2. 设计图纸

排查现场的工业水系统发现工业水系统设计院图纸和实际安装图有差别。如图 4-14 和图 4-15 所示。

图 4-14 为启动疏水系统设计图，机组排水槽冷却水管道与疏水扩容器管道在电动闸阀之后汇合，在疏水扩容器排水至机组排水槽的过程中，进行降温冷却，冷却水供水主要来自工业水，压力为 0.3～0.5MPa。

图 4-15 是启动疏水系统就地实物图，机组排水槽冷却水管道与疏水扩容器管道在电动闸阀之前汇合，试运过程中锅炉疏水一部分排至机组排水槽，一部分通过启动疏水泵回收至汽轮机本体，由于冷却水汇合处距启动疏水泵入口较近，泵运行过程中由于泵入口存在负压，部分工业冷却水回收至汽轮机侧系统，导致整个热力系统水质超标。

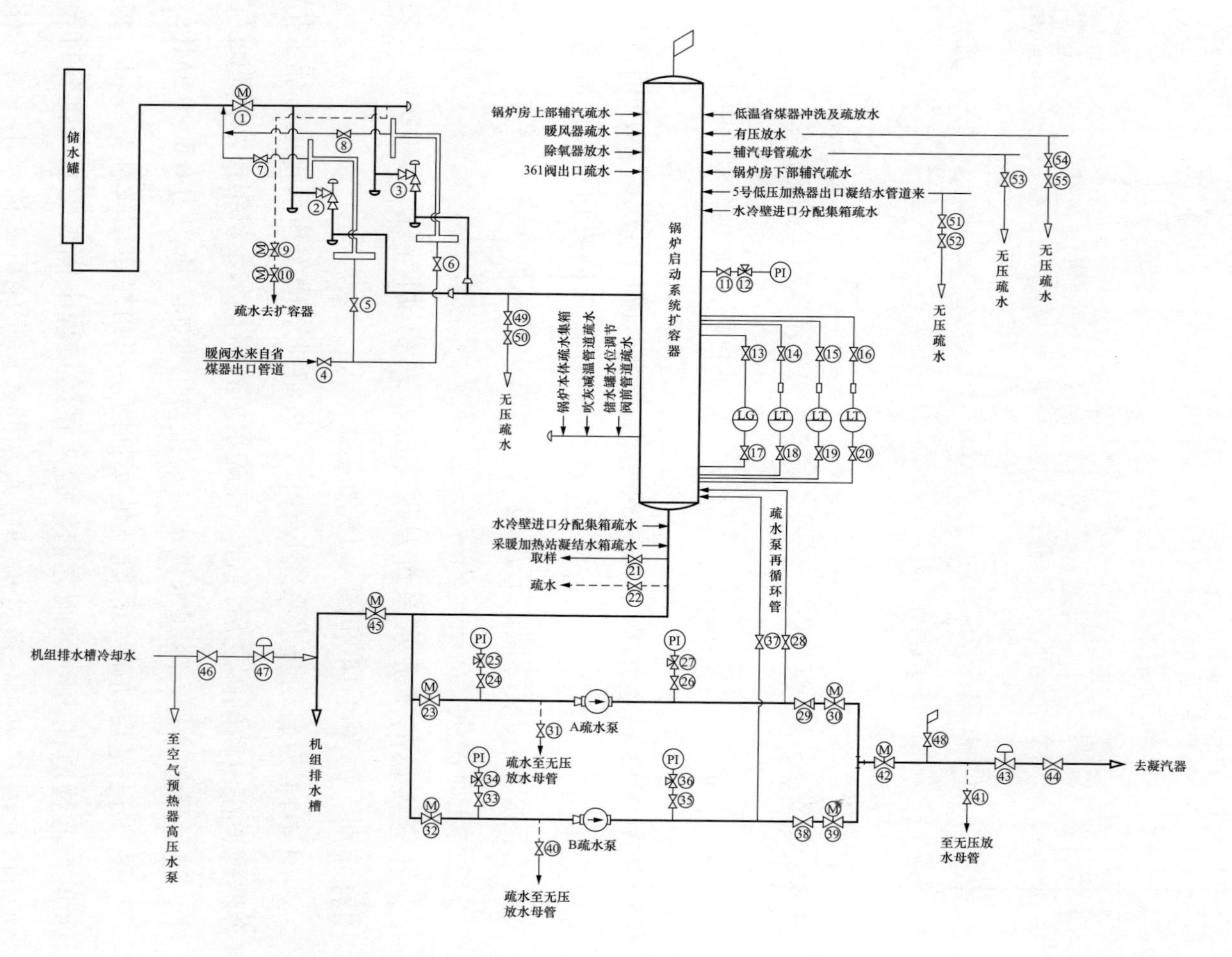

图 4-14　启动疏水系统设计图

图 4-15 启动疏水系统就地实物图

3. 主汽门解体

对汽轮机的卡涩的主汽门以及附属设备解体后，发现整个主汽门、滤网、汽轮机叶片积盐的厚度差不多达到几个毫米，非常严重，解体图如图 4-16 所示。割取水冷壁管，剖开后的表面有厚厚的一层垢，垢量超过 400g/m^2，还有分布不均的点腐坑，如图 4-16 所示。

（a）

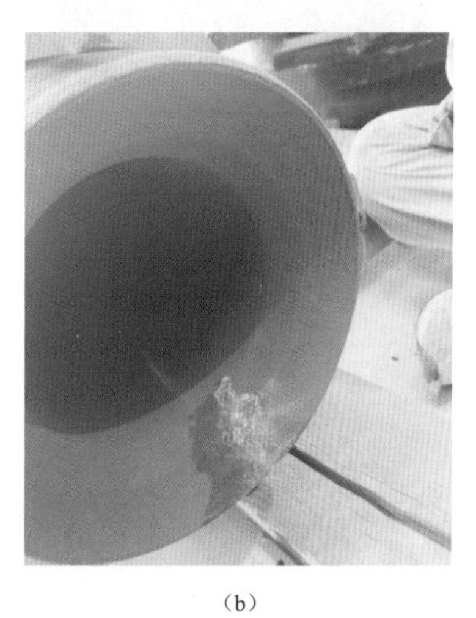

（b）

图 4-16 主汽门解体内部腐蚀结垢情况（一）

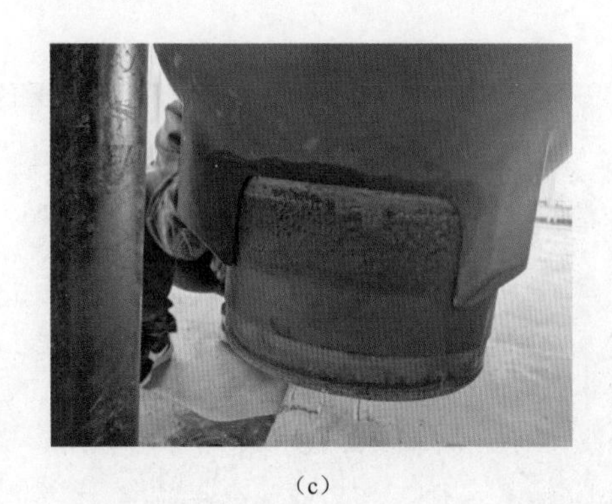

（c）

图 4-16　主汽门解体内部腐蚀结垢情况（二）

4. 基建锅炉化学清洗

查阅酸洗报告：1 号机组于 1 月 24～27 日进行炉前系统除油碱洗，于 3 月 7～11 日进行炉本体化学清洗。炉前碱洗采用双氧水碱洗，炉本体清洗采用 EDTA 铵盐清洗。化学清洗腐蚀总量为 2.697g/m^2，腐蚀速率为 0.180g/（m^2·h），清洗后残余垢量为 3.222g/m^2。1 号锅炉吹管于 3 月 28 日开始至 4 月 3 日吹管结束，酸洗后照片如图 4-17 所示。

（a）

（b）

图 4-17　酸洗后水冷壁管

5. 锅炉割管情况

为了检查本次水冷壁腐蚀结垢情况，8 月 2 日对水冷壁管进行割管检查，割水冷壁管三根，第一根管是水冷壁中间集箱出口水平管，水冷壁管如图 4-18 和图 4-19 所示。

图 4-18 水冷壁抛开管

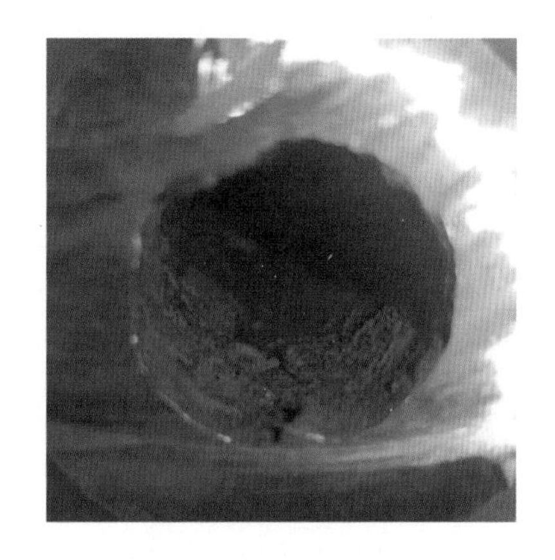

图 4-19 水冷壁管口

水平管割取后内部有黑色的垢和红色的锈蚀现象。垢成分分析主要成分是：磁铁矿（Fe_3O_4）含 84%，赤铁矿（Fe_2O_3）含 16%，垢量 405.76g/m^2。

8 月 6 日再次割取水冷壁管：割取水冷壁垂直段和螺纹段各一根。螺旋管在前墙 30m，垂直段在左墙 67m。

垂直管段背火侧垢量 62.26g/m^2，向火侧垢量 85.01g/m^2；螺旋水冷壁管段背火侧垢量 102.71g/m^2，向火侧垢量 235.65g/m^2。垂直管和螺旋管如图 4-20 和图 4-21 所示。

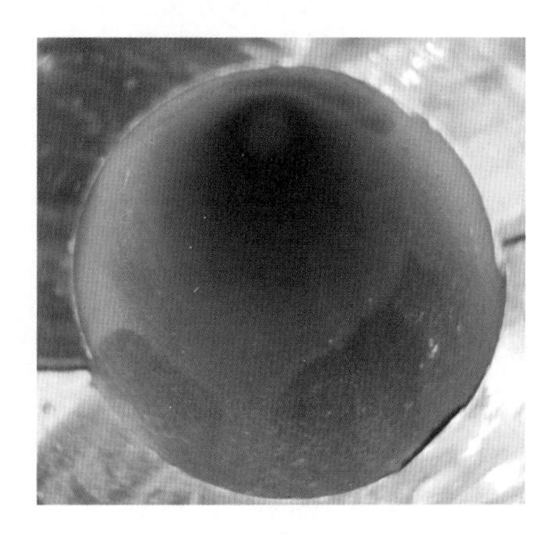

图 4-20 水冷壁垂直管段

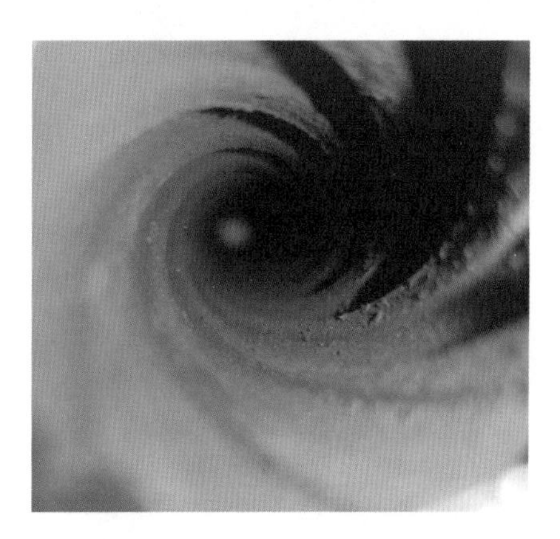

图 4-21 水冷壁螺旋管段

割取的三根锅炉水冷壁管垢量情况见表 4-19。

表 4-19 水冷壁垢量分析

名称	向火侧垢量（g/m^2）	背火侧垢量（g/m^2）	备注
中间集箱出口水平管	405.76		左墙从后往前第一根
螺旋管	235.65	102.71	前墙 30m
垂直管	85.01	62.26	左墙 67m

三、结论及措施

1. 主要原因

（1）工业冷却水管道接错位置，导致在运行过程中启动疏水泵将工业冷却水抽入汽轮机本体，引起了水质恶化。

（2）废水排放处理系统容积有限，在水质超标时无法实施换水措施，也无法有效的排污，加剧了水质恶化的趋势。

（3）运行过程中锅炉内水质较差，是造成螺旋水冷壁结垢量超标的主要原因，结垢主要成分为氧化铁。

2. 其他原因

（1）此次水质超标的是由于 3 号锅炉在水压试验完成后长时间放置，系统内部水无法有效排放干净，也没有进行烘炉保养处理，导致停用腐蚀严重。在蒸汽吹管阶段，系统中铁离子含量大，导致前置过滤器滤芯性能出现了不可逆的下降。吹管结束后对滤芯进行离线浸泡冲洗，导致性能进一步下降。在整套启动阶段，前置过滤器滤芯不能有效发挥除铁的性能。

（2）精处理混床树脂被铁离子污染，擦洗次数增多、再生时间延长，工作交换容量下降，不能有效地发挥除盐的效果，致使在整套启动的大部分时间段混床只能投运一台或者混床全部退出运行，系统中的钠离子不能有效的通过混床去除。加剧了水质恶化的趋势。

3. 处理工艺

按照设计院图纸要求，将接错的管道恢复正常。根据系统积盐和积垢的成分分析，过热器和再热器管主要成分是氯化钠和硫酸钠，水冷壁管主要积垢成分是氧化铁。凝结水、过热器、再热器管道采用水冲洗工艺，水冷壁管道采用化学清洗工艺。

四、水冲洗措施

1. 凝结水系统冲洗

启动凝结水泵，对凝结水系统进行冲洗，除氧器上水至正常水位，启动给水泵，投除氧器加热，水温加热至80℃，Na^+含量小于200μg/L冲洗完成。

2. 水冷壁系统冲洗

给水系统加酸，调节给水pH值至3～5（具体根据小试结果确定），向锅炉上水，至储水罐水位后开启361阀，进行水冷壁冲洗，炉水Fe^{2+}含量小于200μg/L冲洗完成，进行整炉放水。调高给水pH值至9.5以上，重新向锅炉上水，进行冲洗，炉水Na^+含量小于200μg/L冲洗完成。

3. 过热器系统冲洗

过热器出口加堵阀，拆除过热器出口左右侧安全阀，并接临时管引出至疏水扩容器，如图4-22所示。关闭过热器系统所有疏水门，打开所有放空门。

在水冷壁冲洗合格后，关闭361阀，维持给水流量50t/h左右，向过热器系统注水，就地观察，过热器系统放空门出水后，逐步关闭所有放空门。待临时排水口出水后，观察冲洗情况，并定时取样化验。冲洗过程中，将过热器系统疏水门轮流开启进行冲洗。控制合格标准为冲洗水中Na^+含量小于200μg/L。冲洗合格后，开启过热器系统所有疏水门及水冷壁放水门，进行整炉放水。

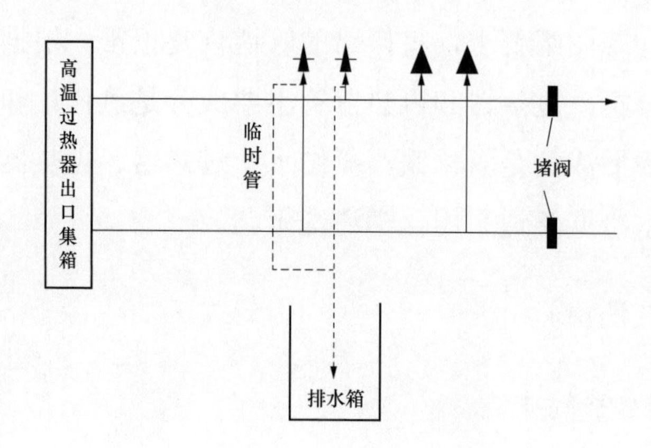

图 4-22　过热器系统冲洗示意图

4. 再热器系统冲洗

再热器进出口均加堵阀，再热器出口安全阀左右侧拆除，并接临时管引出至疏水扩容器，如图 4-23 所示。关闭再热器系统所有疏水门。

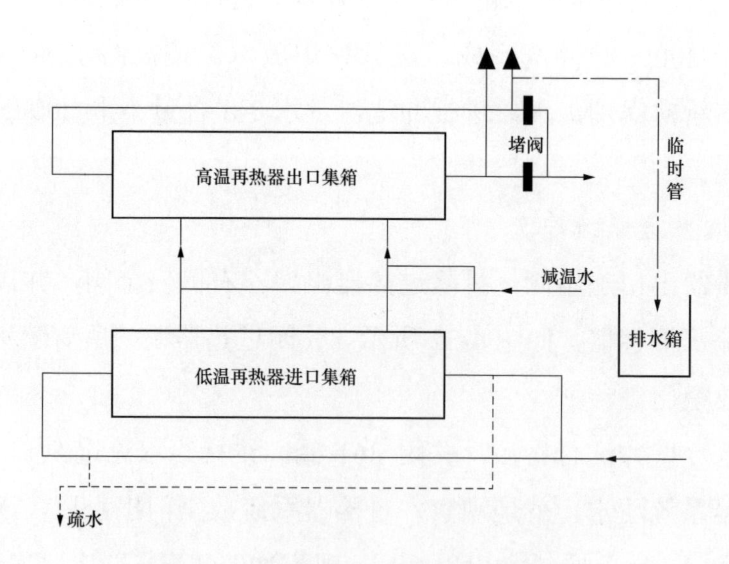

图 4-23　再热器系统冲洗示意图

冲洗过程通过再热器减温水，向再热器系统注水，进行再热器减温器后系统冲洗，待临时排水管出水后，进行再热器减温器后系统冲洗，并定时取样化验。冲洗合格后，开启再热器进口疏水门，进行再热器减温器前系统冲洗，并定时取样化验。控制合格标准为冲洗水中 Na^{+}含量小于 200μg/L。

冲洗合格后，开启所有再热器系统疏水门，进行放水。

五、清洗措施

水冷壁螺旋管向火侧垢量 235.65g/m^2，根据 DL/T 794—2012《火力发电厂锅炉化学清洗导则》要求应安排化学清洗。

1. 清洗范围

高压加热器及省煤器冲洗，水冷壁冲洗，过热器注保护液，炉本体清洗，清洗后水冲洗。

2. 水冲洗流程

（1）给水及省煤器冲洗：清洗箱→清洗泵→临时管道→电动给水泵出口高压给水管道→高压加热器→省煤器→水冷壁下集箱手孔→临时管→排放系统。

（2）水冷壁及汽水分离器系统冲洗：清洗箱→清洗泵→临时管道→电动给水泵出口高压给水管道→高压加热器→省煤器→水冷壁→汽水分离器→贮水箱→临时管→排放系统。

（3）过热器注保护液：在清洗水箱中配好氨的保护液（pH＞9.5），按以下回路注保护液：清洗水箱→清洗泵→启动系统→过热器→高过排气门。

过热器注完保护液后用清洗泵对系统进行试压，检查漏点。

3. 清洗流程

清洗箱→清洗泵→临时管道→电动给水泵出口高压给水管道→高压加热器→省煤器→水冷壁→汽水分离器→贮水箱→临时管→清

洗箱。

4. EDTA清洗工艺

（1）升温试验：建立EDTA清洗循环回路，清洗箱投加热，进行升温试验，升温至70℃，开始加药。

（2）EDTA清洗：

EDTA：4%～6%；缓蚀剂：0.3%～0.5%；联氨：1500～2000mg/L；消泡剂：适量；温度：85～95℃；pH：6.5～9.5。

升温结束后继续按清洗循环回路循环，在清洗箱内加入足量的缓蚀剂，待系统循环均匀后再加入EDTA，并用氨水调节pH值，使清洗液pH值维持在6.5～8.5，加药保持均匀加入，确保系统EDTA浓度基本均匀。加完药后，投辅汽进行加热，继续升温至清洗液温度达到90℃±5℃后，维持该温度循环清洗10～15h。在清洗过程中，严格监测EDTA浓度（残余EDTA浓度大于0.5%）、总铁离子浓度、pH值和温度等参数指标。当EDTA和总铁离子浓度稳定后，拆看监视管检查。监视管清洗干净后，加氨水调高pH值到9.0～9.5，循环钝化4h清洗结束。

六、经验教训

（1）当水汽质量劣化时，应迅速检查取样的代表性、化验结果的准确性，并综合分析系统中水汽质量的变化，确认判断无误后，严格执行三级处理要求，避免事故的进一步恶化。

（2）严格执行国家、行业标准的规定要求，尊重专业技术，虽然化学专业是辅助专业，但是它这么多年能独立成专业，而且是技术监督的主要组成部分，说明化学专业的重要性还是毋庸置疑的。

（3）化学专业技术监督重在预防，因此对化学监督的认识深浅直接关系到电厂的整个技术监督的好坏，基建调试由于客观原因，对化学的重视度本来就低，全国因为基建调试期间忽视化学专业酿成的技术事故有很多，造成的损失也无可估量，上述水质异常的电厂在正常投运之后，经常发生爆管。

（4）化学技术监督的滞后效应，导致很多不按照化学监督内涵做出的非专业的决定进一步恶化事故本身，最终酿成严重的技术事故。

第八节　汽包水位引起的热器积盐与结垢问题分析

一、情况简述

某电厂 两台 660MW 亚临界燃油机组，锅炉为亚临界、自然循环、燃油汽包炉，汽轮机为亚临界、一次中间再热、凝汽式汽轮机，采用海水直流冷却。

机组正式商业运行不到 7 个月的时间，1 号锅炉屏过吊挂管发生三次爆管，2 号锅炉屏过吊挂管发生两次爆管，而且爆管时间间隔越来越短，已经严重影响了机组的正常运行。1 号锅炉第三次爆管和 2 号锅炉第二次爆管后，割管检查均发现部分管子内壁有明显的磷酸盐垢。

二、结垢积盐分析

1. 过热器管内壁结垢积盐情况

1 号机组锅炉屏过吊挂管爆管（第 3 次爆管）后割管检查，发现管子内壁存在较厚的灰白色物质，部分已经脱落，具体形貌如图 4-24 所示。

2 号机组锅炉屏过吊挂管爆管（第 2 次爆管）后割管检查，发现管子内壁存在很厚的灰白色物质，具体形貌如图 4-25 所示。

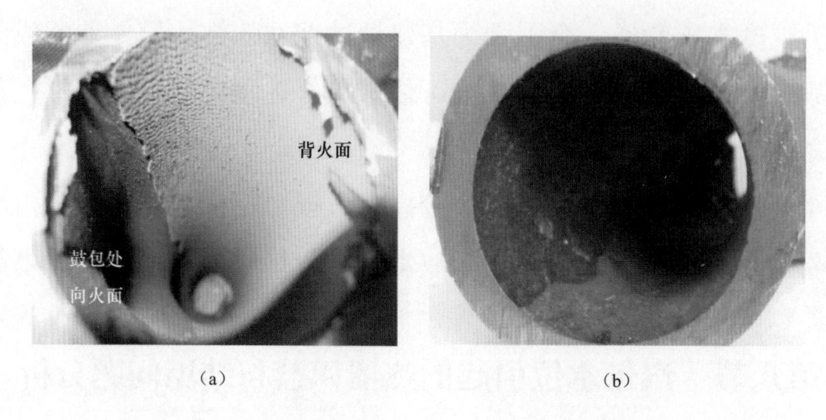

(a)　　(b)

图 4-24　1 号机组锅炉屏过吊挂管结垢积盐形貌

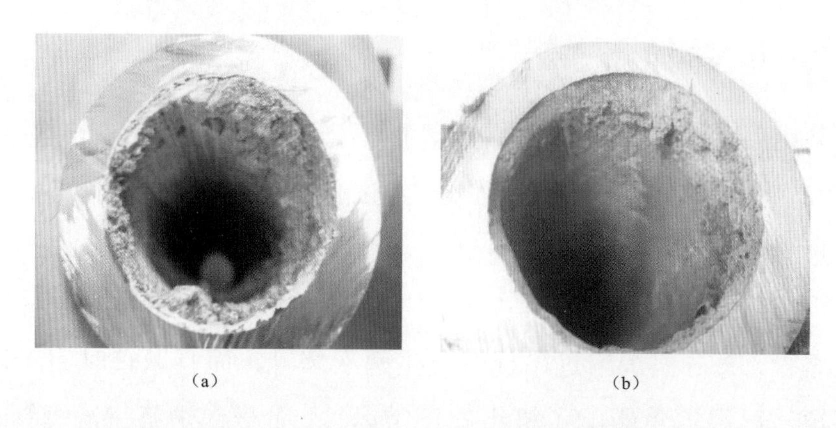

(a)　　(b)

图 4-25　2 号机组屏过吊挂管出口结垢积盐形貌

从两台机组屏过吊挂管内壁结垢积盐情况来看，两台机组过热器管内壁结垢积盐都很严重，2 号机组比 1 号机组更严重。由于两台机组的运行时间都很短，出现这样的现象是很不正常的，推测蒸汽中含有较多的盐分。

对内壁垢层进行 X 射线能谱分析，其主要成分为 Fe、O、P、Na、Si 元素组成的混合物。

2. 水质分析结果

该电厂从投产运行到爆管期间一直采用 GB/T 12145—2016《火力发电机组及蒸汽动力设备水汽质量》进行水汽品质控制，两台机组炉水均采用磷酸盐处理，炉水 PO_4^{3-} 控制在 0.5～3.0mg/L，磷酸盐加入量较高，饱和蒸汽 Na^+ 含量经常超过 10μg/kg，远大于 GB/T 12145—2016《火力发电机组及蒸汽动力设备水汽质量》要求（标准值 3μg/kg，期望值 2μg/kg），而同类型机组蒸汽 Na^+ 含量一般在 1.0μg/kg 以下。两台机组饱和蒸汽氢电导率也较高，基本上在标准要求值（0.15μS/cm）以上，有时达到 0.4μS/cm。由此可见，饱和蒸汽品质很差，含盐量较多。

三、过热器管内壁结垢积盐的机理

过热器管内壁积盐是由于蒸汽中含有的盐分超过其对应温度压力下的饱和溶解度引起的，在汽包炉的水汽循环中，杂质可能通过三种途径进入并恶化蒸汽品质，分别是机械携带、溶解携带和减温水溶解携带。

1. 饱和蒸汽的机械携带

从汽包送出的饱和蒸汽常夹带有一些炉水的水滴，这是饱和蒸汽被污染的原因之一。在这种情况下，锅炉水中的各种杂质，如钠盐、硅化合物等，都以水溶液状态带入饱和蒸汽中，这种现象称为饱和蒸汽的机械携带。机械携带实际就指饱和蒸汽对炉水水滴的携带。

（1）正常情况下：饱和蒸汽中水滴形成的形式有蒸汽泡破裂形成水滴；机械运动撞击而形成水滴；当炉水中存在有机物、细小悬浮物、水渣和碱性物质时，易产生泡沫，泡沫破裂产生小水滴。

正常情况下的机械携带系数一般在 0.2%以下，如图 4-26 所示。

（2）非正常情况下：汽水分离装置有损伤，如旋风分离器倾斜、脱落，顶部百叶窗分离器裂缝等损伤；汽包夹层焊缝开裂等损伤；旋风分离器设计出力不足，如数量不足；运行控制不当，如汽包水位偏高、锅炉升降负荷速率过快等。

在非正常情况下，饱和蒸汽的机械携带系数将大于 0.2%。

饱和蒸汽所携带的水滴会随着蒸汽在过热器中受热发生蒸发浓缩和溶解转移两个过程。

2. 饱和蒸汽的溶解携带

溶解携带指水和蒸汽之间溶解固体的分配系数（盐、氧化物、杂质和其他化学药剂），它表示物质的物理挥发性。

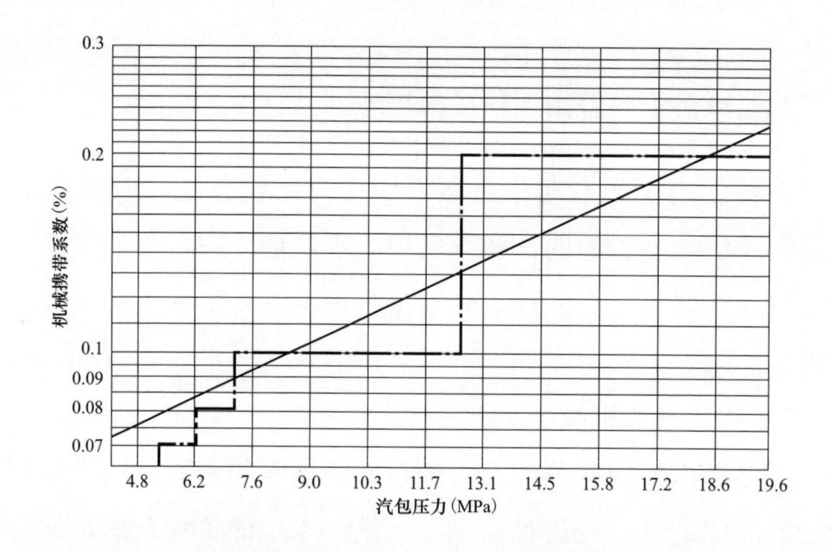

图 4-26　机械携带系数与汽包压力关系曲线（实线）

注：对于特定的锅炉，更精确的信息由锅炉制造商提供，见图中点划线。

饱和蒸汽的溶解携带的特点：有明显的选择性，即溶解物质的能力有很大差异，也称选择性携带；溶解携能力随压力提高而增大。具体如图 4-27 所示。

由图 4-27 可以看出，在 16.0MPa 以下，磷酸盐在蒸汽中的溶解携带能力很低，饱和蒸汽总携带几乎就是机械携带，但是一些物质，例如 SiO_2、铁的氧化物、铜的氧化物、铝的化合物和硼酸，即使在较低的压力下也显示了显著的溶解携带能力。

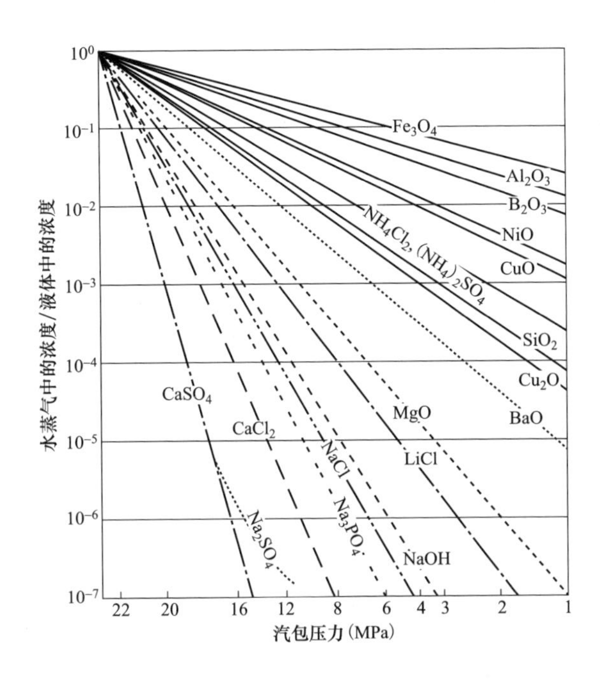

图 4-27　炉水中各种物质不同压力时对应的溶解携带系数

针对该电厂过热器管的实际积盐情况，以磷酸盐为例来进行分析。在蒸汽压力为 16.0MPa 时，饱和蒸汽中磷酸盐溶解携带系数约为 0.03%；压力为 18.0MPa 时，磷酸盐溶解携带系数约为 0.10%；压力为 19.0MPa 时，磷酸盐溶解携带系数约为 0.25%。因此，汽包运行压力对蒸汽的溶解携带能力影响很大。该电厂两台机组满负荷运行时，汽包压力约为 18.4MPa，磷酸盐溶解携带系数约为 0.18%；为了提高屏过吊挂管内蒸汽流速，锅炉厂封堵掉过热器入口旁路，旁路封堵后，满负荷运行时汽包运行压力基本在 18.7MPa，这时 Na_3PO_4 溶解携带系数将增加至 0.22%，这对于降低蒸汽含盐量非常不利。

3. 减温水溶解携带

由于过热器采用两级减温来调整主蒸汽的温度，如果减温水的品质不好，会直接导致主蒸汽被污染。

减温水一般设计为给水泵出口水，如果给水水质不好，给水（即减温水）中就会含有较多的杂质，这时减温水会直接污染过热蒸汽。

四、过热器严重积盐原因分析

该电厂1、2号锅炉过热器管积盐主要发生在过热器入口段的屏过吊挂管，喷水减温之前，因此，本次过热器积盐与减温水无关。

根据垢的成分（主要成分为铁的氧化物、磷酸盐和硅酸盐）以及饱和蒸汽 Na^+含量和氢电导率分析结果，判断过热器管内壁盐垢来自汽包炉水。

饱和蒸汽机械携带的炉水水滴在进入过热器后，由于受热蒸发，水滴中的盐分大部分会沉积在管子内壁。根据该电厂1、2号锅炉过热器积盐的程度和位置，对比同类型机组积盐情况，推测饱和蒸汽带水较多。饱和蒸汽带水较多的原因分析如下：

1. 汽水分离装置损坏

由于两台机组在试运期间进行了多次恶劣工况的试验，如RB试验，这些试验过程中，锅炉负荷速率变化非常大，导致汽包内压力和水位大幅度急速变化，这种变化过程中饱和蒸汽必然带水较多。另外，这种变化过程中，可能导致旋风分离器、百叶窗干燥器、汽包夹层损坏，使汽水分离效果降低，或者一部分炉水发生短路没有进行汽水分离。

爆管停机后进入汽包检查，发现两只汽包旋风分离器的顶帽脱落，不少汽包分离器顶帽松动。这可能是汽水分离能力下降，蒸汽带水的原因。

2. 汽包实际运行水位偏高

第三次爆管后，运行人员将汽包运行水位（差压水位）由−80mm降低至−100mm，低温过热器出口温度平均大约升高3℃。可见将汽包运行水位降低后，饱和蒸汽带水量明显减少，由此判断汽包实际运行水位偏高是造成饱和蒸汽带水量大的主要原因之一。

停机后进入汽包检查，发现汽包内实际水位线在正常水位的+40～+60mm 以上，较 DCS 显示水位明显偏高。汽包实际运行水位明显高于 DCS 显示水位，造成汽包水位偏高，导致汽水分离效果变差，饱和蒸汽带水较多。

3. 在线化学仪表监测结果不能正确反映现场水汽品质的真实情况

水汽品质在线监测仪表如钠表、氢电导率表、硅表等在线化学仪表不能正常投运，运行人员长期依靠离线化验数据监测水汽品质和调整炉内加药。由于离线化验数据不能及时准确反映实际水汽品质（特别是饱和蒸汽的情况），导致运行中没有发现饱和蒸汽带水现象。

五、防止过热器积盐的措施

（1）在保证炉水 pH 值合格的前提下，最大限度的减少炉水磷酸盐的加入量，从爆管后实施的效果来看，蒸汽 Na^+含量和氢电导率明显降低，屏式过热器吊挂管也没有再发生严重积盐导致的爆管。

（2）建议对锅炉进行专门的锅炉热化学试验和炉水处理优化试验，由试验得出汽包最高允许水位、炉水最高允许含盐量以及锅炉最大允许负荷和负荷变化速度。因此，建议在未进行锅炉热化学试验之前，尽量减少机组负荷剧烈变动，保持汽包水位稳定，从而减小饱和蒸汽带水，减轻过热器积盐。

（3）对汽包差压水位计（DCS 显示水位）进行校核，确保汽包实际运行水位与 DCS 显示水位一致。同时对化学仪表进行在线检验校准，以提高化学监督的准确性和可靠性。

六、结论和建议

（1）导致屏过吊挂管过热器严重积盐的原因是饱和蒸汽带水较

多；引起饱和蒸汽带水主要原因是汽水分离装置损坏和汽包实际运行水位偏高；在线化学仪表测量不准确，不能反映现场水汽品质的真实情况，导致水质控制和炉内加药出现较大偏差，未能及时发现饱和蒸汽带水异常现象。

（2）水汽（氢）电导率、pH 值、Na^{+}、溶解氧一定要依据在线表的测定结果作为控制依据。

（3）采用精处理混床出水电导率作为氢型运行终点的判定依据，当混床出水电导率大于 0.15μS/cm，退出运行进行再生处理。即混床出水测定直接电导率，混床母管测定氢电导率。精处理除盐后水质控制指标按 GB/T 12145—2016《火力发电机组及蒸汽动力设备水汽质量》要求，当任一指标超标时，氢型混床均应退出运行进行再生处理。

（4）氢交换柱逆流运行时，尽量将树脂填满，以保证运行中树脂不会出现乱层现象。氢交换柱内阳树脂失效达到 3/4 高度时就及时更换树脂，失效后采用动态再生的方法，以提高树脂的再生度和使用周期。

（5）凝结水精处理出口没有必要加联氨，如果给水氢电导率小于 0.15μS/cm，采用 AVT（O）处理方式，给水不加联氨。

（6）加大炉水 PO_4^{3-} 的测定频率，2h 测定一次炉水 PO_4^{3-}，严格控制炉水 PO_4^{3-} 含量，在保证炉水 pH 值合格的前提下，最大限度的降低炉水 PO_4^{3-} 含量。

第九节　碱腐蚀引起的锅炉水冷壁泄漏

一、情况简述

9 月 27 日，某电厂 2 号锅炉水冷壁发生泄漏。具体部位为 HXDC7

吹灰器向炉右数第 4、5、6 根（试样分别命名为 4、5、6 号），如图 4-28 所示。发生泄漏的水冷壁管材质 20G，规格ϕ45mm×6mm，内螺纹管，管材从机组安装后未更换过。机组投运后未进行过酸洗。2 号机组于 2010 年 5 月投产发电，锅炉为 SG-1120/17.5-M732 型亚临界、一次中间再热、单汽包、控制循环、固态排渣煤粉炉。

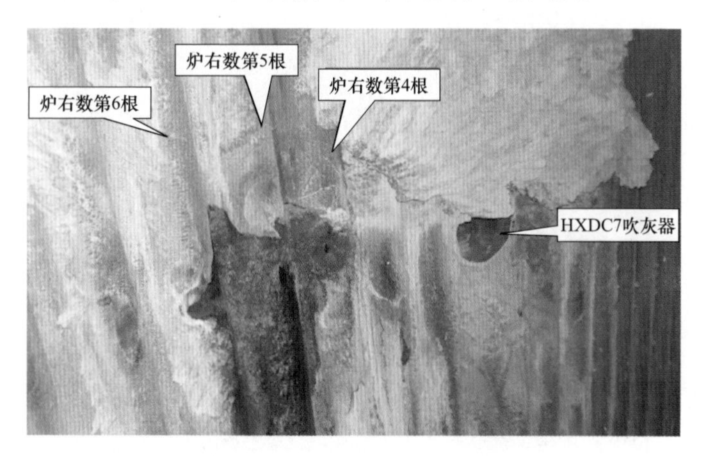

图 4-28 泄漏现场宏观形貌

二、检查情况

1. 宏观检查

泄漏管样取下后，宏观形貌见图 4-29。三根管均未见明显的过热迹象，无明显由吹灰器吹损特征。通过相互吹损关系，可判定泄漏的先后顺序。宏观检查 HXDC7 吹灰器炉右数第 5 根，泄漏部位存在明显减薄且存在局部鼓包特征，符合第一泄漏点的特征，见图 4-30。其减薄部位向火侧内壁存在黑色、块状腐蚀产物，对应部位管壁发生减薄，见图 4-31，相比附近的其他管子内壁未见明显腐蚀特征。

2. 成分检测

对泄漏区域附近的同标高管子向火侧进行了测厚检查，未见到异常减薄；采用合金分析仪对 3 个试样合金元素含量进行检测，检测结果显示 Mn 含量为 0.35%～0.69%，材质为碳钢，所检测元素含量符合 20G 要求；对 3 个试样管样宏观无损伤部位取纵向弧形试样，进行室温拉伸试验，抗拉强度符合标准要求。

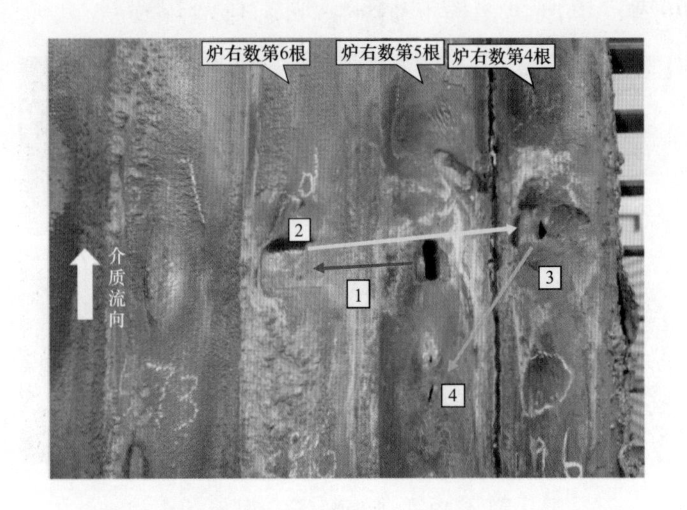

图 4-29 泄漏区域宏观形貌及泄漏顺序（向火侧）

图 4-30 C7 吹灰器炉右数第 5 根宏观形貌

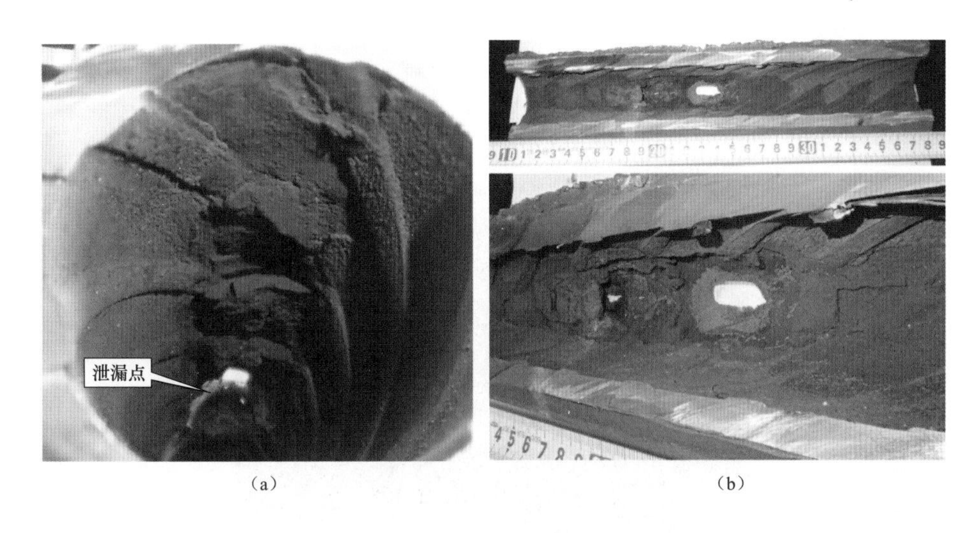

图 4-31 HXDC7 吹灰器炉右数第 5 根向火侧内壁宏观形貌及腐蚀减薄特征

（a）现场内壁宏观形貌；（b）实验室纵向剖开后向火侧内壁

3. 金相检测

从图 4-32 中所示部位取样进行金相检测，检测结果显示：

（1）首先泄漏口的很小范围内存在晶粒变形、组织老化特征，远离泄漏口的向火侧金相组织均为正常组织，且内壁无明显氧化层、脱碳层、裂纹类特征。可见，发生延性开裂与向火侧内壁存在传热差的腐蚀产物存在直接关系。

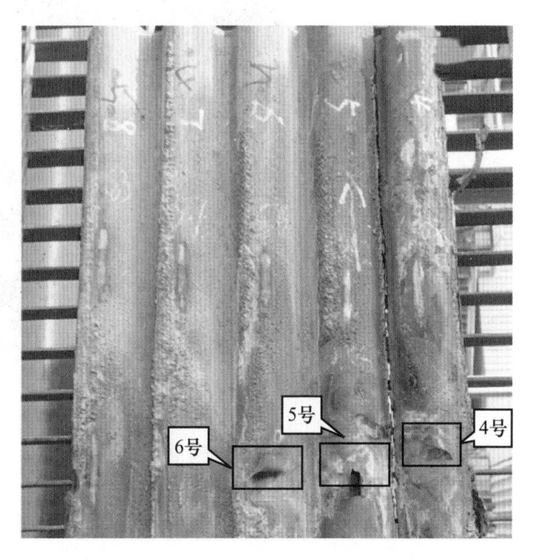

图 4-32 金相取样示意图

（2）首先泄漏口的下游、两侧相邻管的金相组织均正常。可排除区域过热、单根管过热的可能性。

4. 腐蚀物检测

从图 4-33 所示部位取样在电子显微镜观察形貌，并进行能谱检测。内壁黄色区域电镜能谱分析结果见图 4-34。

腐蚀产物能谱检测表明：腐蚀产物主要为铁的氧化物；局部区域发现较为集中的铝、硅元素。

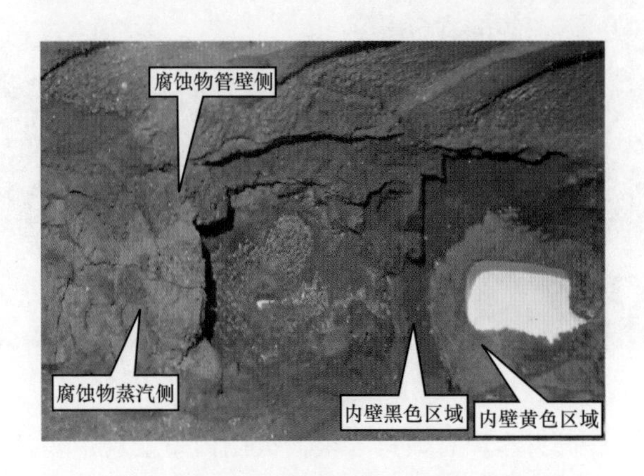

图 4-33　爆管部位取样

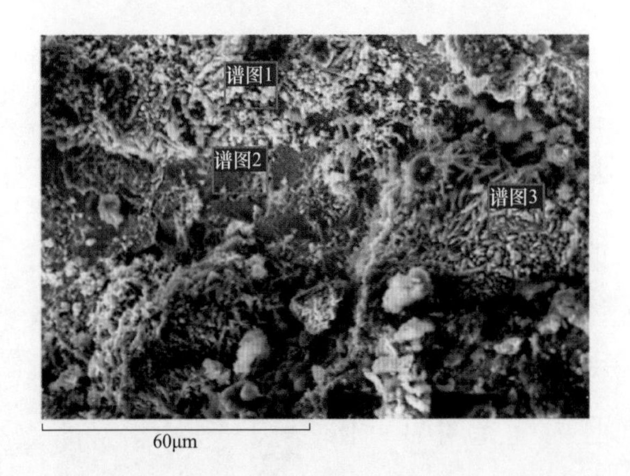

图 4-34　黄色区域电镜能谱分析

三、初步检查结果

（1）泄漏口向火侧内壁存在大量黑色、块状的腐蚀产物，泄漏点内壁向火侧发生严重腐蚀，向火侧局部管壁不断减薄，最终发生泄漏。腐蚀物附着于向火侧内壁影响管材换热，导致泄漏点局部出现过热特征。

（2）三根样管均无宏观泄漏特征、无长期过热特征。首先泄漏点除了泄漏口边缘轻微过热，且无相变组织，其他部位金相组织未见异常，可排除过热因素导致的泄漏。首先泄漏口存在塑性变形特征，泄漏口边缘及附近未发现内壁沿晶腐蚀裂纹、严重脱碳等特征，可排除氢损伤。

（3）腐蚀发生在向火侧内表面，腐蚀坑呈凿槽型，腐蚀产物呈疏松层状，腐蚀产物下的金属基体仍保持原基本性能，管子损伤特征为延性而非脆性，无脱碳现象。结合泄漏部位、泄漏宏观特征、金相检测、能谱检测结果，认为泄漏原因为沉积物下的介质浓缩腐蚀。现场内窥检查：发生泄漏的区域仅发现泄漏管内壁向火侧存在明显的腐蚀产物，表明所检查区域是单根管发生了介质浓缩腐蚀（如单根管内壁可能存在铁锈等沉积物）。

综合现场检查和实验室初步试验结果可以初步判定是发生介质浓缩的碱腐蚀。

四、原因分析

（1）水质调查显示：该电厂炉水采用氢氧化钠处理方式，NaOH 含量平均值在 0.8～1.5mg/L 之间，远超过 DL/T 805.3—2013《火电厂汽水化学导则　第 3 部分：汽包锅炉炉水氢氧化钠处理》中规定的 0.2～0.6mg/L 的要求；凝结水精处理周期制水量只有 50000～70000m^3，经常出现氨化运行的情况。

（2）炉水中游离碱含量高于安全含量（大于 1mg/L）是发生碱腐蚀的必要条件，但并不是充分条件。发生碱腐蚀的必要和充分条件是炉水中存在过量游离碱且水冷壁管存在局部过热。运行中的汽包锅炉在水冷壁管内表面总是附着一层液膜（次层流层）。经典的传热学理论表明热流量与总温差成正比，与总热阻成反比。因此，附着在炉管内壁上的这层热阻必然产生一定的温度降落。由于炉管内表面温度高出管内压力所对应的饱和温度，液膜内炉水便会蒸发浓缩。直到其蒸汽压下降到炉水压力为止（根据溶液热力学理论中稀溶液的依数性，盐浓度增加会使水溶液蒸汽压降低）。如果洁净的水冷壁管的内表面温度比炉水饱和温度高 2.8℃，且只考虑炉水中的 NaOH，则可以算出此时与炉管表面接触的液膜 NaOH 浓度高出炉水 1000 倍，而在某些过热点上，炉管内表面温度甚至可高出炉水饱和温度 30℃，NaOH 的浓缩将是非常惊人的。

（3）NaOH 充分浓缩时（浓度大于 5%），钢表面的磁性氧化铁保护膜就会被溶解，裸露出钢的活性表面。受到碱腐蚀的炉管表面呈凿槽型，所以通常也将炉管碱腐蚀简称为苛性槽蚀。这是碱腐蚀的一个很容易识别的外观特征。此时管子未失去延展性，但如果不采取制止措施，凿槽会不断扩大而最终导致管子损坏。

（4）碱腐蚀的部位一般发生在水冷壁管的向火侧，通常是在一个或多个流动干扰使炉水杂质发生沉积的地方，主要有焊接接口、向火侧有较多水垢处、炉管的方向骤变处及管子内径改变处等；高热负荷部位，如喷燃器附近；容易出现膜态沸腾的部位，如水平管及斜管处。

五、措施及建议

（1）结合现场检查和试验分析结果认为，导致本次水冷壁泄漏的原因是位于高温区的首先泄漏管 5 号管内壁发生了腐蚀，局部管壁不断减薄，最终无法承受内压而发生泄漏。考虑到腐蚀发生在水冷壁向火侧内壁，较为隐蔽，检查难度大。即使对整个高温区全部进行宏观检查，也存在一定的漏检风险。

（2）对首先发生的泄漏管的整个管路进行检查，确认是否存在导致流速减慢或局部沉积的其他因素。

（3）对热力系统水汽运行状况进行调整，严格执行 GB/T 12145—2016《火力发电机组及蒸汽动力设备水汽质量》及 DL/T 805.3—2013《火电厂汽水化学导则　第 3 部分：汽包锅炉炉水氢氧化钠处理》的水质标准，同时对凝结水精处理运行进行调整，减少氨化运行对碱腐蚀的影响。

（4）停机后可以扩大割管的区域和范围，结合割管的垢量分析的结果，确定是否需要开展锅炉酸洗工作，以免其他部位出现垢下腐蚀。

第五章

定冷水系统

发电机空心铜导线主要由纯铜或铜的低银合金制成。虽然这些金属的化学稳定性很好，但由于冷却水中存在多种腐蚀性物质（如 O_2、CO_2 等），以及散热电流的影响，空心铜导线的腐蚀仍然存在，甚至还相当严重。一方面腐蚀会引起定子冷却水中铜离子增加，导致发电机泄漏电流的增加；另一方面腐蚀产物在空心铜导线内的沉积，有可能使空心铜导线内部发生堵塞，从而导致铜导线的温度上升，绝缘受损，甚至烧毁。

第一节　发电机内冷水碱性低氧防腐蚀原理

一、情况简述

大型发电机定、转子绕组采用水内冷技术较好地解决了内部散热问题，使发电机温升得到了有效的控制，为发电设备长期安全稳定运行提供了必要的保障。随着发电机水内冷技术的不断进步，特别是国外先进制造技术的引进，近些年发电机内冷水系统故障有了明显下降，但依然是造成发电机非计划停运的主要原因之一，特别是铜线圈腐蚀以及水管堵塞故障的现象依然时有发生，这是因为虽然在设计、材料、工艺等方面的技术进步对防止水系统机械性故障的发生有了较大改善，但目前国内火力发电厂在内冷水系统设备的运行、维护和管理等方面，还存在一定的问题。发电机长期安全稳定运行对内冷水质的要求比较高，某些技术指标达不到要求，特别是电导率和 pH 值超标运行，可能会产生很严重的后果。因此，相应的国家标准、电力行业标准、机械行业标准，以及原国家电力公司颁布的防止发生重大电力生产事故的措施中，都专门对发电机内冷水水质控制做出了规定。

通过介绍发电机内冷水系统的工作原理和相关参数控制的理论基础，从理论上对内冷水质控制不当可能产生的危害进行了阐述，并介绍了优化内冷水系统控制的有效手段和重要措施。

二、发电机内冷水系统的结构

1. 定子绕组水内冷却

定子绕组水冷却回路是从水箱流出的水经过泵、冷却器、主过滤器、汇流管，流入定子绕组，最后再回到水箱。当水经过主过滤器后，有 5%～10%的水分流到混床净化。主回路水压、水温可以调节，氧含量由于水箱中氮的存在而得到控制。

2. 定子和转子绕组水内冷却

水冷却转子绕组需要采用专用措施来密封其定子部分与转子部分的过渡通道。主回路的水从水箱经过水泵，流入冷却器和主过滤器。水流过主过滤器后，一半将进入定子绕组，另一半则进入转子绕组。定子绕组排放出的冷却水直接流回水箱，而转子绕组流出的冷却水要经过水接头才返回到水箱。

三、运行中冷却回路的化学性及干扰

1. 水的中性控制

实验研究证明，冷却水质酸碱度为中性，含氧量低、净化度高、导电率低，不含其他化学物质，这样才能达到最佳功效。在实际运行中发现，在水中若注入微量的氧，它将立即与铜表面产生化学反应，此时的闭环系统其含氧量浓度小于30μg/L。由于不断对支流进行净化，其水的电导率将会维持在约0.11μS/cm。定子冷却水调节系统设置了大量的部件和设备，在系统没有受到干扰结构紧密的情况下这些部件将可靠运行。若水泵、阀门及其管件等部件结构不紧密，在有空气介入的情况下，将会造成由于结构引起的干扰，也会产生氧化铜沉淀物。

铜的腐蚀率取决于水中的氧浓度和pH值，当氧浓度为200～300μg/L时，铜的腐蚀率最大。随着pH值的增加，腐蚀率将降低，当pH值达到一定值时，腐蚀率已接近零了，见图5-1。对比结果表明，在不考虑氧化层的条件下，在低氧化还原电势下（氧浓度小于100μg/L），将形成Cu_2O；在高氧化还原电势下（氧浓度大于100μg/L），将形成CuO。氧化铜的溶解度取决于pH值以及铜的化合价。在pH＜8时，Cu_2O的溶解性比CuO低得多。

随着pH值的降低，氧化铜的溶解度将大幅度升高。pH=8～9时，这两种氧化铜的溶解度都将很低，可达到碱性度的要求。当pH＞9时，在室温下，其溶解度又会升高。氧化铜的溶解度还与温度相关，当温度逐渐升高时，其最小的溶解度向pH值降低的方向移动。

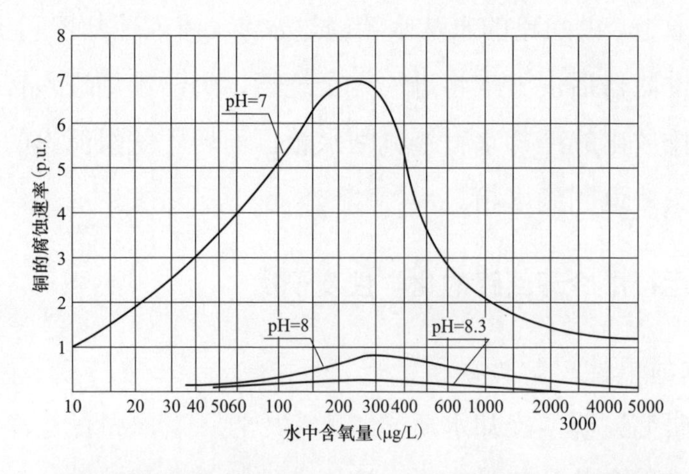

图5-1　铜的腐蚀速率与水的pH值及水中溶解氧含量的关系曲线

一个密闭的冷却系统是平衡的，不会产生任何问题。但是如果有空气进入，由于 CO_2 的影响，pH 值将降低，铜腐蚀率会升高，溶液中 Cu^+和 Cu^{2+}将随之增加，氧化铜溶解度也将升高。同时氧化还原电势也将升高，这将形成大量的比 Cu_2O 溶解度高的 CuO。若氧气只是瞬间进入，如空气瞬间泄漏，氧气将会很快被混床消耗，二氧化碳将被释放出来，氧化还原电势将下降，pH 值将上升。这将使 CuO 溶解度降低，产生沉淀，从而导致空心导体有沉淀。

除了机械部分有沉淀外，在高干扰区域内，溶液过饱和也会产生晶体沉淀，这就是管壁波纹形成的原因。若水流流速受限的情况没有被及时纠正，被冷却的导体将因此发生局部过热，甚至破坏导体绝缘，最终会熔化定子线棒。

当水流流速受限时，可以通过对各单个线棒水流量和温度等参数的变化，确认内冷水管路被堵塞的状况。若有沉淀物则可酸化清洗掉。清洗溶液的选择取决于阻塞物的类型，比如是氧化铜还是金属铜。若冷却水为中性，在空气饱和的状态下，将产生高溶解度的 CuO，同时也将增加铜的腐蚀度。

2. 水的加碱低氧控制

在 pH=8～9 时，只产生微弱的铜腐蚀和溶解氧化铜现象。采用注入碱液的方法目前已被证实是安全可靠的，并被国外制造商作为标准方法，其特点是在流过离子交换混床的回路中注入碱液。为了方便测量装置监控碱液的浓度，在水纯度最高的地方注入碱液溶液。碱液由泵注入到水处理回路。因电气绝缘的因素，主回路水的电导率不应超过 11.5μS/cm，pH 值要维持在 8～9 之间。阳离子交换后的电导率用于监控混床内负离子交换树脂的性能。为了避免产生过低的氧化还原电势和铜离子减少的现象，定子和转子冷却水的含氧量应保持在 10～30μg/L，定子绕组水氢氢冷却水要求含氧量要保持不大于 30μg/L。

在加碱低氧状态下，铜含量实际可以做到小于2μg/L。这些值表明铜的腐蚀率是极低的。应对定子和转子绕组冷却水的电导率和氧进行连续监控，其他测量项目可一个月进行一次检测。

冷却水采用加碱低氧量的最大优势是受空气进入的影响不大。pH=8～9时，氧对铜的腐蚀没什么影响，CO_2对pH值的影响也甚微。整个冷却系统有足够的缓冲能力。除了监控诸如电导率、氧含量等重要的化学控制参数外，还要监控以下参数，以供报警：①定子单根线棒温度和不同槽间温差；②各分支路出水温度和温差；③液压参数（压差、流速等）。

四、结论

（1）冷却水采用加碱（氢氧化钠）低氧量的最大优势是受空气进入的影响不大。pH=8～9时，氧对铜的腐蚀没什么影响，CO_2对pH值的影响也甚微。整个冷却系统有足够的缓冲能力。

（2）发电机冷却系统还存在着诸多问题，最为突出的是由于空气的进入，将造成水流限制。冷却回路运行于低氧、高纯净度的pH=8～9的碱性水中，这样就有效地控制了沉淀形成，并且将主回路水的氧含量保持在10～30μg/L，可避免转子绝缘管内形成导电层。

第二节　发电机漏氢致内冷水水质异常原因分析

一、情况简述

某电厂两台600MW机组发电机为三相隐极式同步发电机，型号为QFSN-600-2YHG，冷却方式为水氢氢，2号机组经过A级大修后，启动并网一天后出现内冷水水质异常现象，pH值由6.7降至5.7，电导率由 1.74μS/cm 升至 5.5μS/cm，内冷水 pH 值没有因为除盐水的大量换水而有所变化，投加 1mol/L 的 NaOH 溶液 300mL 也仅使 pH 值最高升到 5.95，又随后降至 5.68。

通过查漏发现定冷水箱上排气口有 H_2 漏出，检测氢含量 97%，10h 后检测定冷水箱上排气氢含量 96.5%。于是，对 2 号机组进行停机查漏、堵漏处理。通过查漏，发现漏点位置为定子冷却水进水母管波纹补偿器波纹管与不锈钢法兰接口焊接处，存在砂眼裂纹。漏点补漏处理后启机，补氢量符合规程要求，且内冷水水质恢复正常。

二、原因排查分析

（1）内冷水回水箱管入口位置过高，使没有封闭的水箱水位表面在回水的搅拌下与大气充分接触，大气中的 CO_2 能够影响到内冷水的 pH 值及电导率。实际检查该机组内冷水回水箱管入口位置并不高，而且该机组已经运行多年，如果该问题有影响应该早出现，不会突然发生，所以这种影响的可能性很小，可以排除。

（2）内冷水循环泵机械密封漏空气。机械密封漏入的空气在随泵体打水的过程中，也会将空气中的 CO_2 带入，同样会影响到内冷水的 pH 值及电导率。这种可能性通过对内冷水循环泵泵体检查，未发现问题而随之排除。

（3）冷却水漏入内冷水而影响水质，冷却水中的杂质离子也会随着冷却水交换器的泄漏而进入内冷水中，影响内冷水的 pH 值及电导率。该机组冷却水为闭式冷却水，补充的是除盐水，而且内冷水循环泵出口压力为 0.8MPa，交换器出口压力为 0.6MPa，定子冷却水入口压力（表压）为 0.26～0.28MPa，两者存在压差，如果有漏入也应该是内冷水漏入到冷却水中，不会是冷却水漏入到内冷水中影响内冷水水质，所以冷却水漏入的可能性可以排除。

（4）内冷水中漏入 H_2 的影响排除以上三种可能性后，能影响到内冷水水质的另一种可能原因就是有 H_2 漏入内冷水中。纯 H_2 本身不会对内冷水的 pH 值及电导率产生影响，但 H_2 中有杂质气体如空气及 CO_2 气体却影响到内冷水的 pH 值及电导率。空气及 CO_2 气体的来源包括发电机排氢、充氢、置换气体。

（5）每次发电机充 H_2 的过程是，先用 CO_2 置换发电机内的空气至排气口检测 CO_2 纯度达到 86%时停止置换，再用 H_2 置换发电机内的 CO_2 至排气口检测 H_2 纯度达到 98%时停止。置换达不到 100%，所以用于置换的残余气体会存在于最终的 H_2 中。发电机 H_2 要求控制纯度 98%（运行中发电机内 H_2 实际纯度在 98%左右，当发电机 H_2 纯度下降至最低允许值 97%时，应立即采取补排氢的方法提高发电机 H_2 的纯度），H_2 中主要的杂质气体还是以空气及 CO_2 气体为主。

三、CO_2 影响的理论计算

1. 封闭体系

随 H_2 漏入的 CO_2 在定子铜导线内与内冷水进行溶解的进程符合亨利定律，则内冷水中 CO_2 的平衡浓度［$H_2CO_3^*$］由下式计算出

$$[H_2CO_3^*]=\rho\times p/(E\times M_s) \tag{5-1}$$

式中：E 为亨利系数；ρ 为溶液密度，kg/m^3，按纯水计算，即 ρ=1000kg/m^3；M_s 为 H_2O 的分子量，M_s=18g/mol；p 为 CO_2 在气相中的分压，等于混合气体总压×CO_2 的摩尔分率 y，kPa。机组在运行时发电机汽轮机侧（或励磁机侧）的压力为 0.3MPa。如果有氢气漏入内冷水系统，其压力必定大于 0.3MPa。假设气相压力与液相压力相等，则 $p=300y$。由于定子导线内内冷水温度为 60℃，因此上述公式中的系数均取 60℃的值。

与气体 CO_2 平衡的内冷水中存在的各种物质有 CO_2(aq)、H_2CO_3(aq)、

H^+、HCO_3^-、CO_3^{2-} 和 OH^-。由 $[H^+]=[HCO_3^-]+2[CO_3^{2-}]+[OH^-]$，根据弱电解质解离平衡可推出

$$[H^+]^3-K_1[H_2CO_3^*][H^+]-2K_1K_2[H_2CO_3^*]-K_W[H^+]=0 \quad (5\text{-}2)$$

式中：K_1 为表观一级电离常数；K_2 为二级电离常数；K_W 为水的离子积。

25℃时溶液的电导率为各离子浓度和相应的极限摩尔电导率乘积之和，即

$$\begin{aligned}电导率&=349.82\times[H^+]\times10^3+44.48\times[HCO_3^-]\times10^3+72\\&\quad\times[1/2\,CO_3^{2-}]\times10^3+198\times[OH^-]\times10^3\end{aligned} \quad (5\text{-}3)$$

根据式（5-3）可计算出各离子浓度对电导率的影响。

假设 H_2 中 CO_2 体积含量分别为 2%、1%及 0.3%。由式（5-1）～式（5-3）得出 H_2 中 CO_2 的不同含量对各离子物质的量、pH 值及电导率的影响，见表 5-1。

表 5-1　H_2 中 CO_2 的不同含量对内冷水中各离子物质的量、pH 值及电导率的影响

CO_2 的含量（%）	$[H_2CO_3^*]$（mol/L）	$[H^+]$（mol/L）	$[HCO_3^-]$（mol/L）	pH 值	电导率（25℃，μS/cm）
2	9.64×10^{-4}	22.0×10^{-6}	22.0×10^{-6}	4.66	8.68
1	4.82×10^{-4}	15.6×10^{-6}	15.6×10^{-6}	4.81	6.15
0.3	1.45×10^{-4}	8.54×10^{-6}	8.52×10^{-6}	5.07	3.37

注　$[1/2\,CO_3^{2-}]$ 及 $[OH^-]$ 由于数量级都在 10^{-10} 左右，在计算电导率时作忽略处理。

由表 5-1 可见，定子线圈内与漏入 CO_2 达到平衡时内冷水的 pH 值最低为 4.66，电导率（25℃）最高为 8.68μS/cm。

2. 敞开体系

由于该水箱没有封闭，回流到内冷水箱内的内冷水与大气相通，假设溶解的 CO_2 析出与大气能够达到平衡状态，则内冷水中 CO_2 的平

衡浓度［$H_2CO_3^*$］由式（5-1）计算。

平衡条件：空气中 CO_2 含量按体积约为 0.03%，典型大气中 CO_2 分压为 3.2×10^{-5}MPa，水箱中内冷水温度为 60℃，亨利系数 $E=3.46\times10^5$kPa（60℃），则［$H_2CO_3^*$］$=5.14\times10^{-6}$mol/L。K_1、K_2、K_W 均取 60℃值。通过计算，［H^+］$=1.64\times10^{-6}$mol/L，此时水的 pH=5.79。其余离子物质的量为［H^+］$=1.64\times10^{-6}$mol/L，［HCO_3^-］$=2.58\times10^{-6}$mol/L 换算成 25℃时的电导率为 0.68μS/cm。

水箱内内冷水与大气中 CO_2 达到平衡时的内冷水的 pH=5.79，电导率为 0.68μS/cm。

四、现场取样检测

（1）细口磨口瓶中装满除盐水，从 2 号机组氢气干燥器处取样口引氢气入瓶底部，用便携式 pH 值表连续检测瓶中除盐水 pH 值从 6.8 不断下降，降至 5.11 左右。

（2）用吸收法对 2 号发电机内 H_2 中 CO_2 含量进行取样分析，为 1.0%，远高于大气中 CO_2 浓度，该机组当时漏氢量为 23m^3/d，漏入的 CO_2 量为 0.23m^3/d。大量漏入的 CO_2 可使内冷水 pH 值降低很多，即使当时用除盐水大量置换水及加碱液的方法，都不能控制住内冷水的 pH 值。

五、教训及建议

（1）发电机内冷水是纯水，缓冲性很小，即使有少量 CO_2 进入，也会使水的 pH 值急剧下降，最低 pH 值可降至 5 以下，使铜落入腐蚀区，铜表面的保护膜受到破坏，导致严重腐蚀，另外 CO_2 还会和氧联合作用，使铜表面的氧化铜保护膜转变为碱式碳酸铜。由于碱式碳酸铜是一种绿色的疏松产物，在水流冲刷下易于剥落，使水中溶解铜的含量增加。

（2）H_2 有还原作用，能使氧化物（如氧化铜）还原，还原出来的铜会在定子导线温度高的地方析出，形成不均匀镀铜现象，造成定子管路通流面积减小、阻力加大、冷却散热能力下降、发电机线棒过热。

（3）内冷水电导率升高，会使内冷水导电性能增强，引起发电机导线对地短路，导致泄漏电流和能量损耗增加，严重时还会发生电气闪络。

（4）在发电机内冷水水箱上设置气体微正压报警装置，以便及时发现内冷水漏氢，防止事故扩大。

（5）发现内冷水 pH 值及电导率发生变化时，特别是 pH 值低至与大气平衡时的理论值及电导率超过标准值时，除了考虑是内冷水树脂失效原因外，要重点排查发电机漏氢点。

第三节　发电机内冷水异常引起的机组非停分析

一、情况简述

某电厂在夏季用电负荷高峰时，检查发现发电机氢气有泄漏，每日补氢量超过 $10m^3/d$（标况下），由于频繁补氢操作，导致 1 号发电机组内冷水处理装置树脂失效，内冷水指标劣化，具体表现为 pH 值由 8～9 下降至 7 以下，从而导致内冷水系统铜含量升高，发电机内冷水的 pH 值越来越低。

发电机内冷水采用氢型混床-钠型混床（分床处理工艺）处理法，如图 5-2 所示。按照 DL/T 1039—2016《发电机内冷水处理导则》要求，通过调节 pH 值控制铜导线腐蚀的处理方法，定子冷却水 pH（25℃）=8.0～9.0，电导率小于等于 2μS/cm，铜离子小于等于 20μg/L。

为了降低内冷水系统腐蚀，同时抢发电量，采用了补入除盐水置换内冷水方式来降低系统内铜含量，但该方法只能在短时间内有效，无法从根本上抑制系统内铜的腐蚀速度（7 月 1 号机组内冷水铜含量见表 5-2）。

表 5-2　7 月中旬 1 号机组内冷水铜含量

时间	7.16	7.17	7.18	7.19	7.20
铜含量（μg/L）	125	84	58	48	55

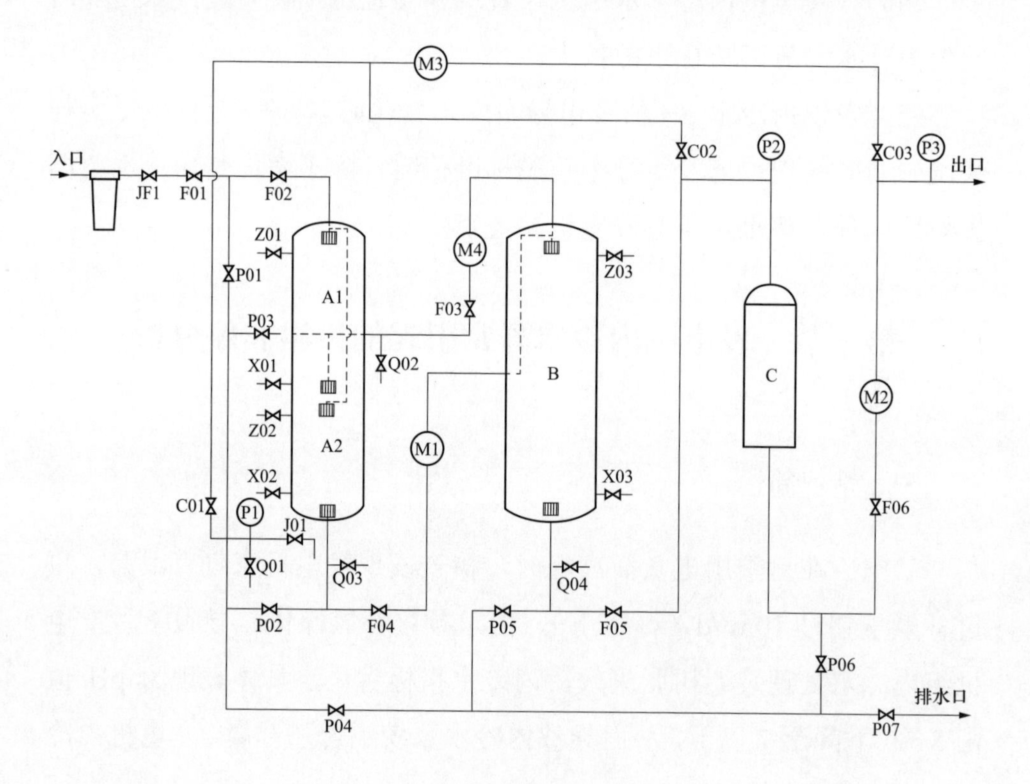

图 5-2　内冷水处理装置示意图

7 月 19 日发电机内冷水 pH=7.15～7.26，电导率为 20.347～0.355μS/cm；为了从根本提高 1 号机组内冷水水质，降低系统铜腐蚀速率，减少内冷水中铜含量，根据铜腐蚀机理，采取向 1 号机组内冷水系统投加 NaOH 的方法来提高 pH 值。由于电厂目前使用的内冷水处理设备并未设置加碱装置，因此先清空钠离子交换器中的钠型树脂，并向钠离子交换器（约 90L）中加入 10%NaOH 溶液 2L，后加满除盐水，计算可知钠离子交换器中碱液浓度约 0.2%，（DL/T 1039—2016 中规定加碱处理方法中氢氧化钠溶液浓度为 0.1%～0.5%）。

7 月 20 日 10 时，对内冷水通药管道先用定冷水进行冲洗直至钠离子交换器出口电导率与定冷水箱出口电导率平衡。10:38 打开阀门 JF1、F01、F02、P01，微开钠离子交换器排污阀 P03，打开排污隔绝阀 P04、阴离子交换器排污阀 P05、阴离子交换器出水阀 F05 及出水过滤器出水阀 F06，将 NaOH 溶液加入内冷水系统，同时监视处理装置出口及发电机定子线圈进水电导率表，10:39 就地发现发电机定子线圈进水电导率快速上升，立即关闭钠离子交换器排污阀，停止向系统加入 NaOH，10:39 定子线圈进水电导率继续上升至 7.92μS/cm。

10:39:51，1 号发电机 2501 断路器跳闸，机组 MFT。就地检查发电机-变压器组保护屏，发电机-变压器组（B 柜）第二套保护注入式定子接地保护跳闸。

二、原因分析

1. 继保设备现场情况

继电保护装置动作发生后，调取保护装置动作报告以及故障录波器波形，从保护装置启动时刻数据可发现，机端三相电压为 59V 左右，且三相平衡。机端和中性点电压（基波有效值）分别为 0.26、0.28V，发电机中性点零序电流几乎为 0，发电机注入低频电压、电流分别为 0.816V、2.09mA，定子接地电阻为 397Ω。

从故障录波器录波波形得知，录波启动之后，机端三相电压平衡，定子三相电流平衡，机端和中性点电压（基波向量值）分别为 0.6、

0.7V。从上述数据判断，发电机机端和中性点零序电压很小，远小于95%定子接地保护定值，所以A套发电机-变压器组接地保护未动作。

B套注入式定子接地保护在故障时刻检测到的20Hz低频电压、电流分别为0.816V、2.09mA，计算出来的定子接地电阻为397Ω，达到注入式定子接地保护动作定值（其中高值为12kΩ，动作/报警；低值为4.5kΩ，动作/停机）。注入式定子接地保护是在发电机中性点接地变压器二次侧注入20Hz的低频电源，通过接地变压器耦合到一次侧。

2. 一次设备现场情况

1号发电机定子线圈进口冷却水电导率在非停故障发生前，最高时达到7.9μS/cm，远大于2.0μS/cm的运行上限，查阅1号发电机运行使用说明书，制造厂家明确提出定子冷却水电导率的高值为5.0μS/cm，高高值为9.5μS/cm。由于1号发电机定子冷却水电导率过高，停机后仍超过6.1μS/cm，对评价1号发电机定子对地绝缘状况产生影响。因此，首先对定冷水进行置换并调节电导率至1.5μS/cm以下。与此同时，为防止有其他接地故障点存在，将1号发电机出口电压互感器及避雷器均从柜体中抽出并开展绝缘电阻测量试验。试验结果表明1号发电机出口电压互感器及避雷器绝缘电阻数据符合相关标准要求，合格。

待1号发电机定子冷却水水质合格后，对1号发电机定子出线连同励磁变压器、封闭母线、高压厂用变压器和主变压器等设备开展绝缘电阻试验，通过与历史相近试验环境下的数据对比，认为1号发电机定子出线对地绝缘状况良好，不存在接地故障。

3. 化学分析

（1）由于使用的内冷水处理装置原理为离子交换工艺处理，通过调节三个离子交换器出水比例来控制内冷水pH值，从而降低系统铜含量，该装置本身不具有加碱功能，所设计使用阀门无法满足微量加碱的精度要求，从而导致即使微开钠离子交换器排污门，也很难控制内冷水系统需求的微量加碱要求，从而导致加碱过量，是造成此次非停的主要原因。

（2）钠离子交换器中碱液进入内冷水箱底部，同时定子冷却水泵进口管也在内冷水箱底部取水，其中A泵入口管道相距碱液进入位置不超过80cm，因此在加碱操作时，进入水箱底部的碱液很快被水泵吸走，而不能在水箱内部充分混合以达到稀释作用，从而导致少量内冷水pH值过高，是造成此次非停的直接原因。

4. 措施及建议

（1）发电机内冷水水质问题处理措施中的技术方案应严格按照DL/T 1039—2016《发电机内冷水处理导则》中的第5.2.5条规定“碱化剂溶液应采用自动控制加药装置加入”执行，在制定过程中未考虑设备实际情况，采用人工控制方式向内冷水系统加入碱化剂，导致瞬时高电导率内冷水进入发电机定子线圈，引起机组非停。

（2）发电机每天补氢量超过机组的设计要求，应及时查漏消除缺陷。

（3）根据树脂运行周期，在树脂失效前，及时开展树脂再生工作，或提前做好更换树脂的采购工作。当树脂失效导致内冷水水质异常时，应采取补入加氨后凝结水与除盐水等可靠方式来提高内冷水水质。

第四节 发电机氢气纯度快速下降原因分析

一、情况简述

某电厂两台600MW机组使用QFSN-600-2三相交流隐蔽式同步发电机，该发电机采用水氢氢冷却方式。检修发电机后，当恢复正常运行状态时，发现发电机中氢气的纯度迅速下降。氢气的纯度从97%降至96%，间隔约为72h。针对这种情况，操作人员被迫更换氢气。从置换的实际情况来分析，发电机可以简单地使用氢气来提高氢气的纯度，但是氢气消耗量超过1200m^3。如果经常采用置换方式提高氢气的纯度，则会浪费掉大量的氢气。随着氢气纯度的降低，其自身的冷却效果将逐渐变差，并且发电机本身的机械损耗将受到影响，从而增加损耗。一般而言，在氢气压力保持不变的情况下，氢气本身的纯度降低1%时，通风之间的摩擦损失将增加大约11%，如果H_2体积分数降至96%以下还易引发爆炸事故。这不仅会直接降低发电机本身的效率，而且很容易导致发电机自身组件内部的局部过热。这样，存在的一些有毒气体也会对发电机产生磨损作用，导致发电机本身各部分的绝缘老化或其他腐蚀现象，严重影响发电机的正常安全和稳定运行。

二、原因分析

对于氢冷发电机，要求其机内保持高纯度的氢气，除考虑安全因素外，主要目的在于提高发电效率。当氢气中混入空气或纯度下降时，混合气体的密度随氢气纯度的下降而增大，发电机的摩擦和通风损耗上升。美国某公司1台运行氢压为0.5MPa、容量为907MW的氢冷发电机，其氢气纯度从98%降至95%时，摩擦和通风损耗增加约32%，相当于增加能耗685kW，所以对于600MW以上的水氢氢冷却式汽轮发电机，要求其发电机内的氢气纯度不低于97%或98%。

1. 密封瓦与轴间隙大

发电机转轴与密封瓦间隙的大小是影响密封油流量的1个重要参数。有研究显示，轴瓦间隙每增大1mil（0.0254mm），空气侧密封油流量增加35%～40%，氢气侧密封油流量增加15%～20%。因此，流经密封瓦的密封油流量随发电机转轴与密封瓦间隙的增大而增大，流量越大，密封油中分解释放的空气、水汽及其他杂质气体就越多，从密封瓦处扩散至发电机内的有害气体也就越多，进而污染发电机内氢气，造成氢气纯度下降。

2. 平衡阀或差压阀

工作失常密封瓦处空、氢气侧密封油的压差通过平衡阀来调整。当空气侧密封油压发生变化时，平衡阀自动跟踪并调节氢气侧密封油的油压，使空气侧、氢气侧油微差压保持不变。当平衡阀调节失灵或故障时，会破坏空气侧、氢气侧密封油的压力平衡，使空气侧、氢气侧密封油互窜。当空气侧油压高于氢气侧油压时，空气侧密封油从密封瓦处向氢气侧窜油，空气侧油中的空气、水汽及其他杂质气体进入氢气侧密封油中；当氢气侧油压高于空气侧油压时，氢气侧密封油从密封瓦处向空气侧窜油，导致氢气侧密封油箱油位下降，氢气侧密封油箱补油阀开启，空气侧密封油补入氢气侧密封油箱，仍然会使空气侧密封油中的气体进入氢气侧密封油中。因此，空气侧、氢气侧密封油的互窜会使从主油箱来的含有空气和水分的空气侧密封油窜入氢气侧密封油中，并流经密封瓦再扩散至发电机内，最终污染发电机内氢气并影响其纯度。

另外，由差压阀维持密封油及氢气之间的压差，若差压阀工作异常，油氢压差维持不当，则可能出现密封油直接进入发电机的现象，并可能会引起平衡阀也做出相应的跟踪调整，从而加速空气侧、氢气侧密封油的互窜。

3. 密封油真空油箱真空度对氢气纯度的影响

密封油系统真空油箱是密封油进入发电机密封瓦进行氢气密封的 1 个储油装置，也是去除空气、水汽和净化密封油的 1 道防线。它利用油箱的负压使密封油中的气体逸出，降低密封油中的气体含量。因此，密封油真空油箱内真空度的强弱也一定程度上影响着发电机内氢气纯度。

三、结论

大量的检测结果表明，发电机密封油中的溶解气体成分与氢气中的杂质气体成分一致。因此，发电机氢气纯度下降的根本原因是密封油含气量大。主机润滑油在循环时挟带的空气、水汽均会进入密封油中，这些气体进而又在密封瓦处与发电机内氢气接触并扩散，从而污染氢气，影响其纯度。

而前文提及的密封瓦与轴间隙大、密封油进油温度高、平衡阀或差压阀异常、补排油浮球阀故障、真空度不足等因素会加大窜油量，加快气体交换的速度，并加剧氢气纯度下降的程度，是引起发电机氢气纯度下降的表象，并非问题本质。

第六章

原水预处理

原水预处理是加在常规处理工艺之前的物理、化学或生物的处理方法，对原水中的污染物进行了初步处理，以使常规处理工艺发挥更好的效果，提高出水水质。预处理的对象主要是水中的悬浮物、胶体、有机物，同时也起到除味、除臭、除色的作用。

原水预处理主要有以下几方面的作用：防止微生物、有机物、胶体污染及防止膜劣化的方面。预处理一般可分为传统预处理方法和膜法预处理。传统预处理是指我国常用的澄清池处理、石灰处理等；随着膜技术的逐步发展，微滤和超滤出现在常规水预处理系统中。

第一节　石灰处理设计缺陷引起的堵塞问题分析

一、情况简述

某电厂两台 1000MW 机组水处理系统运行期间，四台石灰加药系统螺旋给料机气粉分离器处均出现大量石灰堵塞，给料机窥视孔玻璃挤破，消石灰大量外泄，石灰乳无法正常投加，清理时，发现螺旋给料机内存有焊渣和小石块颗粒杂质；石灰加药系统溶解搅拌箱下部三通阀出现堵塞，清理溶液搅拌箱和三通阀，发现搅拌箱下部乳浆浓度高，产生沉淀，三通阀处有沉积的大颗粒杂质，三通阀不易打开；石灰乳输送泵无法打出合格浆液，出力不足，严重影响石灰乳浆的投用，下一系统无法正常工作；石灰乳输送泵运行一段时间后漏浆液，更换密封条时发现颗粒杂质。

二、原理分析

1．石灰消化机理

生石灰的合理消化才可得到优质石灰粉，最好是高温消化。高温消化石灰粉粒度是低温消化的 3 倍，两者同样质量下的颗粒表面积小粒径要大出 3 倍左右。而粒度（表面积）是提高石灰乳液与碳酸盐反应效率的关键因素。生石灰消化的反应式是 $CaO+H_2O \longrightarrow Ca(OH)_2$，在消化时必需加水，如果用除盐水可获得活性良好的石灰；如果水中有可与石灰反应的盐分如碳酸，在消化反应的同时碳酸立即与 $Ca(OH)_2$ 反应生成 $CaCO_3$，因为是酸碱反应，反应速度很快，最早的反应在 $Ca(OH)_2$ 颗粒表面，所以反应产物 $CaCO_3$ 也存于颗粒表面，$CaCO_3$ 是难溶物质，可以包围在颗粒四周，阻碍了 $Ca(OH)_2$ 的进一步反应。

粉状石灰的细度对石灰的溶解影响比较大。细度越小，溶解性能越好。一般来说在高温消化器消化后的石灰粉的粒度可能达到 0.6μm 以下（美国材料试验协会标准筛 170 目为 0.088mm，200 目为 0.074mm，按德国 DIN 标准水处理用石灰粒度小于 0.09mm），虽然其粒度远小于标准，满足使用要求，但是仍可能未达到完全消化，在小颗粒内部还存在 CaO。

2．石灰乳化机理

工业用的石灰一般都配制成过饱和状态乳液，由于石灰属于难溶物质，要选择恰当的设备和系统参数使配乳过程保持石灰本身性质和适应进入澄清池后的反应环境，使之获得优良乳液。干石灰粉加水成为乳浊液的过程，它是由固态和液态两相物质组成的混合分散体系。

乳化过程首先进行粉状灰和水的快速完全接触，其次在粉粒内外表面充分吸水并逐渐溶解，溶质向距离较远的水系扩散直至全部水达到饱和。煅烧良好的石灰为多孔状单体，水分通过孔隙进入内表面，过饱和乳液分散体系的颗粒可小于未溶解前的单体，但不可大于单体。此单体在初进入溶液（水）中时，迅速吸取周围的水分，同时表面分子开始向水中扩散，细小颗粒的巨大表面积和微小的颗粒半径，有助于水进入内部，达到完全湿润状态。良好的混合使变化中的颗粒始终有一层水膜所包裹，表面分子透过水膜扩散，水膜的存在有助于颗粒在合理剧烈的搅拌碰撞时仍能维持充分分散状态。但是一旦出现粉团，进入水中后粉团表面先吸水并达到饱和形成饱和层，会阻止水分深入内层。

三、存在问题及原因分析

1. 石灰处理需具备条件

由粉卸车开始至乳液送出，全部流程处于密封容器或管道中，无任何粉尘或乳液外泄或排出，车间粉尘达到日平均小于2mg/m^3；全部流程通畅，不人为设任何阻隔，没有滞留和灰浆泄点（检修外），不给下水系统带来隐患；系统没有死点、没有停歇和静止、没有沉积，从而消除了产生堵塞的原因；防止出现成垢因素，保持转动和操作部件灵活，保持灰浆活性；除卸车外全部流程、计量、输送、分离过程都在自动控制下进行，实现无人值守。

2. 石灰粉系统设计缺陷

（1）石灰粉罐车气力卸料到尾量时管道阻力突然降低，空气余压膨胀，引起大量粉尘喷出，需给予膨胀空间或减压措施。该电厂设计无此环节是环境扬尘的重要来源。

（2）石灰粉储存仓的出粉收缩口是最容易堵塞的部位，空气中带有水分和CO_2，遇石灰粉迅速被吸收结合成块，将气孔和气道堵塞。

（3）多螺旋给料机是一种大断面、大下料的给料设备，多螺旋扩大了出料面积，实际耗量远小于它，只可依靠另加一个阀门限流，半开的插板阀通道是月牙形（圆形门）或一条缝，从而成为新的堵塞点。

（4）固体粉状石灰投入剧烈搅拌的乳液中会引发水汽挥发，并携带待溶解的粉尘溢出，需要给予它们以出路，并设置呼吸器及除尘装置，否则很容易在落粉口处被待落下的石灰吸收，粘在那里并长大，很快把口堵死。进粉口在搅拌箱顶盖上，也是出汽口，粉汽在这里相遇，空间的落粉吸收水汽问题不大，而水汽会在钢壁上结露，就会固结在沾水的钢件上生成粉瘤，此外，水汽没有出路还会继续沿着通道向螺旋输送机内扩散，在那里结瘤也是不可避免的。

（5）粉系统的多处使用振打器，振打器有敲打、摇动等多种型式，也有多种规格，过分的振动会适得其反，越振越实，当开启出口阀门需要出料时，仍需振打，整罐粉突然喷出而四溢。

（6）石灰系统所用的阀门需要特选，不能用阀门调节流量。常见的几种阀门之所以不能用，是因为在阀体内部结构上有许多死角，会淤积石灰渣。球阀开启半途时乳液与间隙相通，间隙处即可积渣，而且球面生垢膜，也会阻止球芯旋转。闸阀闸板四周淤积后阀板无法关闭，截止阀密封口四周淤积后阀芯不能落出石灰粉，而且这些阀门一旦未全开全闭，将很快磨损。各类阀门的开闭过程也不同，阀门选型只宜选择开启曲线更陡，基本没有中间缝隙过程的结构。

3. 石灰乳搅拌器设计缺陷

搅拌器运转中不断地进入粉料和清水，不断地输出乳液，这个动态平衡靠搅拌箱合理设计得到，关键是搅拌作用，就是初进来的粉料不要一下子跑到出口乳液中去，而是让它在器内有足够的时间和接触过程。搅拌箱给粉料提供的接触时间，不能单纯依靠加大容积取得，混合强度与停留时间、相对容积是相互矛盾的，应当通过合理的搅拌作用形成循环回流和足够强度实现。因此，小桨叶高桨位是最不合理的设计，而低桨位大桨叶的问题是结垢引起的机械动态不平衡。理想的出口乳液（过饱和）是较长时间不会沉积，即石灰颗粒已吸入足够水分，均匀地为水膜所包裹，乳液的水分已经完全处于饱和状态，溶解析出和热交换的平衡已达到稳定。

4. 石灰搅拌器半腰出浆设计缺陷

图 6-1 所示电厂石灰搅拌器出乳口设置在搅拌器中间是一个不当的设计。其一，如果为取得混合均匀的乳液，让渣滓沉积在搅拌器内，那么器内的沉渣如何清理？当石灰质量不好时，很快就会堵满，堵满后就没有沉淀空间，带砂乳液还是都原样出来。其二，搅拌器底部沉渣淤积会越积越实而成硬垢状，如何排出去？假如想不等渣滓沉淀就及时排出来，把搅拌箱当沙子沉淀器，那么渣水如何处理？其三，搅拌桨放在哪呢？若在更高的位置，搅拌效果不好，颗粒更容易沉淀。

图 6-1　石灰搅拌器半腰出浆结构

机械设计必须满足工艺的需要，而不是迁就机械设计的困难。乳液出口应该设计在搅拌器最底部的位置，便于乳渣全部排到澄清池。

5. 石灰输送管道结垢堵塞

配制的石灰乳液很容易在管道及泵体中沉积结垢，管道及泵体经常结垢，石灰乳搅拌箱也经常发生石灰沉积堵塞，石灰乳泵的出力降低，无法保证石灰加入量，影响出水水质。定期对石灰乳输送管道进行水冲洗。石灰乳搅拌箱排污门定期开启排放，防止石灰乳在箱内沉积。石灰系统一旦发生严重结垢，可以在石灰乳搅拌箱中配制2%～5%的盐酸溶液进行清洗，可以有效解决堵塞问题。

6. 石灰乳输送泵管道设计出力不均匀

由于石灰乳搅拌箱出口管道位置设计不合理，两台石灰乳泵出力不均衡，导致两台前混合池的石灰加药量不均匀，将石灰乳搅拌箱出口管道和两台石灰乳泵进口母管连接处由原来的偏至一侧改至中间位置，两台石灰乳泵就不会发生偏流，保证了两台前混合池石灰加药量的均匀。

7. 石灰制备设备手动控制

该电厂系统阀门全部是手动，即无程序控制，这是它们出现严重堵塞的原因之一。石灰制备系统必须设置程序自动控制，保证在各种工况下合理工作。石灰系统的控制内容包括经常运行状态的系统程序控制、运行远程工况监督、主要部位的检测、异常情况报警等。其中在系统暂时停运、系统长期停运、系统局部停运、设备切换等工况时，自动关闭、开启、清洗、排放等按预定步序动作，为此系统阀门必须为自动阀。图6-2为典型石灰制备装置图。

四、改进措施及建议

（1）尽可能简化工艺。让设置的每个设备都有独立作用，每一条管线都是不可缺的，不设多余的备用，更不要备用加备用，不用带有副作用的装备。石灰制备相对于澄清池一对一单元制，除输送泵外全部设备只设置一台，用系统的可靠性和质量的可靠性保证设备的可靠性。

（2）乳渣全部输向澄清池，在石灰系统没有任何截留、排放和处理。再高质量的石灰也有渣，它是非钙物质和过烧生烧的产物，而且过饱和的 $Ca(OH)_2$ 颗粒与杂质不可分，送到澄清池乳液可以完全使用，沉渣得到清洗失去黏结性，由澄清池统一排除处理，免去到处污染为害。

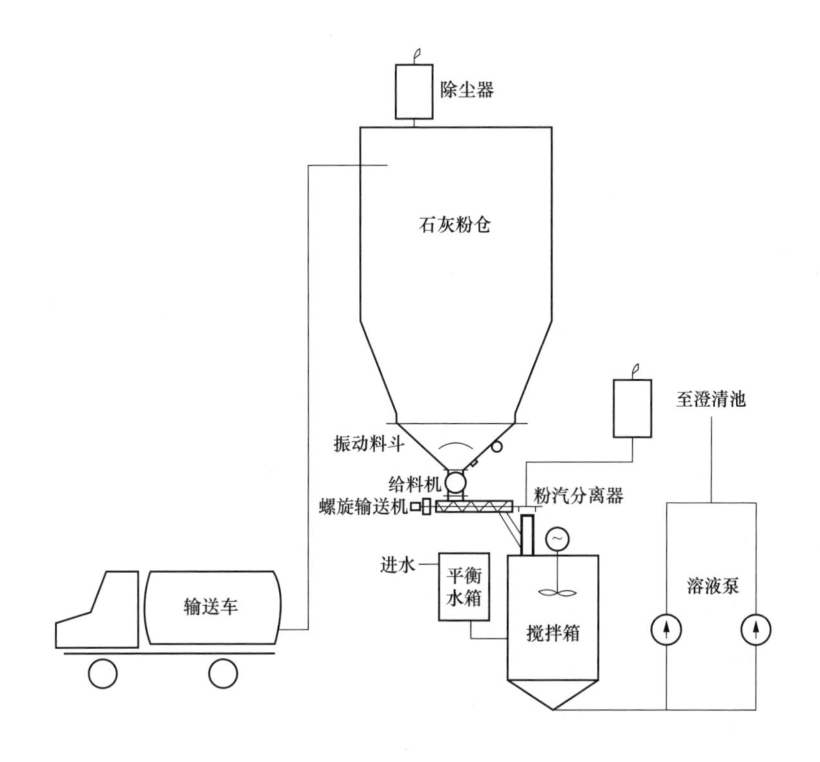

图 6-2　典型石灰制备装置图

（3）取消系统内所有排污点和死角。每个排污点都是一个污染点，也是一个泥渣沉积死点，系统内只设停运检修一个排放点（主要是余水），设备管道切换、暂停、系统长期停运需全部排空。

（4）专用阀门。阀门内的死角很多，流动死区也很多，那就是乳液中颗粒的储藏处，或关不上或打不开，是石灰系统阀门的通病。有人试用球阀或旋塞，也是不当选择，在系统设计中推荐用蝶阀，口径小时必须用双偏心结构，也可以使用隔膜阀，但隔膜易损。

（5）可以选择母管制。过去为避免管道堵塞，曾设计管道单元制，易磨损的泵需要备用，故变为两套管系，停运的一套面临同样的问题，因此解决停运沉积是症结。

（6）改变计量。石灰系统计量技术的要点也是技术难点，是因为人们总把计量停留在习惯使用的计量容积的观念上，而石灰乳液含有大量容易沉积、容易结垢的颗粒，常规的计量泵不好用，也带来系统的复杂化，引发更多的困难，计量粉要简化许多，不但计量设备较易解决，而且完全改变了因计量制约系统的困难。计量粉虽然有延迟的问题，即计量粉改变乳液浓度有较长的延缓期，但它的影响很有限，尤其它的延缓与澄清池设计的性能可以互补，经实践完全满足总体反应要求。

（7）石灰的溶解注水要使用无碱水，富碱水除直接使石灰颗粒表面钝化外，还会使乳液系统设备结垢。

（8）全自动化程序控制。包括自卸料始到乳液送达为止的全过程，系统流程和操作程序按优化设计设置，并落实到控制程序和调试中切实实施。

（9）搅拌箱要有呼吸口，给予蒸汽出路，呼吸口要有呼吸，形成气流，防止蒸汽串流至粉系统，汽粉尘需要滤除。

第二节　机械搅拌澄清池泥渣不能循环的原因分析

一、情况简述

某电厂 6 台 300MW 机组锅炉用水采用水库水作为补给水，水质浊度较低，有机物和胶体物质含量较高。原水属于低浊度、中等碱度水质，水质情况：枯水期，总硬度为 4.5mmol/L，COD_{Cr} 含量为 33mg/L，浊度为 4.5NTU，胶体硅含量为 7.52mg/L，全碱度为 3.1mmol/L，pH=8.7。丰水期，总硬度为 4.0mmol/L，COD_{Cr} 含量为 19mg/L，浊度为 13.0NTU，胶体硅含量为 4.37mg/L，全碱度为 2.80mmol/L，pH=8.5。

在补给水的预处理中，过滤器前设有两台额定出力为 200m^3/h 的机械搅拌澄清池，用于原水中悬浮物及胶体状不溶性物的分离处理。澄清池为泥渣提升循环式，即原水由进水管进入环形进水槽，通过下面的出水缝隙均匀地流入第一反应室，在这里由于搅拌器上的叶片的搅动，进水和大量回流泥渣混合均匀，第一反应室中夹带有泥渣的水流被搅拌器上的涡轮提升到第二反应室，在这里进行泥渣长大的过程，然后水流经设在第二反应室上部四周的导流室进入分离室，在分离室中泥渣和水得到分离，分离出的水经集水槽流出。混凝剂直接加入进水管中，分离出来的泥渣大部分回流到第一反应室，部分进入泥渣浓缩室，可定期排走。涡轮的开启度不可调整，底部没有刮泥装置。

二、存在的问题

在机械搅拌澄清池投产运行半年后出现了澄清池翻池现象：澄清池第二反应室浊度几乎跟进水浊度一样，5min 沉降比为 0（即活性泥渣没有得到循环所致），大大降低了澄清池的出水透明度。针对这种情况，当时进行了添加泥土、培养活性泥渣处理，但添加的泥土很快就不在了，最多一天时间，澄清池就恢复到泥土添加前的状况，反复调试也无济于事；后来使用低浊添加剂加入澄清池以提高进水浊度，但使用后也仍然没有解决问题。澄清池出水水质很差，给过滤器和除盐系统造成了巨大的压力，在此期间，除盐系统运行周期为 10～12h，周期制水量仅为 1400m^3 左右，最短时仅运行 8h，周期制水量仅为

800m^{3}左右，比投运前减少了一半多，严重影响了锅炉补水和机组的安全经济运行。

三、原因分析

1. 水质问题

从原水水质来看，对原水化验的各个指标与以前相比没有明显变化。这说明问题的出现与水质是没有直接关系的，可以推断是澄清池本身或是控制方式出现了问题。

2. 澄清池问题

涡轮和第二反应室底板之间的距离不够，泥渣不能提升，导致了泥渣不能循环，涡轮上的叶片损坏造成泥渣得不到混合，从而使活性泥渣沉淀；涡轮反转致使泥渣不能提升。

3. 运行方式问题

加药量不足或过多，原水水温、pH值及澄清池出力变化太大等造成清水区凝絮不能分离，活性泥渣随出水流失，影响了活性泥渣的形成；排泥量不够，使底部堆积的腐败泥渣较多，造成泥渣循环的空间不足，使泥渣沉积于澄清池底部。

经分析和逐项因素排查，澄清池内部没有发生缺陷，涡轮开启度也足够，涡轮、叶片等各部件完好且转动正常。运行过程中水质和水温没有太大变化，使用的混凝剂及其加入量没有改变，澄清池的运行负荷也很稳定。

综合上面分析，可以初步推断是排泥量不够。由于澄清池的进水浊度很低，运行过程中排泥量就很小甚至不排泥。即使是澄清池上部加入泥土也没有将腐败泥渣及时排出，造成了泥渣的大量堆积，使澄清池分离室中分离出来的活性泥渣没有循环的空间，导致了活性泥渣在澄清池底部的截留。

四、结论及建议

（1）将澄清池底部泥渣彻底清理，重新加入泥土对澄清池进行调试，运行期间严格按照调试数据进行操作，及时排走腐败泥渣，最终澄清池恢复正常运行。

（2）澄清池恢复正常运行后，澄清池出水水质有了很大提高，出水浊度小于 3NTU，除盐系统周期制水量也有很大提高，周期制水量恢复到 3000m^3 以上。

（3）定期维护预处理的设备，发现问题及时解决。

第三节　不加还原剂引起的反渗透膜氧化

一、情况简述

某电厂反渗透系统设计两套 80m^3/h 反渗透设备，原水是黄河水，系统设计为两个系列单元，每个系列都能单独运行，也可同时运行。每套反渗透由 20 支压力容器组成，分为两段，第一段 13 支，第二段 7 支。每支压力容器内装 6 只膜元件，共有 240 只膜元件。反渗透膜采用 DOW30-400FR 型卷式复合膜（见表 6-1），使用寿命为 3～5 年，根据膜使用情况，一般系统脱盐率衰减到 92%左右就会考虑更换膜元件。

该电厂自己发明了一种特殊的反渗透膜运行处理方法，即原水预处理加氧化型杀菌剂，反渗透入口水无论余氯数值多大，都不加亚硫酸氢钠还原剂，据说可以提高膜的使用效率。现场两套反渗透系统全部更换运行不到 3 年，实际系统脱盐率分别为 74.55%和 82.86%，远远低于膜生产厂家的 97%，产水电导率非常高，导致后续混床再生次数频繁，废水无法处理。

表 6-1　　反渗透系统概况

项目	膜元件信息			系统信息	
	型号	数量（支）	产水量（m^3/h）	排列方式	回收率（%）
超滤	TARGA10072	4×12	4×50	12 支/套	93
反渗透	BW30FR-400	2×120	2×80	（13:7）×6	75

二、测试分析

系统工艺流程：地表水→纤维过滤器→超滤→保安过滤器→反渗透→混床。测试数据见表 6-2。

表 6-2　　反渗透系统运行数据（10 月 19 日上午）

项目	进水		压力（kPa）			流量（m^3/h）		总产水电导率（μS/cm）	系统脱盐率（%）
	电导率（μS/cm）	温度（℃）	进水	段间	浓水	产水	浓水		
1	1539	22.3	570		430	70.8	21.6	391.7	74.55
2			680	0.58	530	68.1	24.0	263.8	82.86

另外，测量了两套反渗透系统所有单支压力容器的电导率见表 6-3、表 6-4。

表 6-3　　反渗透 1 号系统单支压力容器电导率　　μS/cm

第一段	1101	1102	1103	1104	1105	1106	1107
电导率	343.3	326.4	329.3	337.6	334.2	364.5	676.2
第一段	1108	1109	1110	1111	1112	1113	
电导率	336.3	308.5	无法取样	302.1	310.1	374.8	
第二段	1201	1202	1203	1204	1205	1206	1207
电导率	545.6	无法取样	558.9	612.4	578.1	590.4	599.2

表 6-4　　反渗透 2 号系统单支压力容器电导率　　μS/cm

第一段	2101	2102	2103	2104	2105	2106	2107
电导率	155.8	351.7	265.2	267.6	282.8	49.4	234.4
第一段	2108	2109	2110	2111	2112	2113	
电导率	64.6	72.8	320.1	283.3	276.2	82.4	
第二段	2201	2202	2203	2204	2205	2206	2207
电导率	495.1	239.4	384.2	350.0	370.8	371.1	385.4

系统内所安装的反渗透膜元件运行约 3 年，对实际工况采用陶氏化学 ROSA 软件进行模拟，结果见表 6-5。

表 6-5　　反渗透软件工况模拟

原水类型：地表水 SDI<3			
第一段进水流量	106.67m^3/h	第一级产水流量	80.01m^3/h
进系统的原水流量	106.67m^3/h	第一级回收率	75.01%
给水压力	1149kPa	给水温度	22.3℃
污堵因子	0.70	给水 TDS	1131.0mg/L
化学加药（100%H_2SO_4）	0.00mg/L	元件数量	120
总有效膜面积	4459.20m^2	第一级平均通量	17.94lmh
第一段进水流量	106.67m^3/h	第一级产水流量	80.01m^3/h

段	元件位置	PV数量	元件数量	给水流量（m^3/h）	给水压力（kPa）	浓水流量（m^3/h）	浓水压力（kPa）	产水流量（m^3/h）	平均通量（lmh）	产水压力（kPa）	产水TDS（mg/L）
一	BW30FR-400	13	6	106.67	1115	49.05	1010	57.61	19.88	0	12.06
二	BW30FR-400	7	6	49.05	975	26.66	886	22.39	14.35	0	41.77

软件模拟显示，正常膜元件的反渗透系统三年后进水压力约 1149kPa，第一段产水 TDS 约 12.06mg/L（电导率约 20μS/cm），第二段产水 TDS 约 41.77mg/L（电导率约 70μS/cm）。

ROSA 软件计算结果相比，两套系统的实际进水压力均大幅降低，产水电导率均大幅上升。根据现场的排查以及数据的比对，排除了其他因素之外，原因基本是膜被氧化或发生物理泄漏如划伤等，但两套系统的单支压力容器电导率每一段都各自分布比较均匀，因此可以排除物理泄漏，可以判定为膜元件发生氧化。

反渗透膜脱盐率出现异常后，曾送检两支反渗透膜元件（第一段首支和第二段末支各一支）到陶氏化学上海实验室进行单支膜元件性能测试，见表 6-6。

表 6-6　　单支膜元件检测结果

综合信息			膜元件性能参数（EPAS）		
产品序列号	出厂时间	质量（kg）	产水量（GPD）	脱盐率（%）	压差（kPa）
F2581978	2007 年 6 月 28 日	14.7	27853	98.54	44.8
F6465981	2011 年 12 月 28 日	14.9	48993	93.09	35.1

EPAS 测试结果表明：F2581978 膜元件实际产水量为 27853GPD，是其标准性能产水量 10500GPD 的 265%，产水量大幅升高；实际脱盐率为 98.54%，脱盐率有所衰减。F6465981 膜元件实际产水量为 48993GPD，是其标准性能产水量 10500GPD 的 467%，产水量大幅升高；实际脱盐率为 93.09%，脱盐率大幅衰减。性能测试表明两支膜元件的实际产水量都远远超过标准产水量，实际脱盐率也有不同程度的衰减。两支膜元件的膜片 Fujiwara 测试均明显显色，结合性能测试结果可以确定两支膜元件都被氧化。单支膜元件性能检测结果与现场实际运行数据相符，进一步说明膜元件被氧化。

三、结论和建议

（1）对于国内很多电厂来说，一般系统脱盐率衰减到 92%左右就会考虑更换膜元件。目前现场两套反渗透系统实际系统脱盐率分别仅为 74.55%和 82.86%，产水电导率非常高，导致后续混床再生次数频繁，不仅浪费大量酸碱类化学药剂，同时极大增加了再生废水量。送检的两支膜元件显示实际性能非常差，已经失去使用价值，建议对两套所有反渗透膜元件进行更换。

（2）同时了解到反渗透进水一直未投加还原剂。由于现场采用地表水，地表水水质会存在一定的波动，游离氯含量不可控制。为保护更换后的反渗透膜元件的安全，建议增加还原剂加药装置。另外流量计存在误差，需校正仪表，使仪表能反馈真实运行数据。

（3）送检膜元件显示实际性能非常差，完全被氧化，已经失去使用价值。

第四节　反渗透膜质量引起的出力下降原因分析

一、情况简述

某电厂除盐水系统采用超滤+反渗透+EDI 处理工艺，一级反渗透系统共两套设备，额定出力为 92t/h，采用型号为 T8040-400FR/34 膜元件。系统自 2019 年 2 月初运行以来，一级 1 号反渗透装置运行稳定正常，一级 2 号反渗透装置产水量明显不足，10 月初现场进行了一次常规酸碱清洗，几乎没有清洗效果。

二、采取措施

1. 化学清洗

（1）化学清洗前。由于一级 2 号反渗透装置运行半年，产水量下降，为达到设备出力。按照 DL/T 2028—2019《发电厂水处理用膜设备化学清洗导则》规定，对膜组件进行化学清洗。反渗透清洗前的运行报表见表 6-7。

表 6-7　　反渗透清洗前的运行报表

日期	高压泵频率（Hz）	进水温度（℃）	第一段压力（MPa）	第二段压力（MPa）	第一段压差（MPa）	第二段压差（MPa）	产水量（t/h）
2019 年 10 月 4 日	35	13.6	1.23	1.2	0.03	0.02	50
2019 年 10 月 14 日	35	13.2	1.15	1.11	0.04	0.02	47.7
2019 年 10 月 14 日	35	13.3	1.19	1.16	0.03	0.01	49
2019 年 10 月 15 日	35	12.3	1.2	1.17	0.03	0.02	47
2019 年 10 月 18 日	40	23.5	1.29	1.24	0.05	0.01	73.1
2019 年 10 月 22 日	40	24	1.34	1.31	0.03	0.01	65.9
2019 年 10 月 24 日	40	26.7	1.36	1.33	0.03	0.01	63.2
2019 年 10 月 25 日	40	23.1	1.39	1.36	0.03	0.01	56.7
2019 年 10 月 26 日	36.4	20.5	1.23	1.21	0.02	0.01	45.1
2019 年 10 月 27 日	35.2	14.6	1.23	1.21	0.02	0.01	37.6
2019 年 10 月 28 日	35.4	12.2	1.26	1.24	0.02	0.01	34.6
2019 年 10 月 29 日	37.2	23.7	1.25	1.23	0.03	0.01	52.7
2019 年 10 月 30 日	35.2	13.9	1.25	1.23	0.02	0.01	36

（2）化学清洗过程。2019 年 10 月 31 日，进行 2 号一级反渗透化学清洗。采用反渗透酸性清洗剂 0.5t 与清水 2.5t 配制 10%酸性清洗剂（pH=2），就地启动清洗水箱电加热器，将清洗水箱温度加热到 40℃，就地启动清洗水泵对一级 2 号反渗透装置进行循环清洗 60min（注意清洗水泵外壳温度不超 50℃），后继续对清洗水箱内清洗液进行加热到 40℃，当清洗液 pH＞3 时，加入适量盐酸调节清洗液 pH=2～3，再次对 2 号一级反渗透进行循环清洗 60min 后，一级 2 号反渗透装置开始进行浸泡静置 2h，浸泡完毕后，用清水对一级 2 号反渗透进行循环清洗 60min。排空水箱清洗液后，0.25t 反渗透非氧化性杀菌剂与清水 2.5t 配制杀菌清洗液，清洗液加热到 40℃对一级 2 号反渗透进行循环清洗 60min，排空清洗水箱，同时向清洗水箱注入清水，再次对 2 号反渗透进行循环水清洗，时间为 60min。清洗完毕后开一级 2 号反渗透产水排放门及浓水排放门，启动一级反渗透增压泵及一级反渗透高压泵，进行冲洗至产水电导合格。清洗后打开反渗透端盖，可以明显看出，清洗干净，无残留，如图 6-3 所示。用烧杯取清洗过程的清洗液做钙垢实验，无结垢现象，如图 6-4 所示。

图 6-3　反渗透端盖打开检查

图 6-4　清洗水质（无结垢现象）

（3）化学清洗后。清洗后，试运行一周，产水量没有明显变化，二段差压几乎为 0。清洗后运行报表见表 6-8。

表 6-8　　反渗透清洗后的运行报表

日期	高压泵频率（Hz）	进水温度（℃）	一段压力（MPa）	二段压力（MPa）	一段压差（MPa）	二段压差（MPa）	产水量（t/h）
2019年10月31日	35	8.9	1.32	1.31	0.01	0.01	30.1
2019年11月1日	37	14.6	1.35	1.33	0.02	0.001	34.4
2019年11月2日	37	18.8	1.33	1.32	0.01	0.01	32.6
2019年11月5日	35	9.8	1.23	1.21	0.01	0.02	26.7
2019年11月6日	35	8.7	1.3	1.28	0.02	0.001	27.2
2019年11月8日	35	8.9	1.33	1.32	0.01	0.001	20.4

2019年11月17日反渗透膜厂家到现场，经过几天的现场设备调研和核实，膜厂家对一级2号反渗透装置运行情况和化学清洗情况未提出异议，确认清洗无技术问题。要求重新采用厂家提供的清洗方案进行化学清洗，清洗排水中无结垢物和污堵物。清洗结果与清洗前设备运行参数无变化，产水量也未发生变化。

2. 提高反渗透入水温度

由于原水为锰砂过滤器净化水源，原水来水电导率低、无有机物和絮凝物污染，水质优良，达到原水进水指标。经过一级2号反渗透系统和转动设备进行查找，系统和设备无异常。对两次化学清洗后，一级2号反渗透在进水压力高情况下产水率仍然达不到设计出力。另外，将原水温度提高到18.8℃，在一段进口压力1.33MPa，二段进口压力1.32MPa的情况下，产水流量32.6t/h，也未达到使用和技术参数要求。

3. 对膜组件进行抽检

膜的出厂标准质量为14.5kg，抽检实测15.5kg。按照膜组件重量检测方法，4h后实测小于14.5kg。检测结果膜组件未受到结垢和污堵。

4. 置换膜的位置

将二段膜组件与一段膜组件进行替换试验制水，结果产水量无明显增长。初步判断是膜通量不够造成。

三、原因分析

膜厂家认为：两套反渗透装置在同样的进水条件和运行工况下，产水量偏差非常大。膜元件是同一批产品，现场随机安装的，初步排除了膜元件先天的问题和系统设计缺陷。结合运行数据及清洗情况分析，膜元件可能遭到了与膜元件组分类似的有机物的污染，膜面变致密。这种有机物可能来自水箱或管道防腐层的溶出物，在系统调试及运行初期，溶解于进水中，浓度较高，污染了反渗透装置。

电科院认为：

（1）这种原因解释是不合理的，一是水箱的防腐涂层选用进口优质聚脲，100%固含量体系，无挥发性有机物等；二是管道防腐涂层采用高密度聚乙烯（PE），不溶于水，吸水性很小。污染反渗透膜组件的污染源几乎没有。另外，化学制水系统中一级反渗透和二级反渗透水箱及管道都是聚脲和PE的，一级1号反渗透和二级1号及2号反渗透运行中未发生此类事件，膜元件遭到了与膜元件组分类似的有机物的污染状况不成立。

（2）两套反渗透装置在同样的进水条件和运行工况下，产水量偏差非常大，系统设计是相同的，最多只能排除了设计缺陷引起。因为来水是相同的，经过的工艺路线是相同的，一级1号反渗透出力下降情况不如一级2号严重，现场是在厂家的指导下安装，无法排除膜元件先天的问题。

四、结论

（1）从调试开始膜元件就没有达到设计技术参数，在清洗后对清洗液进行了钙垢实验，实验结果显示反渗透没有结垢现象，清洗液呈透明色，可以确定不是由结垢引起的出力下降。

（2）化学一级和二级反渗透自调试运行后半年时间内，在压力、温度都最高条件满足的情况下，产水量均未达到设计值，发生出力下降后，经几次化学清洗仍未达到设计值，可以判断主要是膜组件的膜通量不满足制水要求，也就是膜的质量有问题，应全部更换本批次的膜组件。

第七章
石灰加药系统设计

石灰水处理单元设计，比其他小单元（如加药装置、取样架、凝结水处理设备等）的规模要大，构成独立建筑群，是单独控制和独立运行的系统，可称单元工程设计。它是从各种小单元市场化发展以来，更具有独立性和完整性的典型。因此它需具备设计工作的基本要素：可靠的原始水质资料、确定的制水技术指标、额定的水流量以及要达到的环境效果。

一、水质分析报告

某污水处理厂来水流量700m^3/h，出水水质分析报告，见表7-1～表7-3。根据水质分析报告，设计一套石灰处理加药装置，石灰处理过剩碱度按照0.2mmol/L计算。

表7-1　　某污水处理厂出水水质分析报告（一）

产品名称		二级污水		采样时间		2018年1月15日	
检验依据		火力发电厂水汽试验方法标准汇编					
检测项目		单位	检测结果	检测项目		单位	检测结果
阳离子	K^+	mg/L	55.9	阴离子	Cl^-	mg/L	270.0
	Na^+	mg/L	230.1		1/2 SO_4^{2-}	mg/L	309.8
	1/2Ca^{2+}	mg/L	156.6		HCO_3^-	mg/L	411.9
	1/2Mg^{2+}	mg/L	30.2		1/2 CO_3^{2-}	mg/L	0
	1/3Fe^{3+}	mg/L	0.182		NO_3^-	mg/L	20.0
	1/2Ba^{2+}	mg/L	0.06		1/3 PO_4^{3-}	mg/L	0.8

续表

检测项目		单位	检测结果	检测项目		单位	检测结果
硬度	总硬度	mmol/L	10.30	其他	全硅	mg/L	17.0
	碳酸盐硬度	mmol/L	6.75		活性硅	mg/L	15.0
	负硬度	mmol/L	3.55		非活性硅	mg/L	2.0
碱	甲基橙碱度	mmol/L	6.75		电导率	μS/cm	2470
	酚酞碱度	mmol/L	0		pH 值	—	7.29
其他	总固型物	mg/L	1478.8		COD_{Cr}	mg/L	61.9
	溶解固型物	mg/L	1363.6		游离 CO_2	mg/L	44.0
	悬浮物	mg/L	115.2				
备注	硬度以 1/2（Ca^{2+}+ Mg^{2+}）计						

表 7-2　　某污水处理厂出水水质分析报告（二）

产品名称		二级污水			采样时间	2018 年 7 月 2 日	
检验依据		火力发电厂水汽试验方法标准汇编					
检测项目		单位	检测结果	检测项目		单位	检测结果
阳离子	K^+	mg/L	36.2	硬度	总硬度	mmol/L	8.48
	Na^+	mg/L	149.1		碳酸盐硬度	mmol/L	3.88
	$1/2Ca^{2+}$	mg/L	93.8		非碳酸盐硬度	mmol/L	4.60
	$1/2Mg^{2+}$	mg/L	46.2	碱度	甲基橙碱度	mmol/L	3.88
	$1/3Fe^{3+}$	mg/L	0.194		酚酞碱度	mmol/L	0
	$1/2Ba^{2+}$	mg/L	0.040	其他	总固型物	mg/L	1063.2
					溶解固型物	mg/L	1040.8
阴离子	Cl^-	mg/L	151.2		悬浮物	mg/L	
	$1/2\ SO_4^{2-}$	mg/L	324.2		全硅	mg/L	15.0
	HCO_3^-	mg/L	236.8		活性硅	mg/L	13.0
	$1/2\ CO_3^{2-}$	mg/L	0		非活性硅	mg/L	2.0
	NO_3^-	mg/L	50.0		电导率	μS/cm	1531
	$1/3\ PO_4^{3-}$	mg/L	2.6		pH 值	—	6.97
					COD_{Mn}	mg/L	4.5
					游离 CO_2	mg/L	28.1
备注	硬度以 1/2（Ca^{2+}+Mg^{2+}）计						

表 7-3　　某污水处理厂出水水质分析报告（三）

产品名称		二级污水		采样时间		2018 年 8 月 11 日	
检验依据		火力发电厂水汽试验方法标准汇编					
检测项目		单位	检测结果	检测项目		单位	检测结果
阳离子	K^{+}	mg/L	70.9	硬度	总硬度	mmol/L	10.16
	Na^{+}	mg/L	292.0		碳酸盐硬度	mmol/L	8.24
	$1/2Ca^{2+}$	mg/L	93.9		非碳酸盐硬度	mmol/L	1.92
	$1/2Mg^{2+}$	mg/L	66.5	碱度	甲基橙碱度	mmol/L	8.24
	$1/3Fe^{3+}$	mg/L	0.496		酚酞碱度	mmol/L	0
	$1/2Ba^{2+}$	mg/L	0.048	其他	总固型物	mg/L	1450.2
					溶解固型物	mg/L	1444.6
阴离子	Cl^{-}	mg/L	250.0		悬浮物	mg/L	
	$1/2\ SO_4^{2-}$	mg/L	439.5		全硅	mg/L	10.5
	HCO_3^{-}	mg/L	502.8		活性硅	mg/L	9.70
	$1/2\ CO_3^{2-}$	mg/L	0		非活性硅	mg/L	0.80
	NO_3^{-}	mg/L	25.0		电导率	μS/cm	2300
	$1/3\ PO_4^{3-}$	mg/L	1.0		pH 值		7.49
	F^{-}	mg/L	0.88		COD_{Cr}	mg/L	79.6
					游离 CO_2	mg/L	39.0
备注	硬度以 1/2（Ca^{2+}+ Mg^{2+}）计						

二、设计计算

根据上述的水质报告，按照水质分析指标最差的表 7-3 作为设计输入计算依据。

1. 消石灰加药量计算

（1）药品：$Ca(OH)_2$ 纯度大于 85%，消石灰密度按 $0.5g/cm^3$，石

灰乳浓度按 5%计算。

（2）化学反应方程式

$$Ca(HCO_3)_2+Ca(OH)_2 = 2CaCO_3+2H_2O$$

$$Mg(HCO_3)_2+Ca(OH)_2 = CaCO_3+MgCO_3+2H_2O$$

$$MgCO_3+Ca(OH)_2 = CaCO_3+Mg(OH)_2$$

$$CO_2+Ca(OH)_2 = CaCO_3+H_2O$$

（3）石灰加药剂量

$Ca(OH)_2$（85%纯度的石灰）＝（$Ca+CO_2+1.2Mg+Fe+K+A$）×37/0.85

＝（4.695+1.77+4.254+0.03+0.2+0.2）

×37/0.85=485.3（mg/L）

式中：Ca 为原水中钙的碳酸盐硬度，Ca=4.695mmol/L；CO_2 为原水中游离 CO_2 含量，CO_2=1.77mmol/L；Mg 为原水中镁的非碳酸盐硬度，Mg=3.545mmol/L；Fe 为原水中铁含量，Fe=0.03mmol/L；K 为混凝剂投加量，K=0.2mmol/L，一般为 0.1～0.5mmol/L；A 为 OH^-过剩量，A=0.2，一般为 0.2～0.4mmol/L。

（4）石灰耗量

加石灰量 485.3×700=339710（g/h）= 339.7（kg/h）

最大日耗量 339.7×24/1000 = 8.15（t/d）

（5）设备选型。

1）筒仓体积：按 7 天最大储存量：8.15×7=57.05（t），57.05/0.5=114.1（m^3），石灰系统共设两台消石灰筒仓，每台筒仓的体积为 150m^3。

2）石灰乳计量泵：339.7/0.05/1000=6.8（m^3/h），8.15/0.6=11.3（m^3/h）；石灰加药系统共设两台计量泵，一用一备 Q=12m^3/h，H=0.25MPa。

2. 浓硫酸加药量计算

（1）药品：98%的浓硫酸，密度按 1.84g/cm^3 计算。

（2）化学反应方程式

$$CO_3^{2-}+H^+ = HCO_3^-$$

$$OH^-+H^+ = H_2O$$

（3）浓硫酸加药剂量。污水经石灰处理后，水中残留的钙硬度为0.4mmol/L（实验数据）。镁碳酸盐硬度为8.24–4.695=3.545（mmol/L），经石灰处理后，镁硬度去除20%，还剩余的镁硬度为3.545×0.8=2.836（mmol/L），石灰处理后残留的OH^-为0.2mmol/L。

$$(0.4+2.836)/2+0.2=1.818\ (mmol/L)$$

$$1.818\times49=89\ (mg/L)$$

浓硫酸投加量按89mg/L计算。

（4）浓硫酸耗量

100% H_2SO_4　　89×700/1000=62.3（kg/h）

98% H_2SO_4　　62.3/0.98=63.57（kg/h）

98% H_2SO_4日耗量　　70.63×24/1000=1.53（t/d）

（5）设备选型：

1）硫酸储存罐：按20天的最大储存量1.53×20/1.84=16.63（m^3），硫酸加药系统共设两台V=20m^3的硫酸储存罐。

2）硫酸加药计量泵：16.63/1.84/0.6=15（L/h）；选两台计量泵，一用一备，Q=15L/h，H=1.0MPa。

3. 凝聚剂加药量计算

（1）药品：液态聚合硫酸铁，含铁量11%，密度按1.45g/cm^3计算。

（2）聚合硫酸铁的加药剂量：按5mg/L（以Fe^{3+}计）投加。

（3）聚合硫酸铁耗量

$$5/0.11\times700/1000=32\ (kg/h)$$

日耗量32×24/1000=0.768（t/d）

（4）设备选型：

1）聚合硫酸铁储存罐：按20天最大储存量0.768×20/1.45=

10.6（m^3）；凝聚剂加药系统共设两台 V=15m^3 的聚合硫酸铁储存罐。

2）凝聚剂加药剂量泵：32/1.45/0.6=36.78（L/h）；选两台计量泵，一用一备，Q=37L/h，H=1.0MPa。

4. 助凝剂加药量计算

（1）药品：粉状聚丙烯酰胺，配制浓度按 0.2%考虑。

（2）助凝剂的加药剂量：按 0.1mg/L 投加。

（3）助凝剂的耗量：0.1×2400/1000=0.24（kg/h），日耗量 0.24×24=5.76（kg/d）。

（4）设备选型。助凝剂加药计量泵：0.07/0.002/0.6=58（L/h）；选两台剂量泵，一用一备，Q=58L/h，H=1.0MPa。

5. 排泥量计算

澄清池排泥主要包括以下三个部分：石灰处理产生的 $CaCO_3$，原水中去除的悬浮物，投加的消石灰中所含的杂质。

$$CaCO_3=(4.695\times2+1.77+3.545\times1.2-0.4)\times50=750.7\ (mg/L)$$

悬浮物为 5.6–2=3.6（mg/L）

消石灰的纯度为 85%，其中所含 15%的杂质：485.3×0.15=72.8（mg/L）

污水厂来水总共泥渣量 Q=（750.7+3.6+72.8）×70000=0.58（t/h）

6. 脱水机选型

澄清池排泥经浓缩池浓缩后含固率 4%：1.51/0.04=37.75（m^3/h）。

脱水机选型为两台：单台流量 20～40m^3/h，单台绝干泥处理量 0.8t/h。

7. 脱水剂加药量计算

（1）药品：粉状聚丙烯酰胺，配制浓度按 0.2%计算。

（2）脱水剂的加药剂量：加药量按 1.5～3kg/t 绝干泥考虑（取中间值 2）。

（3）脱水剂的耗量：1.51×2=3.02（kg/h），日耗量 3.02×24=72.48（kg/d）。

（4）设备选型。脱水剂加药计量泵：4/0.002/2/0.6=1258（L/h），选三台计量泵，二用一备，Q=1258L/h，H=1.0MPa。

助凝剂溶液箱：4m^3，共两台。

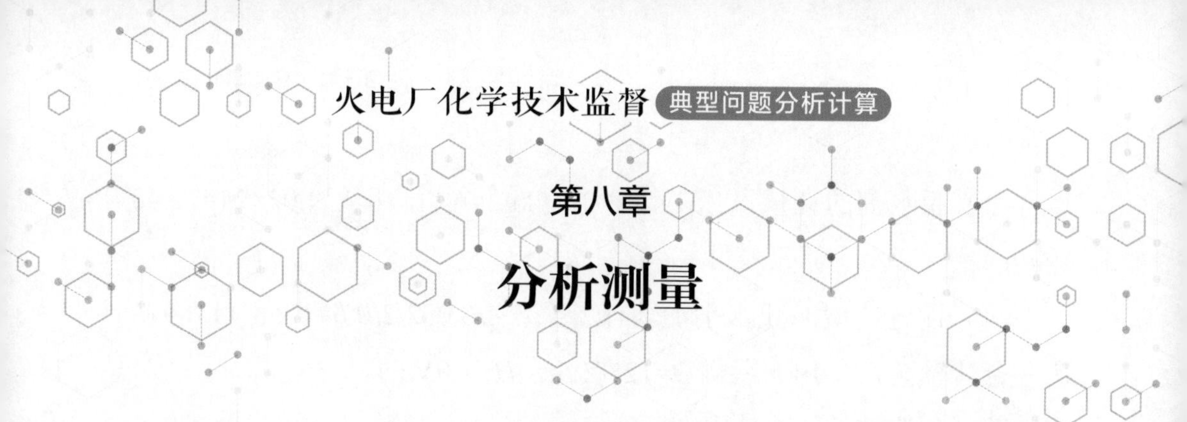

第八章

分析测量

高参数、大容量发电机组的不断发展，对各项水汽控制指标的要求也越来越严格，要得到连续、准确的水汽指标，必须依靠在线化学仪表，因此在线化学仪表在化学监督与控制中的作用也越来越重要，尤其是对于超超临界机组。在线化学仪表测量不准确会严重影响化学监督与控制的准确判断，不能及时发现水汽品质超标问题，长期积累将导致腐蚀、结垢、积盐和爆管等事故，对机组安全、经济运行带来巨大风险及危害。

第一节　纯水 pH 值测量的关键点分析

一、情况简述

电厂一般都是用实验室 pH 值表来检验在线 pH 值表的准确性，为了确认在线 pH 值表的准确性，将实验室表的测试值当作实际测试值，简称“实测值”，认为这个值才是真实的 pH 值。事实上，在线 pH 测量仪和实验室酸度计的测值比较是一个很难的问题，涉及的因素很多。测试环境的不同，所采用的电极和流路的差别都对测量有较大地影响。而单是实验环境就包括：流量（动态与静态）、CO_2 的吸收、温度的不同和是否存在地回路的影响等。

不能笼统简单地讲在线表或实验室表哪种更准确。但可以说，在线测量的问题可以比实验室的敞开式测量好解决。因为敞放式的测量就意味着 CO_2 的吸收无法解决。

二、测量差别及措施

1. 水样温度

大多数技术人员忽视了这一点，在电厂中，化验室的水样一般是从现场用取样瓶取回来，与在线检测的温度很难保持相同。而纯水、超纯水的 pH 值随温度的变化又较大，势必造成在线测量值与离线测量值的较大差别。具体地讲，若温度相差 10℃，对除盐水、蒸汽水、内冷水和凝结水等这样的纯水，理论上 pH 值差别接近 0.15，对锅炉给水这样的加氨超纯水 pH 值相差 0.33 之多。

处理措施：

（1）选用具有 25℃折算的在线 pH 测量仪和实验室酸度计。若两种仪表均将 pH 值折算到 25℃，问题即可解决。大多数的实验室台式酸度计都有 25℃折算，显示的是折算成 25℃的 pH 值，只有少部分老式的表计没有折算功能。

（2）仪表没有 25℃折算时，采用手动折算。

对纯水，从普通测量的 pH 值到 25℃的 pH 值折算公式

$$pH(25℃)=pH+0.015\times(T-25)$$

对加氨纯水，从普通测量的 pH 值到 25℃的 pH 值折算公式

$$pH(25℃)=pH+0.033\times(T-25)$$

这种情况适用以下条件：具有 25℃折算的在线 pH 测量仪和没有 25℃折算的实验室酸度计，这时需要将实验室酸度计的测试值手工折算到 25℃；在线表和实验室表都没有 25℃折算功能，同时温度相差较大时；在线 pH 测量仪没有，而实验室酸度计有 25℃折算时。

2. 水样流量

纯水、超纯水的 pH 值本身是不受流量影响的，但动态在线测量时测试值严重地受流量影响，影响程度的大小受所用的电极、流量的具体值、测量池的特性和流动方向及路径等多种因素的影响，曾见过这样的现象：将流量从 50mL/min 变到 500mL/min 时，pH 值变化将近 0.8。因此，根本无法确认到底多大流量下的测试值才是正确的，这就使得与静态测量值的对比完全没有意义。只有尽量将流量降低，但又不能降得太低，以免水样变化太慢，失去测量的实时性。

处理措施：相差太大时，应检查在线表是否存在地回路。设计或安装不好的在线表可能存在地回路问题；与实验室表的测值相差太大，通过反复检查电极等别的可能的原因后，还是解决不了问题，这时可能在线表存在地回路。确认和解决这个问题的办法是将测量池良好地接地，并且将电极或水路的溶液地（如果有）与二次表的溶液地端相连。连接前后测量值如果有较大的变化，说明系统存在地回路。

三、改善纯水 pH 值的静态测量

1. 低电导率水样 pH 值的静态测量难点

低电导率水样 pH 值的静态测量是一个很难的问题，敞开式测量就更难。常见的低电导率水样主要有给水、凝结水、蒸馏水和除盐水等，而最集中的是发电行业。从反渗透、离子交换除盐到锅炉给水、炉水、蒸汽水再到内冷水和凝结水等热力系统的各个环节，几乎全是纯水和超纯水质。用在高浓度的标液中表现良好的电极去测试这些水样，结果总是响应慢、漂移、噪声、重复性差和电极使用寿命缩短。

主要的原因有水样的导电性能差、液接电位不稳定和 CO_2 的吸收等。其中 CO_2 的吸收只能在密闭的容器中才能消除。这些问题困扰了几十年，世界上众多的电化学仪表厂商都在寻找解决办法。美国的ASTM协会在1993年起草了标准D5494—1993《*Standsrd Test Methods forpH Measurement of Water of Low Conductivity*》，直到2001年才通过，也能从侧面说明解决问题的难度。在这个标准中，严格地规定了测量必须在一个特殊的装置中密闭进行，以避免CO_2的污染。

目前的情况是，在电厂化验室中水样pH值的静态测量几乎都是在烧杯中进行的，即使电厂水样电导率只有几微西每厘米甚至低于0.3μS/cm的情况下，还是在烧杯中敞开测量，大多数技术人员已经接受在敞开的烧杯中测量纯水pH值的不足：水样会不断地吸收CO_2，pH值会不停的往下降，影响了测量的稳定性和准确性。

适合纯水静态测量的pH值复合电极的特点主要有三个：敏感膜阻抗低；采用双液接；盐桥溶液采用与被测水样浓度较接近的0.1mol/L KCl。

2. 低电导率水样pH值测量解决措施

（1）使用离子强度调节剂（ISA）将使测试更稳、更快。在被测水样中加入中性盐（如KCl）作为离子强度调节剂，改变溶液中的离子总强度，增加导电性，使测量快速稳定。这种方法得到国标认可。在GB/T 6904.3—1993《锅炉用水和冷却水分析方法pH值的测定用于纯水的玻璃电极法》中曾有这样的叙述“测定水样时为了减少液接电位的影响和快速达到稳定，每50mL水样中加入1滴中性0.1mol/L KCl溶液”。国外不少厂家（包括ORION）对纯水pH值的静态测量均采用了这种方法。使用本方法虽然改变了离子强度，影响了测量的准确性，但在数量上pH值只改变了0.005～0.01，完全可以接受。采用这种方法时，一定要注意所加的KCl溶液不应含有碱性或酸性的杂质。因为纯水的缓冲能力特别弱，微量的碱性或酸性杂质将引起pH值的较大变化。这就要求在配制作为离子强度调节剂使用的KCl溶液时一定要使用纯的 KCl 和纯度较高的中性水质。

（2）减小 CO_2 吸收的影响。在烧杯中敞开测量，不可避免地受到 CO_2 吸收的影响，但可以将电极插入烧杯中溶液的下部，不要碰到烧杯，也不要摇动烧杯或电极，这样可以减少 CO_2 的污染。因为 CO_2 在水样中的溶解和吸收还需要一定的时间。

第二节　溶氧表测量准确性影响及防止措施

一、情况简述

溶氧表属于电流式分析仪器，其传感器能把被分析的物质浓度的变化转换成电流信号的变化。溶氧表按传感器的工作原理不同，可命名为原电池型传感器和极谱型传感器，其中极谱型传感器又分为扩散性和平衡型两种。

二、原电池型传感器

测量原理：被分析的物质参与原电池的化学反应，产生一个与被测物质浓度相关的电流信号，检测其电流就能获知被分析物质的浓度。

这类型的传感器又可分为接触式、复膜式、洗出式。

三、极谱型传感器

（一）扩散型传感器

1. 测量原理

国内外普遍采用的溶解氧测量仪器的测量原理是极谱法，即向电极施加一定的电压，使溶解氧在电极表面发生电化学反应，在测量电路中产生电流，该电流的大小与溶解氧的浓度成正比。这种通过测量电流大小达到确定测量值的方法属电流法。与电位法相比（如 pH 值测量、钠的测量）相比，电流法在纯水体系中受到的电干扰较小。

目前，新型极谱型传感器是三电极体系，除传统的铂阴极、银阳极外，还有一银质参比电极，大大提高了信号的稳定性和精度零点稳定。内置自消耗电极，自行消耗电解液中的残余氧。

参比电极（阳极）是大面积的银电极，而测量电极（阴极）是金电极。金电极是极化电极，银电极是去极化电极，电解液为一定浓度的 KCl 溶液。当电极间加直流极化电压，氧通过膜连续扩散，扩散通过膜的氧立即在金电极表面还原，电流正比于扩散到阴极的氧的速率。电极反应如下：

阴极（金）：还原反应　$O_2+2H_2O+4e = 4OH^-$

阳极（银）：氧化反应　$4Ag+4Cl^- -4e = 4AgCl\downarrow$

由极谱分析原理可知，此传感器在一定温度下，电解液中溶解氧产生的极限扩散电流与溶解氧的浓度呈线性关系。

测定时为消除水的电导率、pH 值和水中杂质的影响，在金电极外表面覆盖一层疏水透气的聚四氟乙烯或聚乙烯薄膜，将电解池中的电极、电解液与被测水样隔开，被测水样在流通池流过时与膜的外表面接触，水中溶解氧透过薄膜进入电解液，在金电极上发生电极反应，透过膜的氧量与水中溶解氧浓度呈正比，因而传感器的极限扩散电流与水中溶解氧浓度成正比，测量此电流就能测得水中溶解氧浓度。

反应产生的电流符合以下公式

$$I=kDSc/L \tag{8-1}$$

式中：D 为溶解氧的扩散系数（与温度有关）；S 为溶氧传感器阴极的表面积（与污染有关），m^2；c 为溶解氧浓度，mg/L；L 为扩散层的厚度（与膜加工和流速有关），m；k 为常数。

2. 影响测量准确性的因素

（1）流速的影响。从式（8-1）可以看出，溶解氧测量结果 I 除了与溶解氧浓度 c 有关，还与扩散层的厚度 L 有关。扩散层由两部分组成。一部分是膜的厚度，由膜的加工质量决定。如果膜的厚度比正常设计值厚，会使氧通过膜的扩散速度减慢，造成测量灵敏度降低，这可以通过仪表标定加以消除（更换膜后，必须重新进行标定）。另一部分扩散层是与膜外表面紧密接触的水膜（水的静止层），这部分扩散层的厚度取决于水流速度。水流速度越高，水膜厚度越小，氧扩散的速度越高，从而使测量值增高。反之亦然。因此必须严格控制测量时水样流速在要求的范围内，最好与标定时的流速相同。

另外，扩散型传感器消耗水样中的氧并减少氧浓度，如果水样不流动或者流速过低，会造成测量结果偏低。应保证达到制造厂要求的最低流速，否则得到偏低的测量结果。

（2）表面污染的影响。从式（8-1）可以看出，溶解氧测量结果 I 除了与溶解氧浓度 c 有关，还与溶氧传感器阴极的表面积 S 有关。该面积在使用过程中受渗透膜表面污染的影响，表面附着物会阻挡一部分面积使氧的渗透受阻，对应的阴极反应面积相对减少，造成测量结果偏低。

（3）阳极老化。对于扩散型溶解氧测量传感器，其银电极自身发生腐蚀反应

$$4Ag+4Cl^{-} = 4AgCl\downarrow+4e^{-}$$

长期运行后生成的 AgCl 沉淀不断增加，与氢氧化钾反应后在阳极表面生成氢氧化银，并进一步转化成黑色氧化银（Ag_2O）沉淀，附着在银电极表面。改变了阳极性质，从而造成测量误差。阳极老化后，可以在更换膜的同时用稀氨水清洗。为了防止老化，长期不用的溶解氧电极应保存在无氧水中。

（4）传感器内有气泡。扩散型溶解氧测量传感器需要定期进行膜和内参比液的更换。如果更换膜操作不当，在传感器内部存在气泡，气泡内存在一定的氧气分压。常温常压下，同体积的空气中的氧含量是同体积水中溶解的氧量的约30倍。当测量浓度降低时，气泡内的氧气分压大于与溶液中的氧相平衡的氧分压，气泡中的氧通过气液界面进入溶液中，同时气泡内氧气发生浓差扩散，这就比无气泡时的液相（单相）扩散增加了两个过程，从而大大降低溶解氧测量的响应速度。因此，更换膜时要特别注意传感器内部填充液中不能有气泡存在。

（二）平衡型传感器

平衡型传感器一般由三电极组成（见图8-1），其中阳极和阴极均由贵金属铂或金制成，另外还有一支参比电极。溶氧仪氧通过参比电极测量阴极相对于参比电极的电位，并通过自动调节槽压以达到维持阴极的电极电位保持恒定，从而保证阴极表面溶解氧的还原反应受扩散控制。由于阳极也是贵金属，不可能发生金属的氧化反应，只能发生水的氧化反应，生成氧和氢离子并释放出电子。

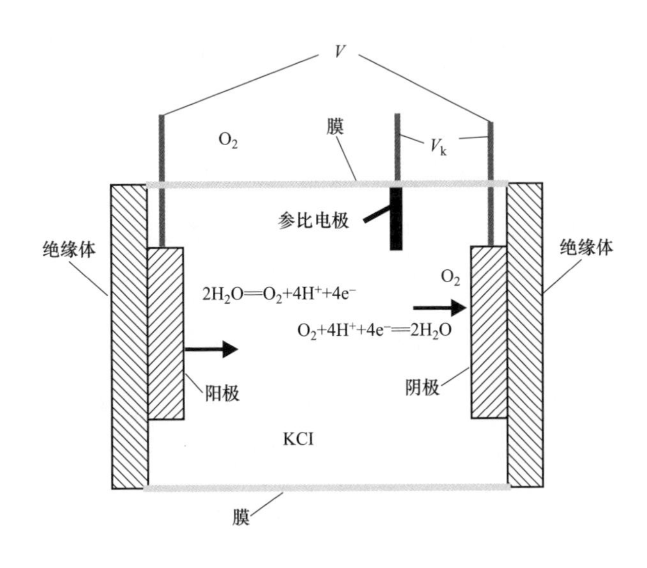

图8-1　平衡型溶解氧测量

阴极反应：$O_2+4H^++4e = 2H_2O$

阳极反应：$2H_2O = O_2+4H^++4e$

由上述反应可以看出，平衡型溶解氧测量传感器在测量过程中阴极消耗的氧等于阳极产生的氧，传感器不消耗水样中的氧。因此，测量过程中只有膜内溶液中溶解氧浓度与水样浓度存在差异时，溶解氧从浓度高的一侧扩散到另一侧，直到膜两边氧浓度达到平衡。而氧通过膜的扩散速度与测量的溶解氧浓度无关，这与扩散型溶解氧测量传感器完全不同。平衡型传感器测量精度与膜的表面状态和水样流速无关。

反应产生的电流符合以下公式

$$I=DScnF/(LM) \tag{8-2}$$

式中：除了得失电子数 n、法拉第常数 F 和氧的分子量 M 是常数外，电极面积 S 和扩散层厚度 L 也都是常数。因为电极在膜隔离的电极壳内，不会受到污染而变化，电极表面的 KCl 溶液也是静止的，散层厚度 L 也不变化。

设各不变的参数为 k，即 $k=SnF/(LM)$，则式（8-2）可简化为

$$I=kDC \tag{8-3}$$

该式表明平衡型传感器测量值只受到阴极表面扩散系数 D（内扩散）的影响，通过自动准确测量温度并进行温度补偿，可以将温度对扩散系数的影响产生的误差消除掉。

在水样氧浓度相对稳定时，平衡型传感器测量值与膜的扩散速率无关，并且不消耗水样中的氧，因此测量值不受水样流速和膜表面污染的影响；平衡型传感器阳极为贵金属 Pt，因此不会发生阳极老化带来的误差问题；平衡型传感器一般不需要更换膜，因此也没有传感器内气泡影响问题。

四、两种传感器共有的测量误差来源及防止措施

（1）测量回路泄漏问题。溶解氧测量过程中经常遇到的一种干扰是测量系统管路接头和阀门泄漏，使空气漏进测量水样，造成测量结果偏高。因为经过测量传感器的水样一般直接排放到排水管，压力与大气压相同，而管道中由于水样的流动，使水的静压降低，水样的压力低于大气压，如果管路有漏点，水样不会向外泄漏，而是空气向管内渗漏，很难发现漏点。所以，应确保密封水样不漏气。当取样流速为 100mL/min 流量时，每分钟漏进 2mm 直径的气泡，可使水样中溶解氧浓度增加 11μg/L。

（2）溶解氧的扩散系数 D。随水样温度的提高，扩散系数 D 增大，测量结果相应增加。温度对测量结果的影响很大。因此，为了保证测量结果准确，溶氧表传感器中都有精确的温度测量传感器，并且根据温度测量结果自动进行温度补偿。所以对溶氧表进行调整的重要内容之一是按说明书进行温度校验。

（3）管路和传感器壳内中细菌繁殖会消耗氧，引起负误差。如果怀疑有细菌，可用 1+44 的盐酸或 10mg/L 次氯酸钠杀菌。

（4）含氧和除氧剂的高温水样会发生反应，使测量结果降低。缩短取样管长度，在前面加冷却器。

（5）还原剂如联氨等，可以通过膜在电极上发生不希望发生的反应，产生负误差。误差的大小与除氧剂和溶解氧的相对浓度、电解池类型有关，因此，应考虑仪表制造厂的注意事项和限制。

（6）氧化铁和其他沉积物可能在流速低的水平段管子中沉积，产生类似色谱柱一样的保持作用，导致很长的滞后时间。

（7）从高浓度降低到低浓度，响应时间很长，特别是空气校正后测量低于 10μg/L 的溶解氧，需要几个小时，传感器内的氧才能扩散出

来，实现准确的测量。

（8）膜破损造成传感器内 KCl 逐渐被稀释，传感器内溶液电阻大幅度增加，溶液欧姆降大大增加，从而使阴极表面的极化电位大大降低，如式（8-1）所示，阴极反应进入活化极化控制，从而使测量结果偏低，甚至无法进行测量。

第三节　CO_2 对凝汽器检漏中氢电导率测量的影响

一、情况简述

随着发电厂机组参数的提高，对水质控制越来越严格。监督凝汽器泄漏通常采用测量凝结水氢电导率的方法，但该指标的值明显上升也可能是由水汽系统中 CO_2 含量增多引起的，因此消除 CO_2 的影响对氢电导率的准确性有极大的作用。

二、CO_2 对使用氢电导率判断凝汽器泄漏的影响

监督凝汽器泄漏通常采用测量凝结水氢电导率的方法。该方法是让凝结水样通过 H^+ 交换柱，测量其出水电导率，若电导率明显上升，则说明凝汽器发生泄漏。在凝汽器没有明显泄漏时，凝结水中含有的杂质是蒸汽中带入的微量 Na^+、Cl^- 以及调节 pH 值加入的 NH_3 等，当它们通过 H^+ 交换柱后，发生下列反应

$$RH+NaCl \longrightarrow RNa+HCl$$

$$RH+NH_4OH \longrightarrow RNH_4+H_2O$$

交换后产生的微量 HCl（或其他酸）反映凝结水中盐类杂质（如 NaCl）的含量，它的电导率即氢电导率，调节给水 pH 值的氨在加入

量发生波动时，只会使水中 NH_4OH 量波动，由于 NH_4OH 经交换柱后产生水，不会使氢电导率发生变化。但当凝汽器发生泄漏时，冷却水中盐类杂质漏入凝结水中，使凝结水中 Ca^{2+}、Na^+、Cl^-、SiO_2、HCO_3^- 含量上升，水样经 H^+交换后，出水中 HCl、H_2SO_4 等浓度上升而导致氢电导率上升。

另一种情况也会使凝结水氢电导率上升，即水汽系统中含有 CO_2。在凝汽器的负压系统、泵的轴承等处会漏入空气。空气中的 CO_2 也随之进入系统，遇到高 pH 值水迅速转变为 NH_4HCO_3 和（NH）$_2CO_3$。这样在水样通过交换柱后，出水的 CO_2 含量增多。也会使凝结水氢电导率上升，给出凝汽器泄漏的错误信号。所以消除氢电导测量中的 CO_2 影响很重要，特别是采用给水加氧的大机组中，给水的氢电导率要稳定在 0.1～0.15μS/cm，若由于 CO_2 使氢电导率上升，将会引起误判断而中断加氧处理。

三、热力系统中 CO_2 来源

（1）凝汽器的真空系统、泵轴承等处漏入空气，其中 CO_2 与系统中高 pH 值给水结合为 NH_4HCO_3 和（NH）$_2CO_3$。

（2）凝汽器漏入微量冷却水，其中含有 HCO_3^-，随给水进入炉内分解出 CO_2。

（3）补给水中含有大量 CO_2，特别是大气式脱碳器的除盐系统进入凝汽器（或除氧器）后会排走一部分，但仍残留一些。

（4）随给水带入炉内的有机物发生分解。这些有机物包括天然有机物、有机除氧剂、碎树脂及树脂溶出物、凝汽器泄漏带入的有机物等。

（5）给水与炉水加药系统漏入空气（特别是碱性的氨与磷酸盐，有人曾测出溶入的 CO_2 量达到氨量的 20%）。

四、消除氢电导率测量中 CO_2 影响的方法

目前，对于如何消除氢电导率测量中 CO_2 的影响，国外的消除方法基本有两类：一是沸腾法，二是选择性渗透膜法。沸腾法当中也分两类：其一是加热沸腾，即将被测水样加热至沸点沸腾，去除溶解的 CO_2 后，再冷却测其电导率；二是真空沸腾+将水样在密闭条件下减压沸腾去除 CO_2。

沸腾法最大的缺点是该方法的应用设备很复杂，而且在实际除去 CO_2 时，还可能将水样中其他挥发性酸部分或全部去除，极易给测量值带来负误差。选择性渗透膜法是将水样通过中空纤维膜。这种 CO_2 消除法是利用膜组件对气体的选择性通过以达到去除 CO_2 的目的。它是采用中空纤维膜和真空脱气相结合的方法，将样品从中空纤维膜内流过，而膜外是由真空泵产生一真空区间，使 CO_2 气体能顺利透过膜而进入真空区，并及时排除；而水分子则不能透过，经过膜内通道随出水管流出，但利用这个方法设计的脱气氢电导率表价格昂贵，一般主要是科研院所购买。

第四节　COD_{Mn} 法和 COD_{Cr} 法测定的要点

一、化学耗氧量的测定（重铬酸钾法）

1. COD_{Cr} 法测量概要

化学耗氧量（COD_{Cr}）是指天然水中可以被重铬酸钾氧化的有机物的含量。在本方法的氧化条件下，大部分有机物（80%以上）分解，但芳香烃、环式氮化物等几乎不分解，此方法可以用于比较水中有机物总含量的大小。同时，亚硝酸盐、亚铁盐、硫化物等还原性无机物

质及一部分氯离子也会被氧化。加入硫酸高汞和硫化银能消除干扰。

2. 计算公式

水样重铬酸钾耗氧量（COD_{Cr}）按下式计算

$$COD_{Cr}=\frac{(b-a)\times 0.2}{V}\times 1000$$

式中：a 为滴定水样时消耗硫酸亚铁铵标准溶液的体积，mL；b 为空白试验消耗硫酸亚铁铵标准溶液的体积，mL；V 为水样的体积，mL；0.2 为 1mL 0.025mol/L 重铬酸钾（$1/6K_2Cr_2O_7$）标准溶液相当于氧的毫克数（0.025×8=0.2）。

3. 测量注意事项

（1）取样后要及时进行分析，如水样有沉淀物或悬浮物，要充分混合均匀，如不能及时分析，要用硫酸酸化，如有机物含量较多，要在稀释后测定。

（2）重铬酸钾法和高锰酸钾法因氧化条件不一样，测定值有很大的差别，在一定条件下，两者数据存在一定的相关性。

（3）当水样耗氧量在 50mg/L 以上时，应使用 0.05mol/L 重铬酸钾（1/6 $K_2Cr_2O_7$）标准溶液和 0.05mol/L 硫酸亚铁氨标准溶液。

（4）COD_{Cr} 法测定中使用的空白水、稀释水，均应使用加高锰酸钾-硫酸重蒸馏的二次蒸馏水。

（5）COD_{Cr} 法所加的硫酸高汞的量，可以掩蔽 40mgCl^-。若氯离子含量大于 40mg 时，应按 $c_{HgSO_4}:c_{Cl^-}$=10:1 的比例增加硫酸高汞的加入量。

（6）COD_{Cr} 法使用硫酸高汞，故试验后的废液应妥善处理，否则会污染环境。

（7）COD_{Cr} 法是等效采用日本工业标准（JISK0101 工业用水试验方法）。即本方法的测定原理、测定条件，以及操作步骤，均与日本工业标准基本相同。

二、化学耗氧量的测定（高锰酸钾法）

1．COD_{Mn}法测量概要

化学耗氧量（或称COD_{Mn}）是指天然水中可被重铬酸钾或高锰酸钾氧化的有机物含量。在酸性（或碱性）条件下，高锰酸钾具有较高的氧化电位，因此它能将水中某些有机物氧化，并以化学耗氧量（或高锰酸钾的消耗量）来表示，以比较水中有机物总含量的大小。

高锰酸钾测化学耗氧量有两种方法：酸性法适用于氯离子含量小于 100mg/L 的水样；碱性法适用于氯离子含量大于 100mg/L 的水样。

2．计算公式

水样中高锰酸钾化学耗氧量（COD_{Mn}）的数值（mgO_2/L）按下式计算

$$COD_{Mn}=\frac{[(c_1\cdot a_1-c_2\cdot b)-(c_1\cdot a_2-c_2\cdot b)]\times 8}{V}\times 1000=\frac{c_1(a_1-a_2)\times 8000}{V}$$

式中：a_2为空白试验所消耗的高锰酸钾标准溶液的体积，mL；c_1、c_2分别为高锰酸钾（$1/5KMnO_4$）标准溶液、草酸（$1/2H_2C_2O_4$）标准溶液的摩尔浓度，mol/L；a_1、b 分别为测定水样所消耗的高锰酸钾（$1/5KMnO_4$）标准溶液、草酸（$1/2H_2C_2O_4$）标准溶液的体积，mL；8 为氧（$1/2O_2$）的摩尔质量，g/mol；V为水样的体积，mL。

3．测量注意事项

（1）在试验过程中，高锰酸钾标准溶液的加入量、煮沸的时间和条件（包括升温的时间）以及滴定时的水样温度等条件，都应严格遵守规定，否则由于反应条件不同而造成所测结果的偏差很大。

（2）如水样需要过滤时，必须采用玻璃过滤器或古氏漏斗，不得使用滤纸。采用过滤后的水样进行测定，所得的结果为水中溶解性有机物的含量。在报告中应注明水样经过滤。

（3）当水样中氯化物含量大时，则会产生氯离子的氧化反应而影响结果

$$2KMnO_4 + 16H^+ + 16Cl^- \longrightarrow 2KCl_2 + 5Cl_2 \uparrow + 8H_2O$$

（4）在酸性溶液中测定耗氧量时，若水样在加热过程中出现有棕色二氧化锰沉淀时，则应重新取样测定，并适当增加高锰酸钾标准溶液的加入量。

（5）高锰酸钾在碱性溶液加热过程中，如产生棕色沉淀或溶液本身变成绿紫色时，都不需要重新进行试验。在煮沸过程中如遇到溶液变成无色的情况，则需要减少所取水样的量，重新进行试验。

（6）作空白测定的蒸馏水，可用无污染的过热蒸汽代替，但不能用除盐水或高纯水。

（7）在 600W 电炉上煮沸 10min，数据重现性较差。改用沸腾水浴锅加热的方法。可改善数据重现性。化学耗氧量的数值随加热时间增加而增加，对于高锰酸钾化学耗氧量小于 4mg/L 的水样，水浴锅加热 30min 的数据与电炉上煮沸 10min 的数据相接近。

三、适用范围

根据 COD 测量原理的不同，氧化程度的不同，通常原水 COD 测量适用于高锰酸钾法，废水 COD 测量适用于重铬酸钾法。

第九章
化学计算与监督

随着我国电力事业的迅猛发展，电厂化学行业对汽水循环化学、膜处理技术的认识进一步深入，数学作为精确描述的工具发挥着越来越重要的作用。通过建立相关数学模型，不仅有助于理解电厂化学领域存在的问题的本质，而且在此基础上可以预测新的机理，从而在工程设计中得到应用，提升和推进行业技术进步。

传统的水处理技术对于数学要求不高，通常以唯象描述为主。20 世纪 90 年代以来，大容量亚临界汽包炉逐渐成为火电主力机组，催生了对数学工具的需求。针对亚临界机组积垢后水冷壁温度升高和负荷变化引起的壁温波动情况，给出了一种精确、实用的水冷壁温度计算方法，从理论上回答了亚临界机组最大容许垢量，并解决了亚临界锅炉水冷壁结垢引起的横向裂纹问题。在水汽质量要求对氢电导率进行监测情况下，通过建立水汽氢电导率与常见阴离子定量关系相关数学模型，从理论上进行了全面研究，为火电厂确定氢电导率控制水平提供了依据。

汽包炉水处理方面，通过电荷平衡、物料平衡获得各种水工况条件下的精确炉水 pH 值计算表达式，获得准确的数值解，并给出了汽包锅炉各种水工况下加药量与炉水 pH 值的关系曲线。针对高温状态下炉水 pH 值的变化情况，通过数学推导，很好解释了加氨量合格情况下，给水 pH 值低引起省煤器管腐蚀问题，证明了氢氧化钠在高温下较强的 pH 值调节能力。超（超）临界机组凝结水精处理一般均采用氢型运行模式，但凝结水精处理氨化运行技术对于亚临界机组经济运行仍具有一定作用，结合阴阳离子交换反应和平衡常数，对影响凝结水精处理氨化运行的树脂分离度、再生度、再生剂质量进行了详细计算说明。

补给水处理方面，运用流体力学传递守恒关系，分别建立基于反渗透膜运行和超滤膜元件运行的微分方程组形式的膜元件数学模型，并编制出相应的膜系统运行模拟软件，为膜元件的结构优化和运行优化提供了理论参考。

在传统电厂化学领域，数学工具应用相比其他电力专业尚有不足，随着电厂化学领域不断发展和计算机技术的广泛应用，特别是新建火电机组智能控制系统推广应用，从电厂化学专业提取海量数据，并进行数据挖掘以更好指导电厂节能减排成为可能。

第一节　内冷水 pH 值上下限值变化调整原因分析

一、情况简述

DL/T 801—2010《大型发电机内冷却水质及系统技术要求》规定内冷水水质 pH 值范围是 8.0～9.0。GB/T 12145—2016《火力发电机组及蒸汽动力设备水汽质量》规定的 pH 值的范围修改为 8.0～8.9，是什么原因呢？

二、pH 值下限从 7.0 变成 8.0 的原因分析

pH 值从 7.0 修改为 8.0，主要依据为图 9-1 和图 9-2。

由图 9-1、图 9-2 可知，如果 pH=7.0，这时铜线棒的腐蚀速率非常高，大约是最佳 pH=8.5 条件下的 100 倍。由于小混床的投运掩盖

了系统腐蚀的真实性。例如某电厂的内冷却水的pH=7.0，内冷却水系统的含铜量为20～30μg/L，但内冷却水系统却发生了严重的腐蚀，见图9-3。为了防止腐蚀将pH值的下限提高到8.0。

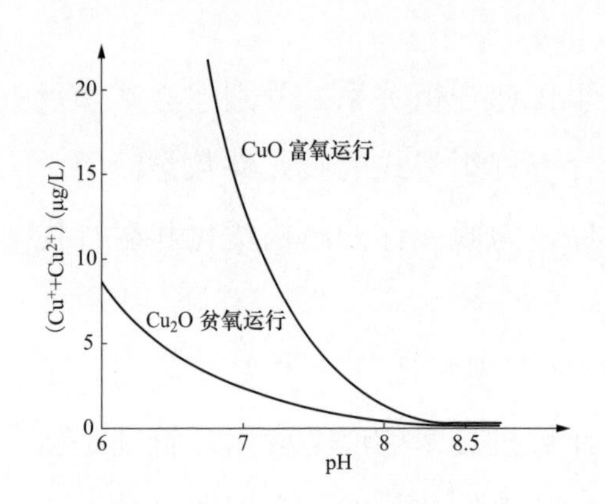

图9-1　铜的溶出与pH值的关系

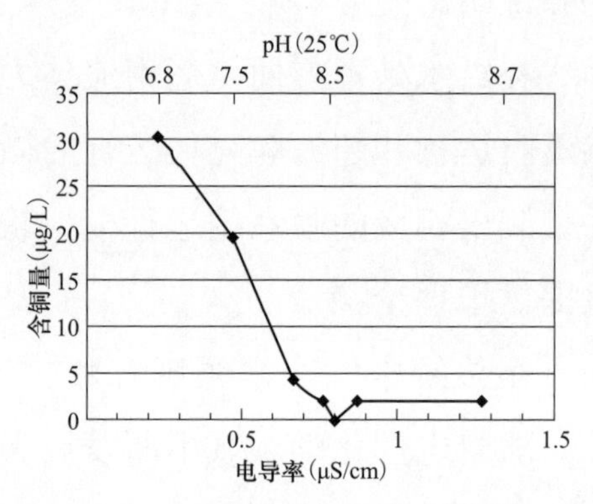

图9-2　电导率、pH值对发电机内冷水的含铜量的影响

pH值的调节可用氨水调节，也可用碱（通常为NaOH）调节。在pH<9.0的条件下，这两种调节方式对腐蚀没有差别。

pH值的调节在凝汽器不泄漏的情况下，可直接使用含氨的凝结水调节；对有凝结水精处理装置的机组可采用精处理装置后加过氨的水调节；也可使用加药（通常为NaOH）的方式调节。

图9-3　发电机内冷水系统并头套腐蚀对比

由于pH值与电导率相关，电导率越低，pH值也越低，铜的腐蚀也就越严重。规定电导率的下限主要考虑pH值。

对于氨水调节电导率κ与pH值的关系为

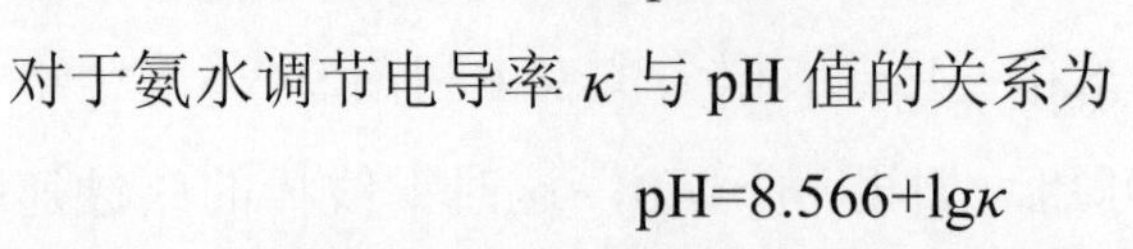

$$pH=8.566+\lg\kappa$$

对于用NaOH调节电导率κ与pH值的关系为

$$pH=8.606+\lg\kappa$$

式中：κ 为电导率，μS/cm。

要达到 pH＞8.0，无论用氨水调节还是用 NaOH 调节，电导率必须大于 0.3μS/cm。以上公式没有考虑水中铜离子的影响。考虑水中铜离子的影响后，电导率必须大于 0.4μS/cm。也就是说电导率的下限对应的是 pH=8.0 的下限值。

三、pH 值上限从 9.0 变成 8.9 的原因分析

溶液的导电能力取决于其中所含离子的种类、数目、价数和移动速率。在一定温度下，水的电导率取决于它的离子组成和离子含量。根据水中各种离子的浓度，可以计算水的电导率。

对于无限稀释溶液，可根据 Kohlrausch 离子独立移动定律，即溶液的摩尔电导率就是正、负离子摩尔电导率之和。常见离子的摩尔电导率见表 9-1。

表 9-1　　无限稀释溶液的离子摩尔电导率

离子	$\lambda_m^\infty(S\cdot cm^2/mol)$	$\frac{d\lambda^\infty}{\lambda_{25}^\infty dT}(1/℃)$	离子	$\lambda_m^\infty(S\cdot cm^2/mol)$	$\frac{d\lambda^\infty}{\lambda_{25}^\infty dT}(1/℃)$
H^+	349.82	0.0139	OH^-	198.6	0.018
Na^+	50.11	0.0220	NH_4^+	73.50	0.019

对于纯水来说，其理论摩尔电导率 $\Lambda_{25°C,Total}=\lambda_H^++\lambda_{OH}^-$，计算可得 25℃下的理论电导率为 0.0548μS/cm。

（1）对于用 NaOH 来调节纯水 pH 值的体系而言，通过以下两个公式可以计算出氢氧化钠溶液的 pH 值和摩尔电导率（不考虑 CO_2 的影响）

$$pH_{NaOH}=8.606+\lg DD$$

$$\Lambda_{25°C,Total}=\lambda_H^++\lambda_{Na}^++\lambda_{OH}^-$$

式中：DD 为电导率，μS/cm。

（2）对于用 NH_3 来调节纯水 pH 值的体系而言，不同浓度的氨水溶液 pH 值与电导率关系（不考虑 CO_2 的影响）

$$pH_{NH_3} = 8.57 + \lg DD$$

不同浓度的氢氧化钠溶液pH值、氨水溶液与电导率关系见表9-2。

表 9-2　不同浓度的氢氧化钠溶液 pH 值、氨水溶液 pH 值与电导率关系

pH 值（25℃）	氨水电导率（μS/cm）	氢氧化钠电导率（μS/cm）
8.0	0.269	0.248
8.1	0.339	0.312
8.2	0.427	0.393
8.3	0.537	0.494
8.4	0.676	0.622
8.5	0.851	0.783
8.6	1.072	0.986
8.7	1.349	1.242
8.8	1.698	1.563
8.87	2.000	1.84
8.9	2.137	1.967
8.91	2.18	2.00
9.0	2.692	2.447

从表 9-2 可以看出，用氨水调节 pH 值时，当 pH 值在 8.87 时，电导率为 2.00μS/cm，对应的用 NaOH 调节 pH 值时，当 pH 值在 8.91 时，电导为 2.00μS/cm，在标准范围内。

四、原因分析

DL/T 801—2010《大型发电机内冷却水质及系统技术要求》在

2010 年修订时，当时用氨水（凝结水）调整 pH 值，受其他离子影响，内冷水的电导率为 2.00μS/cm，pH 值几乎很难超过 9.0。标准发布以后，使用纯 NaOH 调整内冷水水质越来越多，出现了上述的偏差，因此，GB/T 12145—2016《火力发电机组及蒸汽动力设备水汽质量》在修订时将 pH 值的范围修改为 8.0～8.9。

第二节　纯水中电导率、pH 值和氨浓度的关系

一、情况简述

国内大多数的 300MW 及以上的大容量机组采用 100%凝结水处理，为降低锅炉炉管的腐蚀速率，减小炉管沉积物与结垢量，提高蒸汽品质，必须进行热力系统水调节处理，虽然高参数、大容量机组无例外地采用高纯水（通常为二级除盐水）作为锅炉补充水，但作为锅炉给水它们并不符合防腐要求（即不是处于炉管腐蚀速率最低的状态）。因此，需要采取给水加氨处理。给水处理一般采用 AVT 的处理办法（即氨加联氨的全挥发处理法）或采用 OT 的办法（即给水加氧处理法），无论采用哪一种处理方法，都必须在给水中加入氨，以控制给水的 pH 值维持在一定的范围内。因此监督给水的 pH 值、加氨量和电导率是一项十分重要的工作。在现场，pH 值、电导率通常用仪表进行连续的测定，而加氨量的测定往往采用人工的比色测定法。

采用 100%凝结水处理的系统，在热力系统中的 CO_2 的含量可以认为约等于零，而其他阳离子和阴离子的浓度已经达到了每升几微克甚至亚微克的水平，在这种情况下，给水的电导率、pH 值、加氨量之间有着严格的数学关系。完全可以通过严格的数学推导，得到三者之间的关系式，从而只要测量出一个数据，就可以求出另外两个数据。

二、*DD* 与 pH 值的数学关系的推导

由于亚临界和超临界的大机组几乎都采用 100%的凝结水处理，因此可以认为在超纯水的 CO_2 浓度等于零。假设氨的浓度为 A mol/L，电导率 DDμS/cm。

$NH_3 + H_2O = NH_4^+ + OH^-$，则 $[NH_4^+]=[OH^-]=X$

$\frac{[NH_4^+][OH^-]}{[NH_3]}=K$，$K$（25℃）$=1.76\times10^{-5}$ 为氨电离常数

氨的电离常数则 $X^2=K(A-X)$，水的电离常数 $[OH^-][H^+]=K_W$

则 $[H^+]=\frac{K_W}{[OH^-]}=\frac{K_W}{X}$

$$pH=-\lg[H^+]=-\lg\frac{K_W}{X}=-\lg K_W+\lg X$$

再求 A 与 DD 的关系

$$DD_{NH_4OH}=[L_{NH_4^+}+L_{OH^-}]X$$

其中：$L_{NH_4^+}$、L_{OH^-} 是氨离子和氢氧根离子的摩尔电导率。

$$DD_{NH_4OH}=(73.4+197.6)\times10^3 X=271000X$$

则
$$X=\frac{DD_{NH_4OH}}{271000}$$

$$pH=-\lg K_W+\lg\frac{DD_{NH_4OH}}{271000}=8.57+\lg DD$$

从上面的公式推导可以看出，在给水的 AVT 或 OT 的处理中，要想控制给水的 pH 值，只要控制它的电导率就可以做到。

三、氨浓度与电导率关系的推导

凝结水经过精处理以后，其 CO_2 的浓度可以认为等于零。凝结水通过加氨提高了它的电导率和 pH 值，它们三者之间有着严格的数学

关系，pH 值与电导率之间的关系在上面已经推导，下面证明氨浓度 A 与电导率 DD 之间的关系。

$$NH_3 + H_2O \xlongequal{\quad} NH_4^+ + OH^-$$

$$[NH_4^+] = [OH^-] = X\text{，}K(25℃) = 1.76\times10^{-5}\text{ 为氨的电离常数}$$

$$DD_{NH_4OH} = [L_{NH_4^+} + L_{OH^-}]X = 271000X$$

$$X = \frac{DD_{NH_4OH}}{271000}$$

以下用 DD 代替 DD_{NH_4OH}

$$X^2 = (A - X)K = AK - KX$$

$$X^2 + KX - KA = 0$$

$$A = \frac{DD^2}{271000^2 K} + \frac{DD}{271000}$$

$$A = \frac{DD^2}{2.71^2\times10^{10}\times1.76\times10^{-5}} + \frac{DD}{271000}$$

上式结果的单位是 mol/L，乘于氨的摩尔质量 17000mg/mol 以后，它的单位变成 mg/L。

$$\begin{aligned}\text{质量浓度}M &= \left(\frac{DD^2}{2.71^2\times10^{10}\times1.76\times10^{-5}} + \frac{DD}{271000}\right)\times17000\\ &= (13.2DD^2 + 62.7DD)\times10^{-3}\,\mathrm{mg/L}\end{aligned}$$

因此，只要得到一个电导率数据，就可以算出水中氨（25℃）的含量。由于氨的电离常数是在 25℃时的数据，因此电导率的数据也应该是同一温度下的数据。

四、给水 pH 值的范围控制

在 AVT（O）的给水处理工艺中，无铜机组 pH 值的控制范围为 9.2～9.6，利用上述已经推导出来的公式，就可以计算出加氨量的范围或电导率的范围。

已知：给水 pH 值的控制范围是 9.2～9.6。

则：［H^+］=$10^{-9.2}$～$10^{-9.6}$mol/L，水的离子积 $K_W=1\times10^{-14}$，因此水中［OH^-］的浓度范围应该是［OH^-］=$10^{-4.8}$～$10^{-4.4}$mol/L，因此

$$DD_{9.2}=4.26\mu S/cm，DD_{9.6}=10.71\mu S/cm$$

$$M_{9.2}=（13.2\times4.26^2+62.7\times4.26）\times10^{-3}=0.486（mg/L）$$

$$M_{9.6}=（13.2\times10.71^2+62.7\times10.71）\times10^{-3}=2.28（mg/L）$$

从上面的计算可以看出，如果要维持给水的 pH 值在 9.2～9.6 的范围，那么给水的电导率只要维持在 4.26～10.71μS/cm 的范围内。对应的氨的浓度控制在 0.484～2.28mg/L 的范围内，给水的 pH 值也就控制在相应的范围内。通常为了兼顾机组的流动加速腐蚀，可以控制给水的 pH 值不小于 9.35，即控制给水的电导率不小于 6μS/cm。

五、给水 OT 处理中加氨控制

给水加氧处理工艺广泛被采用在超临界及以上直流锅炉上。OT 工艺的控制参数主要有三个：氢电导率小于 0.15μS/cm，氧浓度为 10～150μg/L，pH 值控制在 8.5～9.3 之间。

已知：pH 值的控制范围 8.5～9.3。

则：［H^+］=$10^{-8.5}$～$10^{-9.3}$mol/L，水的离子积 $K_W=1\times10^{-14}$，因此水中氢氧根离子的浓度范围应该是［OH^-］=$10^{-4.7}$～$10^{-5.5}$mol/L。

在水中，设［OH^-］=［NH_4^+］=X，因此给水的电导率可以计算出来

$$DD_{8.5}=0.9\mu S/cm，DD_{9.3}=5.28\mu S/cm$$

相应的氨含量也可以计算出来

$$M_{8.5}=（13.2\times0.9^2+62.7\times0.9）\times10^{-3}=0.062（mg/L）$$

$$M_{9.3}=（13.2\times5.28^2+62.7\times5.28）\times10^{-3}=0.71（mg/L）$$

六、总结以上推导结论

根据以上给水 pH 值和电导率的数学推导过程以及推导结果，将上述数据汇总到表 9-3。

表 9-3　　给水 pH 值和电导率控制

条件		超纯水，［CO_2］=0，25°C		
基本公式		pH=8.57+lg*DD*		
		M=（13.2DD^2+62.7*DD*）×10^{-3}（mg/L）		
AVT	指标	pH 值	*DD*（μS/cm）	*M*（mg/L）
	有铜机组	8.8～9.3	1.71～5.41	0.146～0.726
	无铜机组	9.2～9.6	4.26～10.71	0.486～2.28
OT 处理		8.5～9.3	0.9～5.28	0.062～0.71

第三节　水汽系统有机物对氢电导率影响及计算

一、情况简述

随着电厂水源的日益恶化，进入机组水汽系统中的有机物越来越多。热力系统中总有机碳（TOC）是评价水中有机物质总量的综合指标，代表水体中所含有机物质的总和，直接反映水体被有机物污染的程度。有机物在机组水汽系统中发生分解，不仅影响机组的水汽品质合格率，特别是氢电导率，同时造成热力系统腐蚀，严重影响机组的安全经济运行。但水汽中有机物的分解对氢电导率到底存在多大影响，需要通过试验系统地分析机组水汽系统的有机物分解对氢电导率的影响，便于指导电厂化学监督工作，同时为相关标准中有机物控制范围的制订提供一定依据。

二、原理

当电厂水汽中的有机物分解后，其 TOC 含量和氢电导率会相应地发生变化。为进一步探索水汽系统 TOC 含量与氢电导率变化的对应关系，在机组不同负荷下，对不同水汽进行大量取样测试工作。首先对水样进行 TOC 在线测试，同时取样到实验室进行离子色谱分析。通过离子色谱测试数据计算出水汽中不同时间内无机离子变化对氢电导率变化的贡献值，水汽氢电导率在两个时间内的实际变化值减去无机离子对氢电导率变化的贡献值就是有机物分解对氢电导率的贡献值。进而可以计算出水汽中有机物含量的变化对氢电导率的贡献值。

三、计算及推导

1. 摩尔电导率

将含 1mol 电解质的溶液置于单位距离的电导池的 2 个平行电极之间时的电导率为摩尔电导率。电解质在水溶液中的摩尔电导率随浓度的变化而变化。通常当强电解质浓度在 $0.001mol/dm^3$ 以下时，其摩尔电导率为常数，称为极限摩尔电导率。此时，溶液电导率等于各离子物质的量浓度乘以其极限摩尔电导率之和。正常情况下电厂水汽都是非常纯净的，其浓度均在 $0.001mol/dm^3$ 以下，因此可采用极限摩尔电导率计算其对电导率的贡献。

2. 氢电导率

氢电导率是水样经过氢离子交换柱交换后测得的电导率，其单位为 μS/cm，与阳电导率是相同的。标准中采用氢电导率而不用电导率的理由是：①给水采用加氨处理，氨对电导率的影响远大于杂质的影响；②氨在水中存在电离平衡，经过 H 型离子交换后可除去 NH_4^+ 并生成等量的 H^+，H^+ 与 OH^- 生成 H_2O。由于水样中所有的阳离子都转

化成 H^+，而阴离子不变，即水样中除 OH^-以外各种阴离子以对应的酸的形式存在。因此，氢电导率是衡量除 OH^-以外所有阴离子的综合指标，其值越小说明阴离子含量越低。假设水汽中其他杂质离子不变，氯离子增加 1μg/L（1/35.5μmol/L）时，根据电荷平衡原理相应的阳离子也应增加 1/35.5μmol/L。由于所有阳离子通过 H 型离子交换柱后都转化为 H^+，此时氢离子也应增加 1/35.5μmol/L。因此当水汽中氯离子增加 1μg/L 即 1/35.5μmol/L 时，电导率升高 $1/35.5\times10^{-6}$（mol/L）$\times7.634\times10^{-3}$（$S\cdot m^2/mol$）$+1/35.5\times10^{-6}$（mol/L）$\times34.982\times10^{-3}$（$S\cdot m^2/mol$），计算结果为 0.012μS/cm。以此类推，可计算出水汽中每增加 1μg/L 的氟离子，其电导率升高 0.01277μS/cm，每增加 1μg/L 硫酸根，其电导率升高 0.01151μS/cm。

四、应用案例

水汽中有机物变化对氢电导率的贡献值根据上述原理，假定以某个水样（以凝结水为例）某一时刻的 TOC、氢电导率及离子色谱数据为基准，一段时间后其 TOC、氢电导率及离子色谱数据均会发生变化。通过离子色谱数据变化可以计算出无机离子对氢电导率变化值的贡献，剩余的就是有机物分解对氢电导率的贡献。表 9-4、表 9-5 为某电厂的离子色谱和 TOC 数据。

表 9-4　　某电厂 1 号机组水汽离子色谱测定数据　　μg/L

取样点	F^-	Cl^-	NO_3^-	PO_4^{3-}	SO_4^{2-}
凝结水	0.05	0.90	0.67	<0.1	<0.1
给水	0.24	1.16	1.15	<0.1	<0.1
饱和蒸汽	0.09	0.88	1.42	9.50	<0.1
过热蒸汽	0.08	2.09	1.65	1.45	<0.1
炉水	<0.1	59.28	1.17	52.71	24.75

表 9-5　　某电厂 1 号机组水汽 TOC 测定数据　　μg/L

取样点	原水	凝结水	精处理阴床	给水	炉水	饱和蒸汽	过热蒸汽
TOC	6230	473	566	518	325	502	453

从表 9-4 可以看出，该电厂水汽氢电导率超标时，其无机离子处于较低水平，说明氢电导率超标与无机离子的变化没有明显关系。通过表 9-5 可以粗略计算出 1 号机凝结水 TOC 为 473μg/L 时，有机物分解应导致氢电导率上升 0.080μS/cm；当 1 号给水 TOC 为 518μg/L 时，有机物分解应导致氢电导率上升 0.108μS/cm；当 1 号机过热蒸汽 TOC 为 453μg/L 时，有机物分解应导致氢电导率上升 0.113μS/cm。正常运行时该电厂凝结水氢电导率基本在 0.12～0.18μS/cm，给水氢电导率基本在 0.06～0.09μS/cm，过热蒸汽氢电导率基本在 0.06～0.10μS/cm。因此当水汽中的有机物达到表 9-5 数值时，其凝结水、给水和过热蒸汽氢的电导率分别应在 0.20～0.26μS/cm、0.17～0.20μS/cm、0.17～0.21μS/cm，这与实际情况基本一致。说明该电厂氢电导率超标主要是有机物增加所致。

五、结论

通过离子色谱数据可以理论计算出水汽中无机离子变化对氢电导率的贡献，从而间接计算出有机物分解对氢电导率的贡献，即水汽中 TOC 含量的变化对氢电导率的贡献。实际应用表明上述理论计算是可行的。

第四节　精处理树脂再生由盐酸改为硫酸的分析

一、情况简述

某电厂装机容量为 4 台 600MW 和两台 1000MW 机组，凝结水精处理高速混床阳树脂均采用盐酸再生，再生系统采用喷射器进酸碱，再生废水经过工业废水处理系统补入脱硫工艺水箱作为脱硫系统的工艺用水。

6 台机组精处理再生，再生频次多废水量大，且氯离子含量高。为了消除氯离子对脱硫效率的影响，同时能够回收精处理再生废水供脱硫工艺用水，将精处理阳树脂再生由盐酸改为硫酸再生，在保持节水和环保功效的基础上减少再生废水中的氯离子排放，从而减少补入脱硫系统中氯离子含量，再生废水中硫酸根离子与石灰乳反应生成石膏，可以大大减少废水中盐分，有利于脱硫系统的稳定运行。氯离子是废水零排放处理中的关键离子，硫酸再生可实现最终废水中氯离子含量的及盐分的减少，也能极大地促进废水零排放工程的实施。

二、可行性分析

精处理阳树脂再生无论用盐酸还是用硫酸，都能达到同样的再生效果，国内引进的很多机组都是用硫酸再生，尤其是俄制机组。用盐酸再生，可以控制较高的再生液浓度，再生时间较短，再生系统的管道、阀门均需要做好防腐。采用硫酸再生需要防止再生剂浓度低时水中 Ca^{2+}与硫酸产生 $CaSO_4$沉淀的风险。考虑到凝结水中一般不含有硬度，因此硫酸用于凝结水树脂再生完全是可行的。

盐酸再生，需要将盐酸罐体以及管道全部衬胶防腐。在常温下，浓硫酸会对钢铁产生钝化作用，利用浓硫酸对碳钢的钝化效应，盛放浓硫酸所用的罐体可以直接采用碳钢材质，浓酸管道也可以使用碳钢，只需要在浓硫酸和水混合后的管道做好防腐就可以，比如采用聚四氟乙烯衬胶管道或者 316L 管道。这样不仅可以节约设备的防腐费用，还可以节约设备费用。从设备的费用来说，还是用硫酸再生比较经济可行的。硫酸再生和盐酸再生，在再生剂量相同时，用盐酸再生时的再生度要大于硫酸时的再生度，如图 9-4、图 9-5 所示。

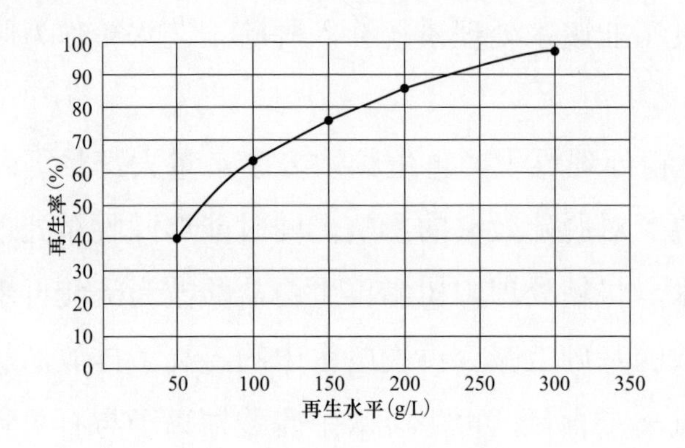

图 9-4 硫酸再生水平

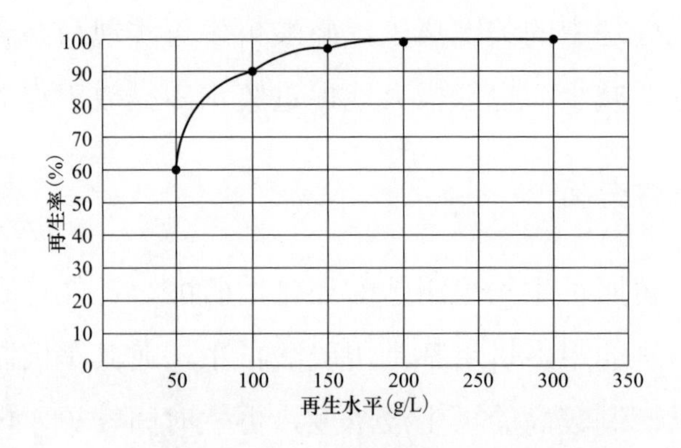

图 9-5 盐酸再生水平

由图 9-4 可以看出，在再生剂量达到 300g/L 树脂时硫酸才能达到和盐酸一样的再生效果，从再生剂量上来说，盐酸优于硫酸再生。

用盐酸再生，再生废液中含有大量的 Cl^-，其再生废水水质见表 9-6。

表 9-6　　某电厂精处理再生高盐废水水质分析结果

项目	单位	结果	项目	单位	结果
Cl^-	mg/L	16200	总碱度	mmol/L	0
SO_4^{2-}	mg/L	1832.44	电导率	μS/cm	6580

续表

项目	单位	结果	项目	单位	结果
含盐量	mg/L	21780	pH 值		1.02
COD	mg/L	1050	全硅	mg/L	2.56
悬浮物	mg/L	110	氨氮	mg/L	858.38
总固	mg/L	21890			

从表 9-6 可以看出，再生废液中 Cl^-含量高达 16200mg/L，而脱硫系统允许的 Cl^-含量为 20000mg/L，因此这个再生废液不能再利用到脱硫系统。

综上所述，用硫酸再生，再生废液中几乎不含有 Cl^-，只含有大量的SO_4^{2-}，将这种再生废水回收到脱硫系统中去，可以提高脱硫系统中水的利用率，节约大量的新鲜水源。

三、硫酸技术改造计算及改造

（1）大多数 600MW 机组阳再生塔直径是 DN1600，阳树脂装填量 $4m^3$，流量 8～$16m^3/h$。因精处理系统进水电导小于 0.5μS/cm，钙镁离子含量较少，不需要进行分步再生。

根据 DL 5068—2014《发电厂化学设计规范》设计要求，硫酸耗量为 $260kg/m^3$ 树脂，再生液浓度 4%～8%，进再生液时间大于 30min，再生流速为 4～8m/h。按硫酸耗量 $250kg/m^3$ 树脂计算，单次再生需要硫酸 4×250=1000（kg），体积为 1000/1.84=0.54（m^3）。

再生 $1m^3$ 阳树脂需用 31%盐酸 323kg，而只需 98%硫酸 133kg，盐酸用量是硫酸用量的 2.4 倍（92%硫酸密度为 $1.83\times10^3kg/m^3$，31%盐酸密度为 $1.15\times10^3kg/m^3$）。

（2）在对再生系统改造的同时，也对再生废水收集系统进行了改造，原设计再生过程中所有废水均回到工业废水处理系统达标后排放。为了节约水资源，减少废水量，做到废水零排放，将再生过程中的废水进行分类回收。将再生过程中的输送、擦洗、反洗步骤的排水进行统一回收，该部分废水为低含盐废水，直接回用至循环水系统；对进酸、进碱、置换过程中产生的高盐废水统一回收，该部分废水主要含硫酸铵和硫酸钠，直接通过专门的管道回用到脱硫系统使用。

四、改造后的再生效果

1. 出水水质

精处理阳树脂使用硫酸再生后，高速混床的周期制水量和出水水质与用盐酸再生相比，对凝结水和高速混床出水水质分别进行了测定，同时为了确定高速混床出水对水汽品质的影响，对凝结水、高速混床出水以及主蒸汽中痕量阴离子的含量也进行了测定，测定结果见表9-7、表9-8。

表 9-7　高速混床进、出水常规水质项目测定结果

样品名称	氢电导率（μS/cm）	pH 值	Na（μg/L）	SiO_2（μg/L）	全铁（μg/L）	运行时间（h）
凝结水	0.100			3.3	5.1	97
混床出水	0.058	7.24	0.1	1.0	0.6	

表 9-8　高速混床正常运行期间水汽系统阴离子含量测定结果

样品名称	单位	F^-	CH_3COO^-	$HCOO^-$	Cl^-	NO_2^-	SO_4^{2-}	NO_3^-	PO_4^{3-}
凝结水	μg/L	0.1L	0.97	2.01	0.26	0.1L	0.29	0.1L	0.63
高速混床出水	μg/L	0.1L	0.26	0.1L	0.1L	0.1L	0.25	0.1L	0.3L
主蒸汽	μg/kg	0.1L	0.59	0.38	0.1L	0.1L	0.33	0.1L	0.3L

注　L 表示该值在检测限以下，L 前的数字表示该成分的检测限。

根据表9-7中数据可知，在再生系统改造后，高速混床出水水质良好，氢电导率、Na、SiO_2以及全铁含量均能满足GB/T 12145—2016《火力发电机组及蒸汽动力设备水汽质量》的要求，和盐酸再生效果没有差别。由于高速采用硫酸再生混床出水水质较好，系统中氯离子含量也大幅度减小，均在1μg/L以下。同时利用停运机会对树脂进行了取样化验分析，未发现不利影响。

2. 改造效益

（1）回收水量。对精处理的反洗水进行分类回收改造后，可以回收25m^3/h的反洗水，按全年5500h的运行时间计算，一年可以节约13.75万m^3的除盐水，按说通常制取1m^3除盐水需要产生1m^3的废水估算，节约取水量27.5万m^3，废水排放量13.75万m^3，经济效益和水效益显著相当的可观，对全厂废水零排放的实施也有重要的节水意义。

（2）废水氯离子量。全厂精处理系统每个月平均再生40次，全年需要消耗盐酸800m^3，排到脱硫废水中氯离子量约240m^3，脱硫废水中氯离子含量10000mg/L，240m^3氯离子需要脱硫得排走24000m^3脱硫废水。再生由盐酸改为硫酸后，可以大量减少排到脱硫废水的氯离子，因此脱硫废水可以少产生24000m^3废水。

（3）废水回收到脱硫后的影响。精处理再生废水排到脱硫系统综合利用，也就是将废水的硫酸铵带到了脱硫系统，全年机组用25%的氨水160m^3左右，折合液氨为40m^3。脱硝系统中氨逃逸为3mg/L，机组运行时间为5500h，全年的氨逃逸量将会超过200m^3。因此，精处理再生废水中的40m^3氨排水到脱硫系统中，相对于脱硝系统的氨逃逸占比并不大。

五、结论及建议

（1）用硫酸再生的精处理阳树脂，其出水水质和周期制水量完全能满足机组对水质和水量的要求，同时所有的再生废水能够回收利用，可以节约大量的水资源，并创造良好的环保效益和经济效益。

（2）精处理阳树脂由盐酸改为硫酸再生，再生废液中大量的硫酸铵回收到脱硫系统，对脱硫系统是否有影响，还需要去研究。

（3）浓硫酸遇水稀释会放出大量的热，最高时混合三通处可以达到 80℃。由于精处理系统基本上不存在硬度，再生时将再生酸浓度控制在 3%，可以有效缓解硫酸遇水放热的问题。

第五节　精处理混床周期制水量少的原因及计算

一、情况简述

某电厂机组的凝结水精处理混床采用 3×50%处理设计，设计正常流速为 95m/h，最大流速为 120m/h，再生采用常规的高塔分离法工艺，额定流量是 1470m^3/h，最大出力是 1760m^3/h，系统压差是 0.35MPa，系统允许凝结水精处理床体的最高运行温度是 60℃，运行混床所用的阳树脂和阴树脂体积比为 2:3，阳树脂和阴树脂分别为 2.3m^3 和 3.9m^3。

目前精处理混床周期制水量约为 55000m^3，远远小于混床设计周期制水量，混床设计周期制水量约为 100000m^3，目前周期制水量约为一半，差不多运行 5 天就需要再生，随着再生废水量增加，整个厂区废水无法消纳，因此，如何能够在保证出水水质的前提下提高精处理混床的制水能力，尽可能延长精处理的运行周期，减少树脂再生次数，减少运废水排放量。提高其运行经济性，就成为发电企业需要解决的问题，为此及时开展超临界机组凝结水精处理混床的运行评估就成为重中之重。

二、原因分析

（1）精处理高速混床阳树脂和阴树脂配比的设计值为 2:3，阳树脂体积较少，仅 2.6m^3，即使阳树脂的工作交换容量能够达到标准要求的 1750mol/m^3，其周期制水量也只能达到 105000m^3。因此，在高速混床中设计阳树脂与阴树脂的比例是不合理的，阳树脂体积偏小是高速混床周期制水量无法满足机组满负荷运行要求的首要原因。

（2）精处理混床树脂已投运 6 年。树脂性能的下降主要体现在工作交换容量下降，破碎率有所增加以及机械强度下降等，每年需补充的树脂量增大；树脂的工作交换容量下降，直接影响运行混床的周期制水量。

（3）经检测高速混床内失效树脂输送率仅 85%，大大低于标准要求的 99.9%。高速混床失效树脂没有完全转移到分离塔中，在分离塔中被分离的阳树脂和阴树脂的体积和比例将发生变化，缺乏树脂的体外分离和运输过程监测，以至于无法及时发现问题，将使高速混床阳树脂和阴树脂体积及配比更加混乱，周期制水量不断波动。而残留在混床内的失效树脂与输入高速混床再生树脂混合，使高速混床内阳树脂和阴树脂的再生度同时降低，影响到高速混床出水水质和周期制水量。

（4）当高速混床出水电导率达到 0.14μS/cm 时，出水钠离子浓度已经超过 2μg/L，表明高速混床已经开始由氢型向氨型运行转变，并向给水中排代杂质离子。因此，高速混床氢型运行失效的电导率控制指标不合理也是高速混床运行末期钠离子浓度较高的主要原因之一。

（5）高速混床的底部布水装置弧度不够，底板与床体的交接处成树脂输送的死区，失效的树脂无法从运行床中完全输送到再生床，剩余的失效树脂约达 200L，而这部分树脂由于树脂比重的原因，大部分是失效的阳树脂。失效树脂不能全部输送到再生系统进行再生，减少了树脂的交换容量，降低床体的周期制水量，也是高速混床周期制水量较低的原因之一。

（6）在再生过程中阴阳树脂分离不完全，造成树脂的交叉污染，降低周期制水量。

三、周期制水量和运行周期评估

凝汽器泄漏将使冷却水进入凝结水中，这不仅增加了凝结水的含盐量，同时也造成凝结水中悬浮物含量（包括非活性硅、有机物等）的升高。因此，凝汽器是否泄漏对混床的运行周期和周期制水量将造成明显的影响。

1. 凝汽器无泄漏

在凝汽器没有泄漏（凝结水的氢电导率小于0.3μS/cm）的情况下，凝结水中所含盐类杂质的数量是很低的，主要被交换的物质是为防止腐蚀而加入的氨。因此，可以通过阳树脂对氨的交换量，计算出混床的周期制水量和运行周期。在选择阳树脂的工作交换容量时，应考虑混床内阳树脂的层高比较低（300～600mm）对交换容量的影响。

氢型混床的周期制水量和运行周期的计算式为

$$Q=\frac{V_{C}E_{C}}{C_{n}}$$

$$H=\frac{Q}{Q_{C}}$$

式中：Q 为周期制水量，m^3；V_C 为阳树脂的装填量，m^3；E_C 为阳树脂的工作交换容量，mol/m^3；C_n 为凝结水的平均含氨量，mmol/L；H 为混床的运行周期，h；Q_C 为凝结水的平均流量，m^3/h。

2. 凝汽器存在泄漏

在凝汽器发生泄漏（凝结水的氢电导率大于0.3μS/cm）时，杂质盐类随冷却水进入凝结水中，使凝结水的离子含量增加，在混床内的阳树脂被氨全部转变为氨型后，进水中 Na^+和 Cl^-含量与树脂相中的NaR和RCl含量达到平衡，使出水水质恶化，并影响氢型混床的周期制水量和运行周期。

3. 氢型混床运行周期的计算

由于凝结水采用加氨处理，造成 NH_4^+成为水中阳离子的主要成分，其数量是 OH^-以外阴离子含量的几十倍到百倍，使得混床内被树脂交换的阳离子量远大于阴离子，因此，在凝汽器没有明显泄漏的情况下，决定氢型混床周期制水量的主要因素是凝结水中的含氨量。

为了能够正确了解氢型混床的运行状态，现给出混床运行周期的计算方法如下，希望能作为评价氢型混床性能的依据。

（1）基本数据的选取。计算氢型混床的运行周期，必须正确选择各种基本数据。

1）运行流速的选取。这里所说的运行流速，是混床的实际运行流速，而不是设计流速。运行流速等于单台混床的流量（m^3/h）除以混床空塔面积（m^2）。

2）阳树脂高度的计算。阳树脂的高度可以使用装填的阳树脂体积除以混床空塔面积（m^2），也可以使用总树脂层高度乘以阳、阴树脂的比例（阳/阴）进行计算。

3）凝结水中的含氨量。凝结水中的含氨量有几种方法可以获得：凝结水中的含氨量可以使用直接比色法测得，以mmol/L表示；测定凝结水的电导率，按表9-9查得含氨量；测定凝结水的pH值，按表9-10查得含氨量。

表 9-9　　凝结水电导率和含氨量的关系

电导率（μS/cm）	含氨量（mg/L）	含氨量（mmol/L）
1.0	0.15	0.009
2.0	0.60	0.035
3.0	0.70	0.041
4.0	0.80	0.047
5.0	0.90	0.053
6.0	1.1	0.065
7.0	1.4	0.082
8.0	1.7	0.100
9.0	2.0	0.118
10.0	2.5	0.147

表 9-10　　凝结水 pH 值和含氨量的关系

pH 值	含氨量（mg/L）	含氨量（mmol/L）
7.9	0.01	0.00059
8.0	0.015	0.00088
8.5	0.06	0.004
9.0	0.25	0.015
9.2	0.40	0.024
9.4	1.00	0.059
9.6	2.00	0.118

4）阳树脂的交换容量。在凝汽器没有明显泄漏的情况下，由于凝结水中的含氨量超过水中杂质阴离子含量几十倍，不论采用何种阳、阴树脂体积比，都是阳树脂先于阴树脂失效。因此，只要计算混床内阳树脂的交换容量就能够代表氢型混床的运行情况。

（2）计算方法。氢型混床可以根据运行周期阳树脂的工作交换容量对混床的运行工况进行评估。氢型混床也可以利用氢型阶段阳树脂的交换容量对混床进行评估。过去，有的电厂曾采用运行周期的时间、周期制水量或单位树脂体积的制水量表示混床的运行水平，但这些指标是不够科学的。电厂凝结水的 pH 值，直接决定着水中的含氨量。例如，凝结水的 pH 值为 9.0 时，其含氨量为 0.27mg/L，而 pH 值为 9.5 时，其含氨量为 1.51mg/L，两者相差达 5.6 倍，在混床内阳树脂的工作交换容量相同的情况下，pH 值为 9.0 时的周期制水量是 9.5 时的 5.6 倍。因此，只考虑混床的运行周期的时间、周期制水量或单位体积树脂的制水量不能代表混床的运行状态，应该采用氢型混床运行阶段阳树脂的工作交换容量作为评估氢型混床运行状态的指标。

混床内阳树脂的工作交换容量可以在新设备投运后，通过调整试验确定。在缺少试验数据时，可以按照 1750～2000mol/m^3 进行计算，并计算混床内阳树脂实际交换量所达到的百分数。

1）树脂体积交换容量的计算。树脂体积交换容量的计算式为

$$q_1 = q_2(1-x)d$$

式中：q_1 为湿态体积全交换容量，mol/m^3；q_2 为干基质量全交换容量，mol/m^3；x 为含水量，以比值表示；d 为湿视密度，g/mL。

2）阳树脂实际交换容量的计算

$$q_r = \frac{CQ_C}{V_C}$$

式中：q_r 为阳树脂的实际工作交换容量，mol/m^3；C 为混床进水的含氨量，mmol/L；Q_C 为氢型阶段运行的周期制水量，m^3；V_C 为混床内阳树脂的体积，m^3。

3）阳树脂的利用率

$$\eta = \frac{q_r}{q_v} \times 100\%$$

式中：η 为混床内阳树脂的利用率；q_v 为阳树脂的总工作交换容量，mol/m^3。

4）阳树脂交换容量的评估。英国提出的数据：全交换容量为 2000mol/m^3；工作交换容量为 1750mol/m^3。美国提出的数据：在水的 pH 值为 9.6 的情况下，阳树脂的氨容量为 23kg，相当于 2000mol/m^3。国产的阳树脂的工作交换容量为 1680mol/m^3 。应该指出的是，阳树脂的交换容量与混床的失效终点有关，见表 9-11。

表 9-11　　阳树脂交换容量与混床失效终点的关系

失效终点（μS/cm）	交换容量（mol/m^3）	失效终点（μS/cm）	交换容量（mol/m^3）
0.06	1200	0.08	1700
0.07	1600	0.10	1750

5）运行周期的计算。根据上述基础数据，混床运行周期的计算式为

$$T=\frac{HE}{vC}$$

式中：T 为运行周期，h；H 为阳树脂的层高，m；E 为阳树脂的交换容量，mol/m^3；v 为实际运行流速，m/h；C 为凝结水中含氨量，mmol/L。

现举例说明如下：

某凝结水的电导率为 7μS/cm，相当于含氨量为 1.4mg/L，即 0.082mmol/L；阳树脂的交换容量为 1750mol/m^3；混床的运行流速为 100m/h；树脂总层高为 1.0m，阳:阴=1:1，则阳树脂层高为 0.5m。运行周期=（0.5×1750）/（100×0.082）=106.7（h）。

四、结论及建议

(1)适当降低凝结水的 pH 值，减少精处理运行混床人口的 NH_4^+ 浓度。因为凝结水中杂质离子的浓度很小，阳离子主要的成分是 NH_4^+。可以通过减少热力系统的加氨量来降低凝结水的 pH 值，同时保证不造

成热力系统的酸腐蚀现象出现。假如，凝结水的 pH 值从 9.5 下降到 9.4，计算出凝结水中 NH_4^+ 浓度将是原来的 1/2。这样，在树脂工作交换容量不变的条件下，周期制水量将是原来的 2 倍，大大地延长了混床的周期运行时间，减少了再生频次和产生废水量。

（2）更换离子交换树脂。由于离子交换树脂通过较长时间运行和再生，工作交换容量下降较大，破碎率增加。现在使用的树脂工作交换容量是新树脂工作交换容量的 60%～70%，如更换树脂，工作交换容量可增加 30%～40%，相应的高速混床周期制水量增加 30%～40%。

（3）改造设备布水装置，使混床失效树脂输送率达到 100%。

第六节　摩尔法测定氯离子误差分析与计算

一、情况简述

氯离子含量是电厂水汽控制的一项重要指标。对于火电厂水汽中氯离子的测定，国家标准及电力行业标准规定了许多测试方法，如摩尔法、电位滴定法、汞盐滴定法、电极法、共沉淀富集分光光度法、离子色谱法等。每种方法都有不同的适用范围，即不同水质的氯离子含量不同，则适用的测定方法不同。摩尔法在电厂的原水中氯离子测量很普遍，在其他水质测量也广泛应用，该方法的适用范围是 5～100mg/L。然而，现场应用中对摩尔法测定存在方法误用的问题，影响了测定的准确度。

二、误差

1. 原理

水样以铬酸钾为指试剂，在中性或弱碱性条件下，用硝酸银标准溶液进行滴定，出现砖红色铬酸银沉淀时到达指示终点。反应如下

$$Cl^- + Ag^+ \longrightarrow AgCl \text{（白色）}$$
$$CrO_4^{2-} + 2Ag \longrightarrow Ag_2CrO_4 \text{（砖红）}$$

2. 水样滴定过程

取一定量的水样于250mL锥形瓶中，添加除盐水至100mL，在锥形瓶中加入1mL10%K_2CrO_4指示剂，用$AgNO_3$标准溶液滴定。此时，CrO_4^{2-}的浓度为

$$c_{CrO_4^{2-}} = \frac{1 \times 10\%}{194.19 \times 100} \times 1000 = 5.15 \times 10^{-3} \text{（mol/L）}$$

由于AgCl的溶解度（1.3×10^{-5}mol/L）小于Ag_2CrO_4的溶解度（6.5×10^{-5}mol/L），根据分步沉淀原理，在滴定过程中，AgCl首先沉淀出来。随着$AgNO_3$标准溶液的加入，AgCl沉淀不断生成，溶液中氯离子浓度越来越小，Ag^+浓度相应地越来越大，直至与CrO_4^{2-}浓度的乘积超过Ag_2CrO_4的溶度积时，便出现砖红色Ag_2CrO_4沉淀，达到滴定的终点。

3. 误差计算

滴定达到终点时，溶液中有两种沉淀，即AgCl和Ag_2CrO_4的沉淀，它们均已饱和。此时，与这两种沉淀物质相接触的溶液中Cl^-、CrO_4^{2-}和Ag^+浓度应当同时满足式

$$[Ag^+][Cl^-] = K_{sp(AgCl)} = 1.8 \times 10^{-10}$$
$$[Ag^+][CrO_4^{2-}] = K_{sp(Ag_2CrO_4)} = 1.1 \times 10^{-12}$$

因为上述两种沉淀物质在同一溶液中，因此$[Ag^+]$应相等，则

$$\frac{[Cl^-]}{\sqrt{[CrO_4^{2-}]}} = \frac{K_{sp(AgCl)}}{\sqrt{K_{sp(Ag_2CrO_4)}}} = \frac{1.8 \times 10^{-10}}{\sqrt{1.1 \times 10^{-12}}}$$

又因为$[CrO_4^{2-}] = 5.15 \times 10^{-3}$mol/L，所以

$$[Cl^-] = \frac{1.8 \times 10^{-10} \times \sqrt{5.15 \times 10^{-3}}}{\sqrt{1.1 \times 10^{-12}}} = 1.23 \times 10^{-3} \text{(mol/L)}$$
$$= 0.44 \text{(mg/L)}$$

三、结论及注意

以上计算结果表明，滴定达到终点时，由于沉淀溶解平衡的存在，溶液中仍然有 0.44mg/L 的氯离子。即由于 AgCl 的沉淀溶解损失，溶液中仍然余留 0.44mg/L 的氯离子不能被滴定。所以，对于氯离子含量低的水质如炉水、凝结水等，用摩尔法测定氯离子会造成较大的分析误差。稀释 $AgNO_3$ 浓度只能使消耗的 $AgNO_3$ 体积相对增加，减少了滴定管读数误差，而由沉淀溶解损失造成的误差是不可避免的。

在中水的水质全分析过程中，应用摩尔法测定中水的氯离子含量时，中水中 NH_4^+ 含量不可忽视，有些中水的 NH_4^+ 含量每升高达数十毫克。若此时溶液的 pH 值较高，溶液中会有氨存在。这样，在用 $AgNO_3$ 滴定氯离子的过程中，Ag 易与溶液中的氨形成银氨络离子 $Ag(NH_3)^+$，从而增加了 $AgNO_3$ 的消耗量，造成分析结果偏高。所以，摩尔法测定中水中氯离子含量时，应控制溶液的 pH 值为中性。

第七节　离子交换树脂的平衡与出水水质计算

一、离子交换平衡

离子交换反应和普通的化学反应一样，具有可逆性，服从质量守恒定律。以阳离子交换反应为例

$$n\mathrm{RB} + \mathrm{A}^{n+} \rightleftharpoons \mathrm{R}_n\mathrm{A} + n\mathrm{B}^+$$

$$K = \frac{\left[\frac{1}{n}\mathrm{R}_n\mathrm{A}\right] \cdot [\mathrm{B}^+]^n}{[\mathrm{RB}]^n \cdot \left[\frac{1}{n}\mathrm{A}^{n+}\right]} = K_\mathrm{B}^\mathrm{A} \tag{9-1}$$

二、等价离子交换

以有代表性的 H-Na 交换反应为例

$$RH + Na^+ \rightleftharpoons RNa + H^+$$

$$K_H^{Na} = \frac{[RNa] \cdot [H^+]}{[RH] \cdot [Na^+]} \tag{9-2}$$

设树脂相中 Na^+、H^+的浓度分率分别为$\bar{X}_{Na}$、$\bar{X}_H$，$\bar{X}_{Na} + \bar{X}_H = 1$，则

$$\bar{X}_{Na} = \frac{[RNa]}{[RNa]+[RH]}; \quad \bar{X}_H = \frac{[RH]}{[RNa]+[RH]}$$

设溶液相中 Na^+、H^+的浓度分率分别为 X_{Na}、X_H，$X_{Na}+X_H=1$，则

$$X_{Na} = \frac{[Na^+]}{[Na^+]+[H^+]}; \quad X_H = \frac{[H^+]}{[Na^+]+[H^+]}$$

$$K_H^{Na} = \frac{[RNa] \cdot [H^+]}{[RH] \cdot [Na^+]} = \frac{\bar{X}_{Na} \cdot X_H}{\bar{X}_H \cdot X_{Na}} \tag{9-3}$$

将 $X_H=1-X_{Na}$，$\bar{X}_H = 1 - \bar{X}_{Na}$ 代入式（9-3）得

$$K_H^{Na} = \frac{\bar{X}_{Na} \cdot X_H}{\bar{X}_H \cdot X_{Na}} = \frac{\bar{X}_{Na}}{1-\bar{X}_{Na}} \cdot \frac{1-X_{Na}}{X_{Na}}$$

即

$$\frac{\bar{X}_{Na}}{1-\bar{X}_{Na}} = K_H^{Na} \cdot \frac{X_{Na}}{1-X_{Na}} \tag{9-4}$$

对于一价 B、A 离子，$RB + A^+ \rightleftharpoons RA + B^+$

其交换平衡公式为

$$\frac{\bar{X}_A}{1-\bar{X}_A} = K_B^A \cdot \frac{X_A}{1-X_A} \tag{9-5}$$

三、平衡公式的应用

1．计算树脂的最大再生度

再生后树脂层中再生树脂的百分含量称为树脂的再生度（当用无

限量已知浓度的再生液进行再生时，得到最大再生度）。树脂的最大再生度取决于再生剂的纯度。

【例 1】 30%的工业盐酸中，NaCl 的含量一般小于 0.02%，若 K_{H}^{Na}=0.8，计算用此 HCl 再生 RH 的再生度。

解：HCl 中 Na^+的浓度分率=$\frac{0.02/58.5}{0.02/58.5+30/36.5}$=0.000416

应用公式$\frac{\bar{X}_{Na}}{1-\bar{X}_{Na}}=K_{H}^{Na}\cdot\frac{X_{Na}}{1-X_{Na}}$得

$$\frac{X_{Na}}{1-X_{Na}}=0.8\times\frac{0.000416}{1-0.000416}=0.0003329$$

$\bar{X}_{Na}$=0.0003325，则 RH=1－$\bar{X}_{Na}$=99.967%

即用此 HCl 再生 RH 的再生度为 99.967%。

同理，当盐酸中 NaCl 的含量为 0.2%时，用此 HCl 再生 RH 的再生度为 99.67%；当盐酸中 NaCl 的含量为 2%时，用此 HCl 再生 RH 的再生度为 96.78%。

【例 2】 30%的工业烧碱中，NaCl 的含量为 4.6%，若 K_{OH}^{Cl}=15，计算用此 NaOH 再生 ROH 的再生度。

解：HCl 中 Na^+的浓度分率=$\frac{4.6/58.5}{4.6/58.5+30/40}$=0.0949

应用公式$\frac{\bar{X}_{Cl}}{1-\bar{X}_{Cl}}=K_{OH}^{Cl}\cdot\frac{X_{Cl}}{1-X_{Cl}}$得

$$\frac{X_{Cl}}{1-X_{Cl}}=15\times\frac{0.0949}{1-0.0949}=0.6113$$

$\bar{X}_{Cl}$=0.6113，则 ROH=1－$\bar{X}_{Cl}$=38.87%。

即用此 NaOH 再生 ROH 的再生度为 38.87%。

同理，当烧碱中 NaCl 的含量为 0.46%时，用此 NaOH 再生 ROH 的再生度为 86.41%；当盐酸中 NaCl 的含量为 0.046%时，用此 NaOH 再生 ROH 的再生度为 98.45%。

2. 估算最好出水水质

【例 3】 某交换器 RH 出水端再生度 99.2%，选择性系数 1.5；假设该交换器进水中中性盐浓度为 1～3mmol/L，则其交换器出水中 Na^+ 含量为多少？

解：因为 RH 的再生度为 99.2%，则 RNa=1−0.992=0.008。

即 $$\bar{X}_{Na}=0.008$$

由公式 $\dfrac{\bar{X}_{Na}}{1-\bar{X}_{Na}}=K_{H}^{Na}\cdot\dfrac{X_{Na}}{1-X_{Na}}$ 得

$$\frac{0.008}{1-0.008}=1.5\times\frac{X_{Na}}{1-X_{Na}}\text{ 即 }X_{Na}=0.00535$$

则交换器出水的 $Na^+=0.00535\times1\times23\times10^3\sim0.00535\times3\times23\times10^3$

$$=123\sim369\text{（μg/L）}$$

【例 4】 某逆流再生阳离子交换器运行失效后，拟采用含 HCl 31%，含 NaCl 0.4%工业盐酸再生。已知该交换器进水水质为［$1/2Ca^{2+}$］=1.7mmol/L，［$1/2Mg^{2+}$］=0.6mmol/L，［Na^+］+［K^+］=1.1mmol/L，［HCO_3^-］=2.3mmol/L，［$1/2SO_4^{2-}$］+［Cl^-］=1.1mmol/L，若选择性系数再生时按 0.8 计，运行时按 1.5 计，估算：①最大再生度；②出水最低 Na^+ 泄漏量。

解①：再生液中 Na^+的浓度分率=$\dfrac{0.4/58.5}{0.4/58.5+31/58.5}$=0.0080

由公式 $\dfrac{\bar{X}_{Na}}{1-\bar{X}_{Na}}=K_{H}^{Na}\cdot\dfrac{X_{Na}}{1-X_{Na}}$ 得

$$\frac{\bar{X}_{Na}}{1-\bar{X}_{Na}}=0.8\times\frac{0.0080}{1-0.0080}=0.0065\text{，即 }\bar{X}_{Na}=0.0064$$

则 RH=1−$\bar{X}_{Na}$=0.9936=99.36%

即用此 HCl 再生 RH 得到的最大再生度为 99.36%。

解②：运行时交换器出口中 Na^+的浓度分率为

$$\frac{0.0064}{1-0.0064}=1.5\times\frac{X_{Na}}{1-X_{Na}}$$，解得 $X_{Na}=0.0043$

交换器运行时产生 H^+，其中一部分 H^+ 与 HCO_3^- 中和，故交换器出水中的离子总浓度为［Na^+］+［K^+］=［$1/2SO_4^{2-}$］+［Cl^-］=1.1mmol/L。

则出水中出水的 Na^+=0.0043×1.1×23×10³=109（μg/L）

【例 5】 一定体积的强酸阳树脂 RH 与 1.1mmol/L 的 NaCl 溶液进行交换反应，如果出水控制［Na^+］≤0.1mmol/L，计算 RH 树脂的再生度。若 $K_H^{Na}=2$。

解： 反应前［Na^+］=1.1mmol/L，反应后［Na^+］=0.1mmol/L，则参加反应的［Na^+］=1.1−0.1=1.0mmol/L。

由于离子交换反应是等量反应，则平衡时溶液中［H^+］=1.0mmol/L，出水中 Na^+的浓度分率

$$X_{Na}=\frac{[Na^+]}{[Na^+]+[H^+]}=\frac{0.1}{1.0+0.1}=0.09091$$

由公式 $\frac{\bar{X}_{Na}}{1-\bar{X}_{Na}}=K_H^{Na}\cdot\frac{X_{Na}}{1-X_{Na}}$ 得

$$\frac{\bar{X}_{Na}}{1-\bar{X}_{Na}}=2\times\frac{0.09091}{1-0.09091}$$，即 $\bar{X}_{Na}=0.1667$

则 RH=1−$\bar{X}_{Na}$=0.8333=83.33%

即在此条件下 RH 树脂的再生度至少应为 83.33%。

第八节　锅炉清洗下降管堵板开孔与下降管流量计算

一、水从下降管向汽包流

1．截流孔板的局部阻力计算

如图 9-6 所示为两个局部阻力的计算，一个是从下降管到截流孔

突然缩小引起的局部阻力；另一个是从截流孔到汽包突然扩大引起的局部阻力。

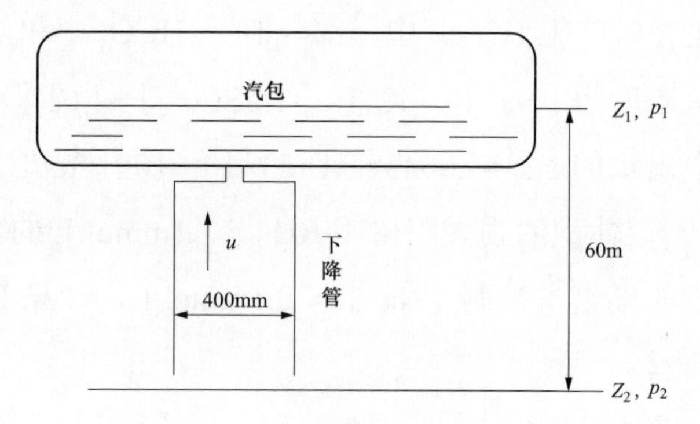

图 9-6 锅炉汽包和下降管示意图

设截流孔孔径为下降管内径的 1/10，下降管内的液体流速为 u，则通过截流孔时的流速为 $100u$，阻力系数 $\xi=0.5(1-1/100)^2\approx0.5$，阻力 $\Delta p_1=\xi\cdot\rho\cdot(100u)^2/2=0.5\cdot\rho\cdot(100u)^2/2=2500\rho u^2$，其中 ρ 为管内所流液体的密度，取 $1000kg/m^3$。

从截流孔到汽包突然扩大引起的局部阻力计算

$$\text{阻力系数 } \xi=1.0$$

$$\text{阻力 } \Delta p_2=\xi\cdot\rho\cdot(100u)^2/2=1.0\cdot\rho\cdot(100u)^2/2=5000\rho u^2$$

因此，总阻力 $\Delta p=\Delta p_1+\Delta p_2=7500\rho u^2$。

2. 在汽包液面与下降管底部建立方程式

$\rho g z_1+p_1+\rho u_b^2/2+\Delta p=\rho g z_2+p_2+\rho u^2/2$（下降管内表面的阻力忽略）

式中：因为汽包安全门是打开的，因此 $p_1=0$（表压）；p_2 为根据实际酸洗时的表压，取 $p_2=8.0\times10^5Pa$；u_b 为汽包内水的流速，$u_b\approx0$；z_1、z_2 分别为地面到下降管底部的高度、地面到汽包的高度，$z_1-z_2=60m$，将上述数据代入方程式则有

$$\rho g(z_1-z_2)+\Delta p=p_2+\rho u^2/2$$

$$1.0\times10^3\times9.8\times60+7500\times1.0\times10^3u^2=8.0\times10^5+1.0\times10^3u^2/2$$

$$u=0.168m/s$$

则下降管的流量为 $3.14\times0.2^2\times0.168\times3600=76$（t/h）。

依次类推可以计算出各种比值的流量见表 9-12。

表 9-12　　各种比值的流量和流速

孔径/管径（mm）	1/8	1/10	1/12	1/15
流速（m/s）	0.263	0.168	0.117	0.0747
流量（t/h）	118	76	52.9	33.8

二、水从汽包向下降管流

1. 截流孔板的局部阻力计算

（1）从汽包到截流孔突然缩小的阻力计算

$$阻力系数\ \xi=0.5$$

$$阻力\ \Delta p_2=\xi\cdot\rho\cdot(100u)^2/2=0.5\cdot\rho\cdot(100u)^2/2=2500\rho u^2$$

（2）从截流孔到下降管突然扩大引起的阻力计算

$$系数阻力\ \xi=(1-1/100)^2\approx1.0$$

$$阻力\ \Delta p_1=\xi\cdot\rho\cdot(100u)^2/2=1.0\cdot\rho\cdot(100u)^2/2=5000\rho u^2$$

因此，总阻力 $\Delta p=\Delta p_1+\Delta p_2=7500\rho u^2$。

2. 在汽包液面与下降管底部建立方程式

$\rho gz_1+p_1+\rho u_b^2/2=\rho gz_2+p_2+\rho u^2/2+\Delta p$（下降管内表面的阻力忽略）

式中：因为汽包安全门是打开的，因此 $p_1=0$（表压）；p_2 为根据实际酸洗时的表压，取 $p_2=2.0\times10^5$Pa；u_b 为汽包内水的流速，$u_b\approx0$；z_1、z_2 分别为地面到下降管底部的高度、地面到汽包的高度，$z_1-z_2=60$m，将上述数据代入方程式则有

$$\rho g(z_1-z_2)=p_2+\rho u^2/2+\Delta p$$

$$1.0\times10^3\times9.8\times60=8.0\times10^5+1.0\times10^3u^2/2+7500\times1.0\times10^3u^2$$

$$u=0.229\text{m/s}$$

则下降管的流量为 $3.14\times0.2^2\times0.229\times3600=103.5$（t/h）。

依次类推可以计算出各种比值的流量见表 9-13。

表 9-13　　各种比值的流量和流速

孔径/管径（mm）	1/8	1/10	1/12	1/15
流速（m/s）	0.357	0.229	0.159	0.102
流量（t/h）	161.4	103.5	71.9	46.1

第九节　炉水 NaOH 处理工况 pH 值计算

假设在 25℃恒温条件，炉水是极稀溶液，通过对氨水+氨氧化钠+水的三组分溶液的数学定量解析，找出各参数之间的理论数学关系。通过这些基础数据进行计算而得到的结果，就可以应用到机组运行监督中。

（1）假设：NaOH 的浓度为 b（mg/L），氨的浓度为 c（mg/L），氨电离出的 OH^-浓度为 x（mol/L），已知氨在 25℃的电离常数为 $k=1.8\times10^{-5}$，根据氨的电离平衡式有

$$NH_3 + H_2O \longrightarrow NH_4^+ + OH^-$$

$$\downarrow \qquad \downarrow \qquad \downarrow$$

$$(c/17\times10^{-3}-x) \qquad x \qquad (x+b/40\times10^{-3})$$

$$x(x+b/40\times10^{-3})=k(c/17\times10^{-3}-x)$$

$$x^2+xb/40\times10^{-3}+kx-kc/17\times10^{-3}=0$$

$$x^2+x(b/40\times10^{-3}+k)-kc/17\times10^{-3}=0$$

$$x=10^{-5}/2\times\left[\sqrt{(2.5b+1.8)^2+42.35c}-(2.5b+1.8)\right]$$

因 $[OH^-]=x+b/40\times10^{-3}$

$$=10^{-5}/2\times\left[\sqrt{(2.5b+1.8)^2+42.35c}-(2.5b+1.8)\right]+b/40\times10^{-3}$$

$$=10^{-5}/2\times\left[\sqrt{(2.5b+1.8)^2+42.35c}+2.5b-1.8\right]$$

即 $K_w/[H^+]=10^{-5}/2\times\left[\sqrt{(2.5b+1.8)^2+42.35c}+2.5b-1.8\right]$

$\lg K_w-\lg[H^+]=-5-0.3010+\lg\left[\sqrt{(2.5b+1.8)^2+42.35c}+2.5b-1.8\right]$

$pH=8.6990+\lg\left[\sqrt{(2.5b+1.8)^2+42.35c}+2.5b-1.8\right]$

（2）给出不同的 b、c 就可以得出 pH 值与 NaOH、氨浓度关系图，见图 9-7。

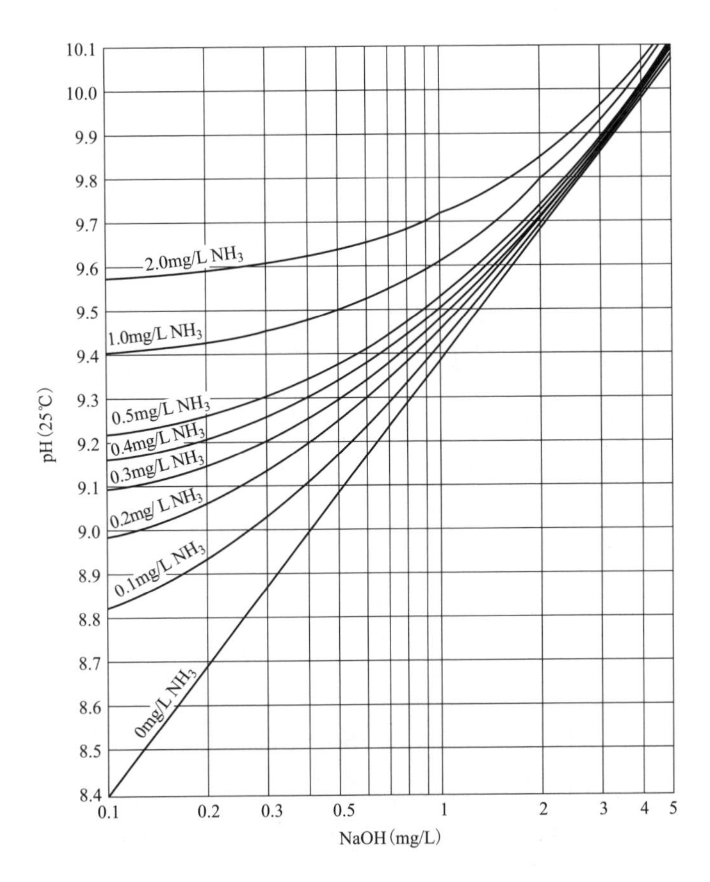

图 9-7　炉水 pH 值、NaOH 和氨浓度的关系图

$$pH-8.6990=\lg[\sqrt{(2.5b+1.8)^2+42.35c}+2.5b-1.8]$$

$$\sqrt{(2.5b+1.8)^2+42.35c}+2.5b-1.8=10^{pH-8.6990}$$

$$(2.5b+1.8)^2+42.35c=(10^{pH-8.6990}+1.8-2.5b)^2$$

$$(2.5b)^2+2\times2.5b\times1.8+1.8^2+42.35c=(10^{pH-8.6990}+1.8)^2-2\times(10^{pH-8.6990}+1.8)\times2.5b+(2.5b)^2$$

$$2\times2.5b\times1.8+1.8^2+42.35c=(10^{pH-8.6990}+1.8)^2-2\times(10^{pH-8.6990}+1.8)\times2.5b$$

$$9b+3.24+42.35c=(10^{pH-8.6990}+1.8)^2-5\times(10^{pH-8.6990}+1.8)b$$

$$[9+5\times(10^{pH-8.6990}+1.8)]\ b=(10^{pH-8.6990}+1.8)^2-3.24-42.35c$$

$$b=\frac{(10^{pH-8.6990}+1.8)^2-42.35c-3.24}{9+5\times(10^{pH-8.6690}+1.8)}$$

式中：b 为游离 NaOH 浓度，mg/L；c 为炉水中实测氨的浓度，mg/L；pH 值为 25℃时实测炉水的 pH 值。

第十节 炉水中PO_4^{3-}、氨、pH 值的关系计算

1. 公式推导

根据磷酸盐的电离平衡

$H_3PO_4 \rightleftharpoons H^+ + H_2PO_4^-$　　$[H_3PO_4]=[H^+][H_2PO_4^-]/K_1$

$H_2PO_4^- \rightleftharpoons H^+ + HPO_4^{2-}$　　$[H_2PO_4^-]=[H^+][HPO_4^{2-}]/K_2$

$HPO_4^{2-} \rightleftharpoons H^+ + PO_4^{3-}$　　$[HPO_4^{2-}]=[H^+][PO_4^{3-}]/K_3$

其中 $K_1=7.6\times10^{-3}$，$K_2=6.3\times10^{-8}$，$K_3=4.2\times10^{-13}$

$$c_T=[H_3PO_4]+[H_2PO_4^-]+[HPO_4^{2-}]+[PO_4^{3-}]$$

因 $[HPO_4^{2-}]=[H^+][PO_4^{3-}]/K_3$

$[H_2PO_4^-]=[H^+][HPO_4^{2-}]/K_2=[H^+][H^+][PO_4^{3-}]/K_2K_3$

$=[H^+]^2[PO_4^{3-}]/K_2K_3$

$[H_3PO_4]=[H^+][H_2PO_4^-]/K_1=[H^+]^3[PO_4^{3-}]/K_1K_2K_3$

所以 $c_T=[H^+]^3[PO_4^{3-}]/K_1K_2K_3+[H^+]^2[PO_4^{3-}]/K_2K_3+[H^+][PO_4^{3-}]/K_3+[PO_4^{3-}]$

设 $$n_3=\frac{[H_3PO_4]}{c_T}=\frac{[H^+]^3}{[H^+]^3+[H^+]^2K_1+[H^+]K_1K_2+K_1K_2K_3}$$

$$n_2=\frac{[H_2PO_4^-]}{c_T}=\frac{[H^+]^2K_1}{[H^+]^3+[H^+]^2K_1+[H^+]K_1K_2+K_1K_2K_3}$$

$$n_1=\frac{[HPO_4^{2-}]}{c_T}=\frac{[H^+]K_1K_2}{[H^+]^3+[H^+]^2K_1+[H^+]K_1K_2+K_1K_2K_3}$$

$$n_0=\frac{[PO_4^{3-}]}{c_T}=\frac{K_1K_2K_3}{[H^+]^3+[H^+]^2K_1+[H^+]K_1K_2+K_1K_2K_3}$$

按照上述公式，得出不同 pH 值的 n_1、n_2、n_3 值，见表 9-14。

表 9-14　　不同 pH 值的 n_1、n_2、n_3 值

pH 值	9.0	9.1	9.2	9.3	9.4	9.5	9.6	9.7	9.8	9.9	10.0
$n_0$100%	0.042	0.053	0.067	0.084	0.105	0.133	0.167	0.210	0.264	0.333	0.418
$n_1$100%	99.946	99.938	99.926	99.910	99.890	99.864	99.830	99.788	99.734	99.666	99.581
$n_2$100%	0.0121	0.010	0.008	0.006	0.005	0.004	0.003	0.002	0.002	0.002	0.001
$n_3$100%	0.000	0.000	0.000	0.000	0.000	0.000	0.000	0.000	0.000	0.000	0.000

通过以上分析可知在 pH=9～10 时，水中的 $H_2PO_4^-$ 浓度占总浓度的 99.946%～99.581%，如果按 100%计算，其误差最大为 0.419%，这一误差要比测试误差小得多。

因此　　$PO_4^{3-}+H_2O \longrightarrow HPO_4^{2-}+OH^-$

为了扣除氨的影响，用磷酸三钠图解法表示了磷酸根、氨和 pH 值之间的关系。

2. 关于 PO_4^{3-}、氨、pH 值的关系计算

设 PO_4^{3-} 的浓度为 b（mg/L），氨的浓度为 c（mg/L），氨电离出的 OH^- 浓度为 x（mol/L），已知氨在 25℃的电离常数 k=1.8×10^{-5}，根据氨的电离平衡式有

$$NH_3 \quad + \quad H_2O \quad = \quad NH_4^+ \quad + \quad OH^-$$

$$\downarrow \qquad\qquad\qquad \downarrow \qquad\qquad \downarrow$$

$$(c/17\times10^{-3}-x) \qquad\qquad x \qquad (x+b/95\times10^{-3})$$

$$x(x+b/95\times10^{-3})=k(c/17\times10^{-3}-x)$$

$$x^2+xb/95\times10^{-3}+kx-kc/17\times10^{-3}=0$$

$$x^2+x(b/95\times10^{-3}+k)-kc/17\times10^{-3}=0$$

$$x=10^{-5}/2\times[\sqrt{(1.053b+1.8)^2+42.35c}-(1.053b+1.8)]$$

因［OH^-］$=x+b/95\times10^{-3}$

$$=10^{-5}/2\times[\sqrt{(1.053b+1.8)^2+42.35c}-(1.053b+1.8)]+b/95\times10^{-3}$$

$$=10^{-5}/2\times[\sqrt{(1.053b+1.8)^2+42.35c}+1.053b-1.8]$$

即 K_w/［H^+］$=10^{-5}/2\times[\sqrt{(1.053b+1.8)^2+42.35c}+1.053b-1.8]$

$$\lg K_w-\lg[H^+]=-5-0.3010+\lg[\sqrt{(1.053b+1.8)^2+42.35c}+1.053b-1.8]$$

$$pH=8.6990+\lg[\sqrt{(1.053b+1.8)^2+42.35c}+1.053b-1.8]$$

根据不同的 b 和 c 值，作图可以得出图 9-8。

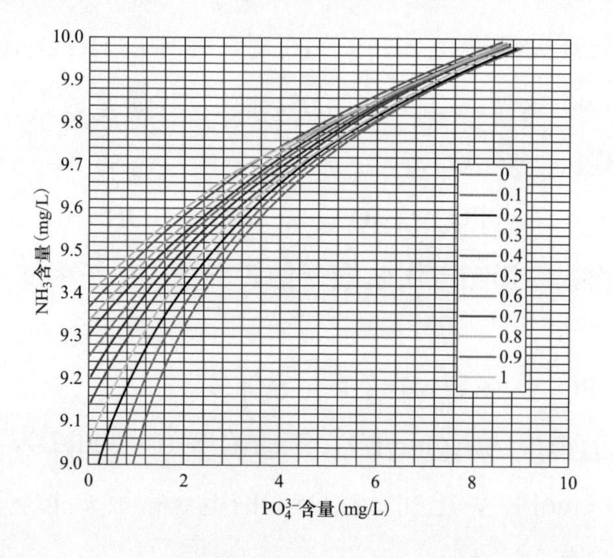

图 9-8　不同 NH_3 浓度下的 PO_4^{3-}、pH 值的关系图

第十一节　水中氨、pH 值的关系计算

设氨的浓度为 c（mg/L），氨电离出的 OH^-浓度为 x（mol/L），已知氨在 25℃的电离常数 $k=1.8\times10^{-5}$，根据氨的电离平衡式有

$$NH_3+H_2O \;=\!=\!=\; NH_4^+ + OH^-$$

$$\downarrow \qquad\qquad \downarrow \qquad \downarrow$$

$$(c/17\times10^{-3}-x) \qquad x \qquad x$$

$$x^2=k(c/17\times10^{-3}-x)$$

$$x^2+kx-kc/17\times10^{-3}=0$$

$$x=\frac{-k+\sqrt{k^2+4kc/17\times10^{-3}}}{2}=\frac{k}{2}\times\left(\sqrt{1+4c\frac{10^{-3}}{17k}}-1\right)$$

即
$$K_w/[H^+]=\frac{k}{2}\times\left(\sqrt{1+4c\frac{10^{-3}}{17k}}-1\right)$$

$$\lg K_w-\lg[H^+]=\lg(k/2)+\lg\left(\sqrt{1+4c\frac{10^{-3}}{17k}}-1\right)$$

$$pH=14+\lg(k/2)+\lg\left(\sqrt{1+4c\frac{10^{-3}}{17k}}-1\right)$$

$$pH=8+\lg9+\lg(\sqrt{1+13.0719c}-1)$$

对于联氨，$k=3.0\times10^{-6}$

$$pH=14+\lg(k/2)+\lg\left(\sqrt{1+4c\frac{10^{-3}}{32k}}-1\right)$$

$$pH=8+\lg1.5+\lg(\sqrt{1+41.6667c}-1)$$

将上述的氨水、联氨的 pH 值和浓度 c 绘制成曲线，如图 9-9 所示。

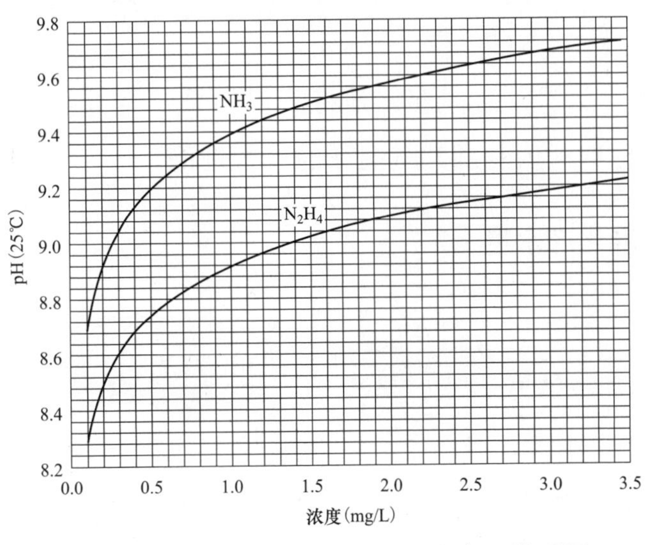

图 9-9　氨水、联氨的 pH 值和浓度 c 关系图

第十二节　反渗透膜标准化计算

一、情况概述

膜系统的表观性能受进水组成、进水压力、温度和回收率的影响，例如温度每下降 4℃，产水量就会降低约 10%，这属于正常现象。为了区分这类正常现象与系统性能真正的变化，应对所实测的产水流量和脱盐率参数进行标准化，就是指在考虑了操作参数的影响后，系统的真实性能与系统基准性能的比较，基准性能可能为该系统的设计性能或最初测量性能。

当以设计的系统性能作为基准进行标准化时，对于验证水处理系统是否已经达到预期的性能很有帮助。

当以系统最初测量性能作为基准进行标准化时，对于显示任何性能随时间的变化很有帮助。因为每日记录系统标准化后的数据，就可早期发现潜在的问题（如结垢或污堵），还可提供更早更有效的纠正措施。

膜系统运行参数的标准化是将测得的系统性能按下列步骤计算将其换算成标准（或基准）状况下的系统性能。

二、标准化产水量

$$Q_s = \frac{p_{fs} - \frac{\Delta p_s}{2} - p_{Ps} - \pi fc_s}{p_{fo} - \frac{\Delta p_o}{2} - p_{Po} - \pi fc_o} \times \frac{TCF_s}{TCF_o} \times Q_o \tag{9-6}$$

式中：p_f 为进水压力，Pa；Δp 为系统压降，Pa；p_P 为产水压力，Pa；πfc 为进水与浓水间平均渗透压，Pa；TCF 为温度校正系数；Q 为产水量，m^3/h；下角标 s 为标准状况下；下角标 o 为运行状况下。

温度校正系数由下列公式算出

$$TCF = EXP\left[2640\times\left(\frac{1}{298}-\frac{1}{273+T}\right)\right] \quad （T\geqslant 25℃）$$

$$TCF = EXP\left[3020\times\left(\frac{1}{298}-\frac{1}{273+T}\right)\right] \quad （T\leqslant 25℃）$$

式中：T 为运行温度，℃。

设计值或首次投运报告中的最初性能作为标准状况，以获得一个固定的比较基准点。文献有不同的公式计算渗透压，以下的估算法简易可靠

$$\pi fc = \frac{c_{fc}\times(T+320)}{491000} \quad （c_{fc}\leqslant 20000mg/L）$$

$$\pi fc = \frac{(0.0117\times c_{fc})-34}{14.23}\times\frac{T+320}{345} \quad （c_{fc}\geqslant 20000mg/L）$$

式中：c_{fc} 为进水与浓水间平均浓度，mg/L。

c_{fc} 可由下列公式计算

$$c_{fc} = c_f \times \frac{-\ln(1-Y)}{Y}$$

式中：Y 为回收率，回收率=产水流量/进水流量；c_f 为进水 TDS，mg/L。

三、标准化产水浓度 TDS

$$c_{Ps} = c_{Po}\times\frac{p_{fo}-\frac{\Delta p_o}{2}-p_{Po}-\pi fc_o+\pi p_o}{p_{fs}-\frac{\Delta p_s}{2}-p_{Ps}-\pi fc_s+\pi p_s}\times\frac{c_{fcs}}{c_{fco}} \quad (9\text{-}7)$$

式中：c_P 为产水离子浓度，mg/L；πp 为产水渗透压，10^5Pa；下角标 s 为标准状况下；下角标 o 为运行状况下。

四、实例

系统初始进水水质数据见表 9-15。

表 9-15　　初始进水水质　　mg/L

离子	Ca^{2+}	Cl^-	HCO_3^-	Mg^{2+}	SO_4^{2-}	Na^+
含量	200	663	152	61	552	388
运行参数	温度：15℃；压力：2.5×10^6Pa；压降：3×10^5Pa；流量：150m^3/h；产水压力：10^5Pa；回收率：75%；产水 TDS：83mg/L					

运行 3 个月以后数据见表 9-16。

表 9-16　　运行三个月进水水质　　mg/L

离子	Ca^{2+}	Cl^-	HCO_3^-	Mg^{2+}	SO_4^{2-}	Na^+
含量	200	850	152	80	530	480
运行参数	温度：10℃；压力：2.8×10^6Pa；压降：4×10^5Pa；流量：130m^3/h；产水压力：2×10^5Pa；回收率：72%；产水 TDS：80mg/L					

初始状况

$$p_{fs} = 2.5\text{MPa}$$

$$\frac{\Delta p_o}{2} = 1.5\times10^5$$

$$c_{fs} = 1986\text{mg/L}$$

$$c_{fs} = 1986\times\frac{-\ln(1-0.75)}{0.75} = 3671\,(\text{mg/L})$$

$$\pi fc_s = \frac{3671\times(15+320)}{49100} = 2.5\times10^5$$

$$TCF_s = EXP\left[3020\times\left(\frac{1}{298}-\frac{1}{273+15}\right)\right] = 0.7$$

运行三个月后状况

$$p_{fs} = 2.8\times10^6$$

$$\frac{\Delta p_{\mathrm{o}}}{2} = 2\times10^5$$

$$c_{\mathrm{fs}} = 2292\mathrm{mg/L}$$

$$c_{\mathrm{fs}} = 2292\times\frac{-\ln(1-0.72)}{0.72} = 4052\,(\mathrm{mg/L})$$

$$\pi f c_{\mathrm{s}} = \frac{4052\times(10+320)}{49100} = 2.75\times10^5$$

$$TCF_{\mathrm{s}} = EXP\left[3020\times\left(\frac{1}{298}-\frac{1}{273+10}\right)\right] = 0.58$$

这些数值代入式（9-6）可得到相对于首次投运同等条件下的标准化产水量

$$Q_{\mathrm{s}} = \frac{25-1.5-1.0-2.5}{28-2.0-2.0-2.72}\times\frac{0.7}{0.58}\times130 = 147.6$$

与首次开机时的状况相比，该系统产水量已下降了 1.6%，就三个月的运行而言，这一结果是相当完美，因此系统不需要化学清洗。这些数值代入式（9-7）可得到相对于首次投运同等条件下的标准化产水浓度 TDS

$$c_{\mathrm{Ps}} = 80\times\frac{28-2-2-2.72+0.06}{25-1.5-1-2.5+0.05}\times\frac{3671}{4052} = 77(\mathrm{mg/L})$$

与投运初期的 83mg/L 产水含盐量相比，系统脱盐率稍有降低，该情况在初期投运期间相当普遍。

第十三节　循环水间断加药药剂浓度随时间变化的计算

$$c = c_0\mathrm{e}^{-B(T-T_0)/V} \text{ 或者 } \ln c = \ln c_0 - B(T-T_0)/V$$

式中：c_0 为药剂初始浓度，mg/L；T_0 为初始时刻（形成 c_0 的时刻），h；c 为 T 时刻药剂初始浓度，mg/L。

举例：某循环水系统的容积 V=2000m^3，排污水量 B（包括风吹损失）为 100m^3/h，加药后药剂的初始浓度 c_0=10mg/L，则

$$c = 10e^{-100(T-T_0)/2000}$$

根据上述公式计算结果，见表 9-17。

表 9-17　　阻垢剂残余浓度随时间变化表

$T-T_0$（h）	0	2	4	6	8	12	24
c（mg/L）	10	9.05	8.19	7.41	6.7	5.49	3.01

如果 8h 加药一次，则加药后的 8h 的药剂浓度是 6.7mg/L。每 8h 需要补充的药剂量为

$$(c-c_0)V/1000=(10.0-6.70)\times 2000/1000=6.6\text{（kg）}$$

附录一　纯水中氨含量与电导率关系图

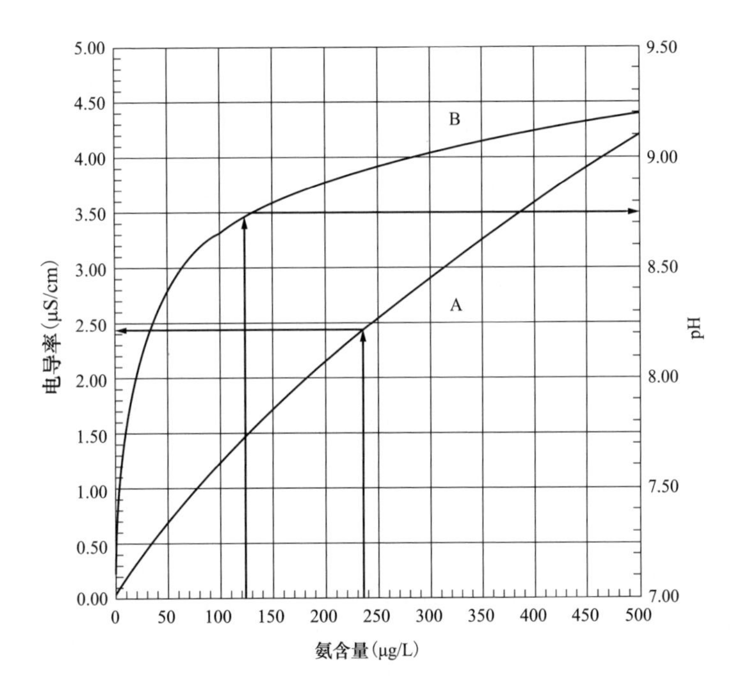

曲线 A：氨含量—电导率图；曲线 B：氨含量—pH 值图

附录二　氨的汽水分配系数与温度关系图

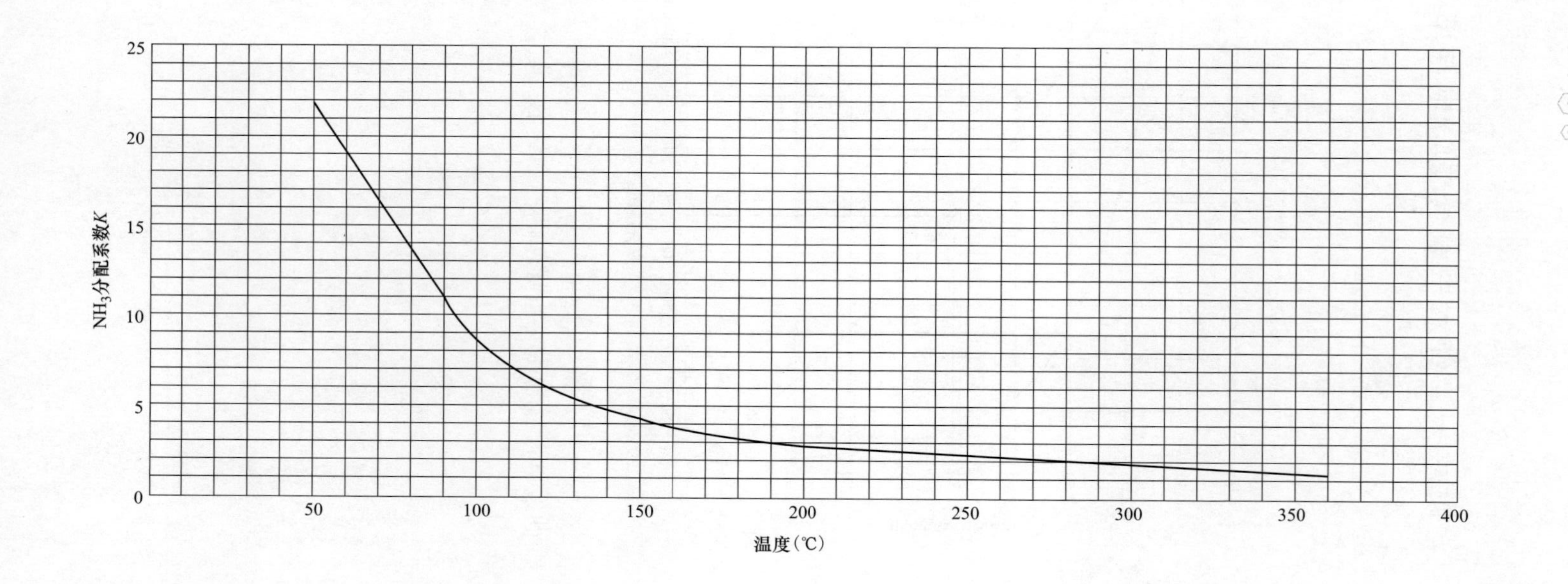

附录三 除盐水价格计算表

项目			数量	单价（元）	合计（元）
运行成本	人工				
	电耗（kWh）				
	原水				
	药剂	聚合铝（kg）			
		高效助凝剂（kg）			
		亚氯酸钠（kg）			
		氯锭（kg）			
		烧碱（kg）			
		盐酸（kg）			
		反渗透阻垢剂（kg）			
		反渗透清洗剂（kg）			
		反渗透杀菌剂（kg）			
维护成本	人工				
	检修费				
固定成本	基建投资				
合计费用					
除盐水水量					
除盐水成本=（合计费用）/（除盐水水量）					

附录四 漏氢计算表

符号	中　文
t_0	给定状态下的温度（℃）
T_0	给定状态下的绝对温度（K）
p_0	给定状态下的绝对压力（MPa）
Δt	试验连续进行的时间（h）
p_1	试验开始时机内气体压力（表压，MPa）
p_2	试验结束时机内气体压力（表压，MPa）
B_1	试验开始时当地绝对压力（MPa）
B_2	试验结束时当地绝对压力（MPa）
t_1	试验开始时机内气体平均温度（℃）
t_2	试验结束时机内气体平均温度（℃）
V	充气容积（机壳容积+管道容积，m^3）
计算结果 L	换算到给定状态时的气体泄漏量（m^3）
计算公式	$L=V\left(\frac{T_0}{p_0}\right)\times\frac{24}{\Delta t}\times\left(\frac{p_1+B_1}{t_1+273}-\frac{p_2+B_2}{t_2+273}\right)$

附录五　水汽中有机物含量的氢电导率

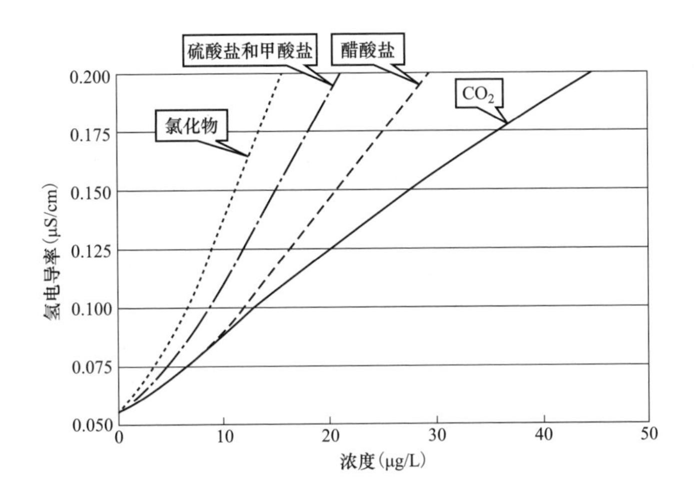

附图 5-1　电厂典型可循环污染物的氢电导率（低浓度）

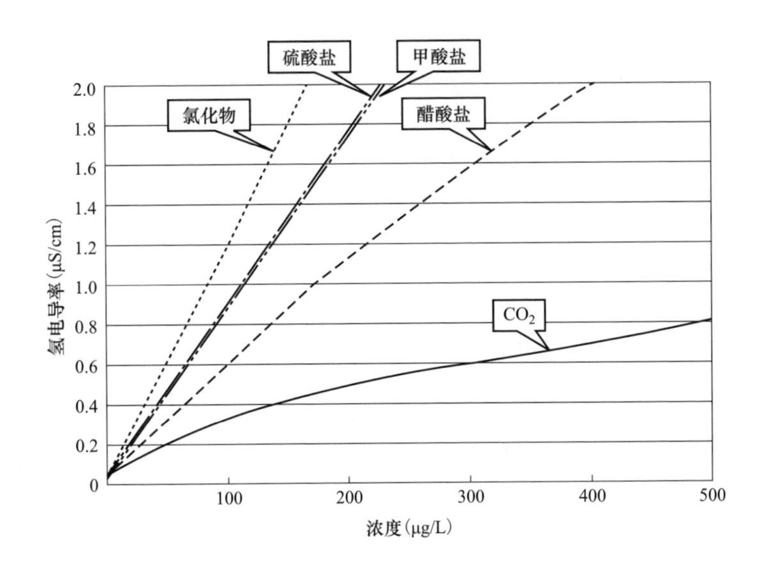

附图 5-2　电厂典型可循环污染物的氢电导率（高浓度）

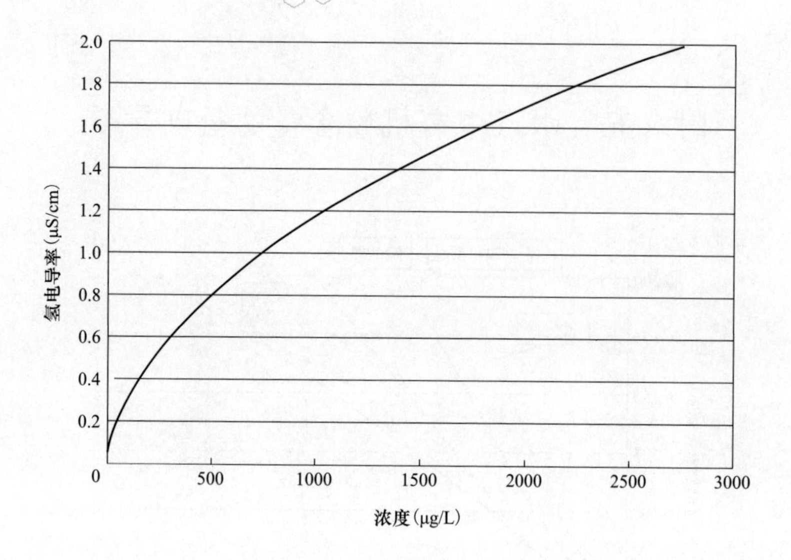

附图 5-3　二氧化碳的氢电导率（不含其他污染物）

附录六　纯水中 Cl^- 和 SO_4^{2-} 含量与电导率关系

氯化物电导率（μS/cm）	氯化物浓度（μg/L）	硫酸盐电导率（μS/cm）	硫酸盐浓度（μg/L）
0.0548	0	0.0548	0
0.0595	1	0.0608	1
0.0651	2	0.0669	2
0.0717	3	0.0732	3
0.0791	4	0.0797	4
0.0872	5	0.0862	5
0.0958	6	0.0929	6
0.1049	7	0.0997	7
0.1145	8	0.1066	8
0.1243	9	0.1137	9
0.1344	10	0.1208	10
0.2427	20	0.1969	20
0.3560	30	0.2780	30
0.4709	40	0.3616	40
0.5865	50	0.4455	50
0.7023	60	0.5320	60
0.8183	70	0.6181	70
0.9345	80	0.7044	80
1.0507	90	0.7909	90
1.1669	100	0.8775	100
2.2209	200	1.7470	200
5.8252	500	4.3620	500

附录七　纯水中二氧化碳浓度与电导率关系

电导率（μS/cm）	CO_2	
	mg/L	μg/L
0.0548	0	0
0.09	0.01	10
0.12	0.02	20
0.16	0.03	30
0.19	0.04	40
0.21	0.05	50
0.24	0.06	60
0.26	0.07	70
0.28	0.08	80
0.30	0.09	90
0.32	0.1	100
0.48	0.2	200
0.61	0.3	300
0.71	0.4	400
0.81	0.5	500
0.89	0.6	600
0.97	0.7	700
1.04	0.8	800
1.11	0.9	900
1.17	1.0	

续表

电导率（μS/cm）	CO_2	
	mg/L	μg/L
1.69	2.0	
2.09	3.0	
2.42	4.0	
2.72	5.0	
2.98	6.0	
3.23	7.0	
3.46	8.0	
3.67	9.0	
3.88	10.0	
5.46	20.0	

附录八　电导率与CO_2和氯离子浓度关系

μS/cm

CO_2（mg/L）	Cl^-（mg/L）					
	0.0	2.0	4.0	6.0	8.0	10.0
0.01	0.06	0.07	0.08	0.1	0.12	0.14
0.02	0.09	0.10	0.12	0.14	0.16	0.18
0.03	0.12	0.14	0.16	0.18	0.20	0.21
0.04	0.18	0.20	0.22	0.24	0.25	0.27
0.05	0.21	0.23	0.25	0.26	0.28	0.30
0.06	0.24	0.25	0.27	0.29	0.30	0.32
0.07	0.26	0.28	0.29	0.31	0.33	0.34
0.08	0.28	0.30	0.31	0.33	0.35	0.36
0.09	0.30	0.32	0.33	0.35	0.37	0.38
0.10	0.32	0.34	0.35	0.37	0.39	0.40
0.20	0.48	0.50	0.51	0.53	0.54	0.56
0.30	0.61	0.62	0.64	0.65	0.67	0.68
0.40	0.71	0.73	0.74	0.76	0.77	0.78
0.50	0.81	0.82	0.83	0.85	0.86	0.88
0.60	0.89	0.90	0.92	0.93	0.95	0.95
0.70	0.97	0.98	0.99	1.01	1.02	1.04
0.80	1.04	1.05	1.07	1.08	1.09	1.11
0.90	1.11	1.12	1.13	1.15	1.16	1.18
1.00	1.17	1.18	1.20	1.21	1.23	1.24
2.00	1.69	1.70	1.72	1.73	1.74	1.76
3.00	2.09	2.10	2.11	2.13	2.14	2.15
4.00	2.42	2.43	2.45	2.46	2.47	2.49
5.00	2.72	2.73	2.74	2.76	2.77	2.78
6.00	2.98	3.00	3.01	3.02	3.04	3.05
7.00	3.23	3.24	3.26	3.27	3.28	3.30
8.00	3.46	3.47	3.48	3.50	3.51	3.52
9.00	3.67	3.69	3.70	3.71	3.73	3.74

附录九　常见阴离子不同含量时的氢电导率

μS/cm

含量（μg/L）	Cl^-	F^-	NO_3^-	SO_4^{2-}	CH_3COO^-
0.0	0.055	0.055	0.055	0.055	0.055
1.0	0.060	0.064	0.057	0.062	0.058
2.0	0.066	0.076	0.060	0.072	0.061
3.0	0.072	0.090	0.063	0.084	0.064
4.0	0.080	0.107	0.067	0.097	0.068
5.0	0.089	0.125	0.071	0.112	0.072
7.0	0.107	0.163	0.080	0.142	0.082
10.0	0.138	0.223	0.094	0.191	0.098
15.0	0.193	0.326	0.122	0.277	0.127
20.0	0.250	0.431	0.151	0.364	0.159
25.0	0.308	0.536	0.183	0.453	0.193
30.0	0.367	0.642	0.215	0.541	0.227

附录十　无限稀释溶液的离子摩尔电导率

阳离子	λ_m^∞ (S•cm²/mol)	阴离子	λ_m^∞ (S•cm²/mol)
H^+	349.82	OH^-	198.6
Na^+	50.11	Cl^-	76.35
Li^+	38.69	Br^-	78.4
K^+	73.52	I^-	76.8
NH_4^+	73.50	HCO_3^-	44.5
$1/2Ca^{2+}$	59.50	$1/2\ CO_3^{2-}$	72
$1/2Mg^{2+}$	53.06	$1/2\ SO_4^{2-}$	80
$1/2Cu^{2+}$	55.00	$H_2PO_4^-$	33
$1/2Ba^{2+}$	63.64	NO_3^-	71.44

附录十一　内螺纹管面积的计算

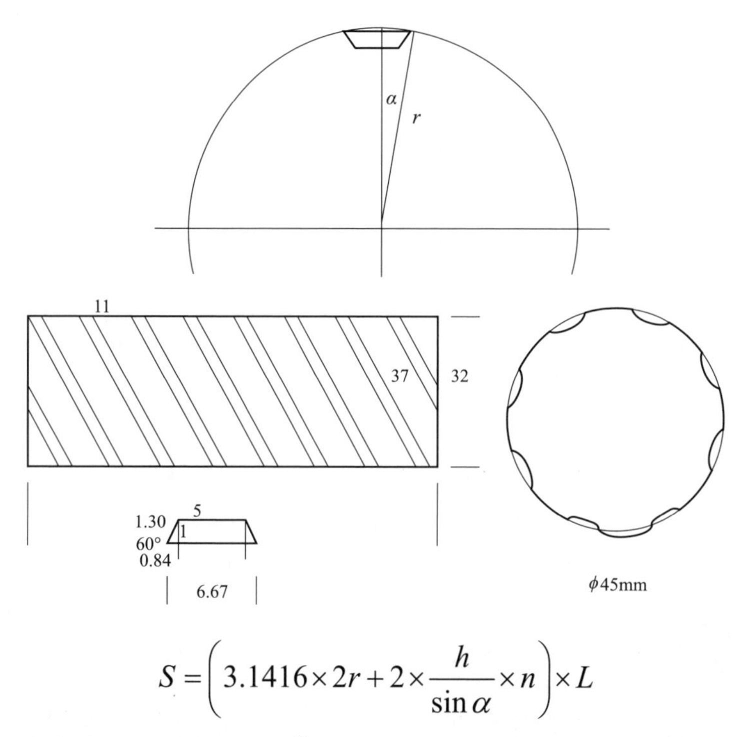

$$S=\left(3.1416\times 2r+2\times\frac{h}{\sin\alpha}\times n\right)\times L$$

式中：S 为管样内表面积，m^2；r 为管样内表面无纹处半径，m；h 为螺纹高度，m；α 为螺纹角度，(°)；n 为螺纹数量；L 为管样长度，m。

附录十二　NH_3、NaOH 含量与 pH 值的关系

NaOH（mg/L）	NH_3（mg/L）										
	0	0.1	0.2	0.3	0.4	0.5	0.6	0.7	0.8	0.9	1
0.3	8.8751	9.0467	9.1492	9.2218	9.2778	9.3234	9.3617	9.3947	9.4237	9.4495	9.4727
0.4	9.0000	9.1263	9.2094	9.2710	9.3200	9.3605	9.3950	9.4251	9.4517	9.4756	9.4973
0.5	9.0969	9.1945	9.2632	9.3161	9.3592	9.3954	9.4267	9.4542	9.4787	9.5008	9.5210
0.6	9.1761	9.2540	9.3118	9.3577	9.3958	9.4284	9.4560	9.4820	9.5046	9.5251	9.5439
0.7	9.2431	9.3068	9.3561	9.3963	9.4302	9.4596	9.4854	9.5085	9.5294	9.5485	9.5661
0.8	9.3011	9.3543	9.3968	9.4322	9.4626	9.4891	9.5128	9.5340	9.5534	9.5711	9.5875
0.9	9.3522	9.3973	9.4344	9.4658	9.4931	9.5172	9.5389	9.5585	9.5764	9.5930	9.6083
1.0	9.3980	9.4368	9.4693	9.4973	9.5220	9.5440	9.5638	9.5820	9.5986	9.6141	9.6284
1.1	9.4394	9.4731	9.5019	9.5270	9.5494	9.5695	9.5878	9.6046	9.6201	9.6345	9.6479
1.2	9.4772	9.5067	9.5324	9.5550	9.5754	9.5938	9.6107	9.6263	9.6407	9.6542	9.6668
1.3	9.5119	9.5381	9.5610	9.5816	9.6002	9.6171	9.6328	9.6472	9.6607	9.6733	9.6852
1.4	9.5441	9.5674	9.5881	9.6068	9.6238	9.6395	9.6539	9.6674	9.6800	9.6918	9.7030
1.5	9.5741	9.5949	9.6137	9.6308	9.6464	9.6609	9.6743	9.6869	9.6987	9.7098	9.7203
1.6	9.6021	9.6209	9.6380	9.6536	9.6680	9.6814	9.6940	9.7057	9.7167	9.7272	9.7371
1.7	9.6284	9.6455	9.6611	9.6754	9.6888	9.7012	9.7129	9.7239	9.7342	9.7441	9.7534
1.8	9.6532	9.6688	9.6831	9.6963	9.7087	9.7203	9.7312	9.7414	9.7512	9.7605	9.7693
1.9	9.6767	9.6891	9.7041	9.7163	9.7278	9.7386	9.7488	9.7585	9.7677	9.7764	9.7848
2.0	9.6990	9.7120	9.7242	9.7355	9.7462	9.7563	9.7659	9.7750	9.7836	9.7919	9.7998

附录十三　EDTA 成分分布与 pH 值的关系

EDTA 是常用的有机络合剂，是乙二胺四乙酸的英文缩写，为不含结晶水的白色粉末，无毒、无臭、具有酸味，在空气中不吸湿，在水中溶解度很小。EDTA 二钠盐有时也简称 EDTA，为白色晶体，无毒、无臭、无味，在水中的溶解度较大，且随着温度的升高而增大，其溶解度曲线见附图 13-1。pH 值为 5.0～6.0 的 EDTA 清洗液中的主要成分为 EDTA 二钠盐，其成分分布与 pH 值的关系见附表 13-1。配制 EDTA 钠盐洗炉液，一般有两种方法，直接用 EDTA 二钠盐加热除盐水溶解，最后用少量的 NaOH 调节 pH 值；另一种方法是按一定的比例先溶碱，后溶解 EDTA。

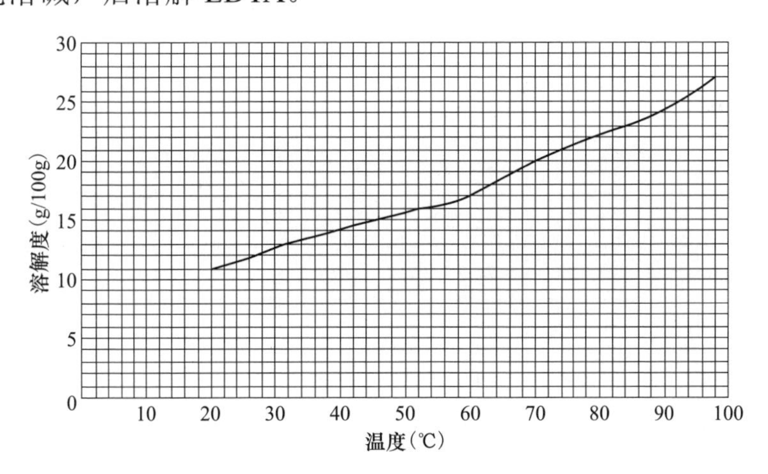

附图 13-1　FDTA 二钠盐的溶解度曲线

附表 13-1　　EDTA 溶液中酸效应系数 α_Y 与 pH 值的关系

pH 值	Y^{4-}/C_Y	HY^{3-}/C_Y	H_2Y^{2-}/C_Y	H_3Y^-/C_Y	H_4Y/C_Y	H_5Y^+/C_Y	H_6Y^{2+}/C_Y
4.0		0.656	94.862	4.437	0.044		
4.1		0.833	95.588	3.551	0.028		

续表

pH 值	Y^{4-}/C_Y	HY^{3-}/C_Y	H_2Y^{2-}/C_Y	H_3Y^-/C_Y	H_4Y/C_Y	H_5Y^+/C_Y	H_6Y^{2+}/C_Y
4.2		1.054	96.093	2.835	0.018		
4.3		1.331	96.398	2.260	0.011		
4.4		1.677	96.518	1.797	0.007		
4.5		2.110	96.458	1.427	0.005		
4.6		2.650	96.217	1.130	0.003		
4.7		3.321	95.783	0.894	0.002		
4.8		4.153	95.141	0.705	0.001		
4.9		5.180	94.264	0.555	0.001		
5.0		6.442	93.122	0.436			
5.1		7.985	91.675	0.341			
5.2		9.855	89.879	0.265			
5.3		12.105	87.690	0.206			
5.4		14.782	85.060	0.158			
5.5		17.929	81.950	0.121			
5.6		21.575	78.333	0.092			
5.7	0.001	25.728	74.202	0.069			
5.8	0.001	30.371	69.576	0.052			
5.9	0.002	35.451	64.510	0.038			
6.0	0.002	40.880	59.090	0.028			
6.1	0.003	46.541	53.436	0.020			
6.2	0.005	52.291	47.690	0.014			
6.3	0.006	57.981	42.003	0.010			
6.4	0.009	63.464	36.520	0.007			
6.5	0.012	68.619	31.365	0.005			
6.6	0.016	73.349	26.632	0.003			

续表

pH 值	Y^{4-}/C_Y	HY^{3-}/C_Y	H_2Y^{2-}/C_Y	H_3Y^{-}/C_Y	H_4Y/C_Y	H_5Y^{+}/C_Y	H_6Y^{2+}/C_Y
6.7	0.021	77.597	22.379	0.002			
6.8	0.028	81.337	18.633	0.001			
6.9	0.037	84.573	15.390	0.001			
7.0	0.048	87.329	12.623	0.001			

注 配位反应中，除了金属离子 M 和配位剂 Y 的主反应之外，由于溶液里其他离子的存在会产生一系列的副反应对配位主反应产生影响，为了定量的表示副反应发生的程度。化学家们引入了副反应系数 α，其中的一种称为酸效应系数。

EDTA（Y）是一种广义的碱，当 M 与 Y 进行络合反应时，由于氢离子的存在，就会与 Y 结合，形成它的共轭酸。这种形式的副反应使溶液里 Y 能参与与 M 的主反应的能力降低，故使主反应受到影响的现象称为酸效应。用来表示酸效应的大小叫做酸效应系数，用 α_Y 来表示。

参考文献

[1] 郭新茹．火电厂水处理生产运行典型问题诊断分析［M］．北京：科学出版社，2018．

[2] 华电郑州机械设计研究院．燃煤机组末端废水处理可行性研究与工程实例［M］．北京：中国电力出版社，2020．

[3] 丁桓如，吴春华，龚云峰，等．工业用水处理工程［M］．北京：清华大学出版社，2014．

[4] 李培元，周柏清．火力发电厂水质处理与水质控制［M］．北京：中国电力出版社，2018．

[5] 韩隶传，汪德良．热力发电厂凝结水处理［M］．北京：中国电力出版社，2010．

[6] 高秀山．火电厂循环水处理［M］．北京：中国电力出版社，2001．

[7] 齐东子．敞开式循环冷却水系统的化学处理［M］．北京：化学工业出版社，2006．

[8] 张行赫．现代石灰水处理技术及应用［M］．北京：中国电力出版社，2018．

[9] 郭新茹，姜波，杜越．凝结水精处理再生问题分析与探讨［J］．西北大学学报，2016，46（S1）：123-126．

[10] 郭新茹，杜越，盛丽雯．600MW 机组凝汽器系统结垢问题分析与探讨［J］．电网与清洁能源，2015，31（S1）：65-69．

[11] 郭新茹，何铁祥．1000MW 超超临界机组调试阶段的汽水品质控制［J］．湖南电力，2010b，30（S1）：106-109．

[12] 郭新茹，何铁祥．1000MW 超超临界机组水化学工况及运行探讨［J］．湖南电力，2010c，30（S1）：102-105+109．

[13] 陆继民．精除盐运行床周期制水量少的原因探讨［J］．浙江电力，2003，6：54-56．

[14] 李建玺，罗丹，周宝山，等．循环冷却水结垢倾向判断方法［J］．热力发电，2010，39（8）：64-66+71．

[15] 周柏青，徐淑姣，刘霞．用 ΔA 监控循环冷却水水质存在问题初探［J］．热力发电，2009，38（3）：48-51．

[16] 武哲，周多，李周平．发电机氢气泄漏对内冷水水质影响估算［J］．热力发电，2013，

42（10）：120-122.

［17］张建平. 汽轮机润滑油抗氧化性降低的原因分析及处理［J］. 山西电力，2015，（1）：69-72.

［18］姜帆. 汽轮机润滑油系统油中带水的处理［J］. 上海电力，2004，（1）：66-67.

［19］郑朝晖，王应高. 6 号机抗燃油油质异常分析［J］. 华北电力技术，2007，（S1）：144-145.

［20］冯冰，卢建新，许多喜. 发电机定子冷却水水质超标事故分析［J］. 宁夏电力，2013，（3）：68-71.

［21］马东伟，杜黎明. 高速混床投运时炉水 pH 值降低的原因分析［J］. 河北电力技术，2008，27（4）：31-32.

［22］宋卫荣. 300MW 火力发电机组炉水 pH 值超标的原因分析［J］. 宁夏电力，2013，（1）：64-66.

［23］肖尚华. 一起凝结水混床跑树脂事故的处理［J］. 电力安全技术，2004，6（2）：12-13.

［24］张小霓，李长鸣，谢慧. 600MW 超临界直流炉机组首次检修化学检查共性问题及对策分析［J］. 河南电力，2010（4）：25-28.